버제스 셰일 화석군

나남
nanam

한국연구재단 학술명저번역총서
서양편 260

버제스 셰일 화석군

2010년 6월 15일 발행
2010년 6월 15일 1쇄

지은이_ D. 브릭스 · D. 어윈 · F. 콜리어
사진_ 칩 클라크
옮긴이_ 김동희
발행자_ 趙相浩
발행처_ (주) 나남
주소_ 413-756 경기도 파주시 교하읍
출판도시 518-4
전화_ (031) 955-4600 (代)
FAX_ (031) 955-4555
등록_ 제 1-71호(79.5.12)
홈페이지_ http://www.nanam.net
전자우편_ post@nanam.net
인쇄인_ 유성근(삼화인쇄주식회사)

ISBN 978-89-300-8360-7
ISBN 978-89-300-8215-0 (세트)
책값은 뒤표지에 있습니다.

'한국연구재단 학술명저번역총서'는 우리 시대 기초학문의 부흥을 위해
한국연구재단과 (주)나남이 공동으로 펼치는 서양명저 번역간행사업입니다.

버제스 셰일 화석군

데릭 브릭스 · 더글라스 어윈 · 프레더릭 콜리어 지음 | 김동희 옮김

사진 칩 클라크

나남
nanam

옮긴이 머리말

선캄브리아시대와 캄브리아기는 골격을 지닌 생물이 최초로 출현한 시점을 기준으로 나누어지는데, 현재는 5억 4천 2백만 년 전을 그 경계로 생각한다. 5억 4천 2백만 년 전부터는 생명들도 육안으로 관찰 가능한 큰 생물들이 출현했기 때문에 흔히 '눈에 보이는 생명'을 의미하는 현생이언(*Phanerozoic*)으로 불린다. 현생이언에 들어서면서 생물의 양은 폭발적으로 증가했으며, 다양한 진화과정이 시험되었다. 징강 화석군과 버제스 셰일 화석군은 캄브리아기에 생명이 폭발적으로 증가했음을 보여주는 대표적인 화석군이다.

1909년 미국의 고생물학자인 찰스 D. 왈콧은 캐나다 브리티시컬럼비아 주 요호국립공원 중앙에 위치한 버제스 산에서 기묘하고 독특한 화석들을 최초로 발견했다. '버제스 셰일 화석군'으로 불리는 이 화석들은 그 후 왈콧에 의해 수만 점이 채집되어 당시 그가 소장으로 있던 미국 스미소니언연구소로 옮겨졌으며, 1960년대에 이르러 본격적으로 연구되기 시작했다. 버제스 셰일 화석군은 주로 삼엽충 같은 절지동물과 환형동물로 이루어져 있었지만, 다른 생물과의 연관관계를 파악할 수 없는 생물들도 많이 있었다. 마치 진화의 실험장 같았다. 5개의 눈을 지닌 오파비니아, 볼록한 머리와 등에 한 줄의 가시를 지닌 할루시게니아, 비늘로 덮인 등에 짝을 이루는 가시를 지닌 위왁시아 등이 바로 그 주인공이다. 이들이 잘 보존된 이유는 무엇일까? 그것은 진흙제방에 모여 살던 이 생물들이 갑작스런 사태에 의해 순식간에 매몰되었기 때문이다.

이 책은 버제스 셰일에서 산출된 중요 화석군을 사진, 복원도 그리고 간략한 특징을 이용해 설명하고 있다. 버제스 셰일에서 발견된 125속 중 대표적인 85속을 다루었는데, 이것은 전문적인 연구보고서 이외의 출판물 중 가장 광범위하게 버제스 셰일 생물들을 다룬 것이다. 캄브리아기의 생명 대폭발 동안 다양한 동물형태가 실험되면서 어떤 형태는 현재까지 살아남았지만, 거의 대부분의 생물들은 사라져갔다. 생명의 대폭발 기간에 탄생한 피카이아는 빠르게 헤엄치는 데 이용할 수 있는 척색을 갖고 있었으며, 오랜 세월 동안 다양한 진화과정을 거쳐 인간으로 진화할 수 있었다. 캄브리아기의 다양한 진화실험이 일어나지 않았다면 인간은 오늘날 지구상에 존재하지 않을지도 모른다.

2010년 4월

김 동 희

추천사

해리 B. 휘팅턴
(前 영국 캠브리지대학 지질학과 교수)

버제스 셰일을 발견하여 주목할 만한 많은 화석을 채집하고, 이러한 발견을 전 세계 고생물학자들에게 알린 것은 영원히 찰스 D. 왈콧의 공으로 돌아가야 한다. 한 지역에서 특이한 화석을 발견한 것으로 그저 잠깐 언급되는 것이 아니라, 캄브리아기의 생물계가 놀라울 정도로 다양했다는 사실을 유일무이하게 알려준다는 점에서, 그의 발견이 얼마나 중요한지 이제 알려지기 시작했다. 그의 발견이 어떻게 알려지게 되었으며, 진화에 어떤 의미를 가지며, 어떤 더 많은 연구가 필요한지에 대한 문제 제기가 바로 이 책의 주제이다.

버제스 화석에 대한 새로운 연구를 진행하기 위해 캐나다 지질조사소의 초청받았을 때, 나는 A. M. 시모네타가 생생하게 복원한 절지동물의 그림에 자극을 받아 왈콧이 채집한 표본 중 수천 개의 마렐라(*Marrella*) 표본에 푹 빠져 있었다. 화석을 다시 세밀히 조사하면 내부구조에 대한 새로운 많은 정보가 밝혀질 것이고, 카메라 루시다 방법을 이용하여 그 내부구조를 아주 조심스럽게 관찰해 윤곽을 그려내는 것이 해석에 많은 도움이 되었다는 것은 분명해졌다. 데이비드 L. 브루튼 교수와 크리스토퍼 P. 휴즈 박사가 참여하고, 뛰어난 학생인 데릭 브릭스와 사이몬 콘웨이 모리스를 뽑아 함께 일할 수 있게 된 것은 내겐 큰 행운이었다. 프레더릭 콜리어는 우리의 연구에 열의를 보이며 아낌없이 도와주어 우리를 격려했다. 이 책에 담긴 새로운 사진들은 우리가 연구한 표본이 지닌 놀랄 만한 본질을 독자들에게 보여주고, 새로 복원한 그림은 우리가 화석들을 어떻게 해석했는지 종합적으로 보여준다. 이 동물들이 어떻게 생겼었는지 보다 자세히 그려내는 작업은 현재 끝난 상태이다. 하지만 왈콧의 표본에 비추어, 그리고 왕립 온타리오박물관 연구팀이 채집한 새로운 표본들에 비추어도 이 작업은 결코 완전하다고 할 수 없다. 이 캄브리아기의 동물과 식물들에 대해서, 그리고 이들이 어떻게 보존되었는지에 대해 더 많은 것을 알아야 한다는 사실은 고생물학자의 호기심과 의욕을 자극하는 새로운 길을 열어 놓고 있다.

머리말

놀라울 정도로 세밀하게, 연질부와 보다 흔하게 발견되는 골격부를 동시에 보존한 버제스 셰일의 화석은 과거를 바라볼 수 있는 놀라운 창(窓)이다. 오늘날 이 화석들은 약 5억 4천만 년 전인, 초기 캄브리아기 동안 빠르게 펼쳐진 동물들의 변화를 복원하는 데 매우 중요한 연결고리이다. 어떤 버제스 셰일 화석은 오늘날 흔하게 접할 수 있는 동물의 원시형태를 어렴풋이 들여다볼 수 있게 해주지만, 많은 화석들은 현재 바다에 사는 어떤 동물과도 비슷하지 않다. 실제로 버제스 셰일이라는 창과 중국 및 다른 지역에서 발견된 유사한 퇴적층이 없었다면, 고생물학자들은 연질부로만 이루어진 수많은 원시동물들의 숨겨진 역사를 어렴풋하게밖에 알 수 없을 것이다. 오늘날 캄브리아기는 생명의 역사에서 가장 집중적으로 연구되는 시기이며, "어떤 이유에서 주요 동물들 대부분이 이렇게 빨리 나타나게 되었는가?", "이 동물들은 어떤 관계를 가지고 있는가?", 그리고 "그 당시 진화과정은 무엇이 달랐는가?"에 대한 격렬한 논의가 함께 진행되고 있다. 이러한 논의에서 버제스 셰일 동물들은 중요한 자리를 차지한다.

당시 스미소니언 연구소의 소장이었던 찰스 D. 왈콧은 1909년에 처음으로 마렐라(*Marrella*)를 포함한 버제스 셰일 화석을 발견했고, 1910년 여름에 다시 돌아가 발굴을 시작했다. 1910년부터 1913년까지 그리고 1917년에 왈콧은 가족과 함께 브리티시컬럼비아에 있는 버제스 화석 산출지에서 화석채집을 계속했고, 1919년과 1924년에 다시 한번 산출지를 찾아가 버려진 돌더미에서 화석을 찾았다. 왈콧은 총 6만 5천 개 이상의 표본을 스미소니언 자연사 박물관에 모아놓았다. 현재 스미소니언에는 전 세계에서 가장 많은 수의 버제스 화석이 있고, 이 화석들은 연구를 위해 방문하는 전 세계 과학자들과 스미소니언 고생물학자들이 현재 진행하는 연구의 바탕이 된다. 이 책이 주안점을 둔 사진들은 독자들에게 시각적으로 버제스 셰일 화석이 얼마나 놀라운가를 보여준다. 사진들은 버제스 셰일 퇴적층에 대한 연구의 역사, 화석들의 특이한 보존, 캄브리아기 생물들의 빠른 적응방사를 소개하는 내용에 맞추어 배열했다. 상세한 자료와 정보는 〈읽어볼 문헌〉에 열거된 논문에서 찾아볼 수 있다.

영국자연사박물관 고생물 연구실의 표본 관리자였던 프레더릭 콜리어가 이 프로젝트를 시작하였다. 그리고 프레더릭 콜리어는 박물관 사진작가인 칩 클라크(이 책은 칩 클라크 없이는 불가능하였다), 데릭 브릭스와 더글라스 어윈을 차례로 연구팀원으로 고용하였다. 화석처리 이전의 표본인 브란키오카리스(*Branchiocaris*), 카나다스피스(*Canadaspis*), 헬메티아(*Helmetia*), 페르스피카리스(*Perspicaris*)를 데릭 브릭스가 촬영한 사진 1. 1, 1. 2, 1. 3, 1. 12, 1. 13, 2. 1, 2. 2, 2. 5와, 사이먼 포웰이 촬영한 산타카리스(*Sanctacaris*), 켄 하비와 사이먼 콘웨이 모리스가 촬영한 파시쿨루스(*Fasciculus*), 사이먼 콘웨이 모리스가 제공한 타우맙틸론(*Thaumaptilon*), A. M. 시모네타가 제공한 메타스프리기나(*Metaspriggina*) 사진을 제외하고는 모든 표본은 칩 클라크가 촬영하였다. 전에 영국자연사박물관 고생물 연구실에서 근무했던 래리 이샴이 대부분의 복원도를 그렸다. 마리안 콜린스가 그린 여러 복원도들은 스티븐 제이 굴드의 《생명,

그 경이로움에 대하여》(*Wonderful Life*)라는 책에 있는 복원도를 허가를 받고 다시 그린 것이다. 캠브리지대학의 덩컨 프랜드는 자신이 그린 엘도니아(*Eldonia*)의 복원도를 친절하게 제공해 주었고, 브리검영대학(Brigham Young University)의 J. 키스 릭비와 고생물 학술논문 캐나다 공동위원회는 릭비가 그린 여러 해면동물의 복원도를 사용하게끔 허가를 내주었다. 사이먼 콘웨이 모리스가 타우맙틸론(*Thaumaptilon*)의 복원도를 그렸고, 그의 여러 복원도들은 팸 발다로가 다시 그렸다. R. A. C. 굿이손은 많은 참고문헌을 모아 주었으며, 더글라스 스튜어트는 친절하게 그의 박사논문에 실린 자료를 제공해 주었다. 원고를 비판적으로 읽어 준 신시내티 자연사박물관의 나이젤 휴즈와 왕립 온타리오박물관의 데스몬드 콜린스에게 감사드리고, 찰스 왈콧에 대해 이야기해 준 미국 자연사박물관의 엘리스 요첼슨에게도 감사한다. 엘리자베스 발리울리스, 하워드 제네릭, 나이젤 휴즈는 마지막 원고 준비와 그림 검토를 도와주었다. 마지막으로 우리를 격려해 주고 이 연구가 출판되게끔 해준 스미소니언 출판사의 피터 커넬에게 감사드린다.

데릭 브릭스 · 더글라스 어윈 · 프레더릭 콜리어

버제스 셰일 화석군

차 례

그림 1.1
왑타(Wapta) 산과 산의 남동쪽을 가로지르는 화석능선(*Fossil Ridge*). 왈콧 화석지(Walcott Quarry)는 사진의 오른쪽 가장자리 근처에 노출된 자갈더미 비탈 중간의 눈 덮인 부분이다.

그림 1.2
전석으로 가득 찬 왈콧의 화석지.
오른쪽에는 노두가 그리고 북쪽으로
왑타산을 바라보고 있다.

제 1 장

연구사

헬레나, 스튜어트와 함께 스티븐 층에서 화석을 채집했다. 놀랄 만한 엽각목[1] 갑각류 화석들을 발견했다. 아주 좋은 표본을 많이 캠프로 가져왔다.

— 찰스 D. 왈콧의 야외 일기, 1909년 8월 31일

1. 연구 초기

찰스 D. 왈콧의 버제스 셰일 화석지는 브리티시컬럼비아 주의 로키산맥에 위치한 왑타 산과 필드 산을 연결하는, 북서에서 남동 방향으로 뻗은 화석 능선에 위치하는데 해발 2,300m 높이이다(그림 1.1). 왈콧 화석지를 가려면(그림 1.2) 필드 산에서부터 나있는 산길을 약 3시간 정도 걸어서 화석지임을 알려주는 부채꼴 모양으로 쌓아 놓은 돌무더기까지 올라가야 한다. 오랜 시간의 산길 등산 후, 화석지 바로 아래 수십 미터의 가파른 돌무더기를 헤치고 올라가는 것이 가장 어렵다. 초여름에도 화석지에는 눈이 쌓여 있지만, 눈 더미 앞에 앉아 감탄할 만한 전망을 즐길 수 있는데(그림 1.3), 아마도 조금 남아 있는 가쁜 숨마저도 빼앗아가 버릴 것이다. 버제스 산이 바로 앞에 있고, 오른쪽으로 우윳빛이 도는 녹색 에메랄드 호수(Emerald Lake)가, 왼쪽으로는 망상천 형태인 킥킹 호스 강(Kicking Horse River)의 가장자리를 따라 뻗어 있는 트랜스캐나다 고속도로를 저 멀리 아래에서 찾아낼 수 있을 것이다. 버제스 셰일의 놀랄 만한 화석들이 이러한 장관에서 발견된다는 것이 어떻게 보면 적절

---

1) 옮긴이 주 — 엽각목(葉脚目): 마디발동물 갑각류에 딸린 한 목. 몸은 작고 가슴과 배의 경계가 분명하지 않고, 눈은 1쌍의 겹눈, 더듬이는 2쌍, 가슴에는 4쌍 이상의 발이 있어 헤엄치기에 적당하다.

한 것 같다.

찰스 D. 왈콧과 그의 가족은 1907년에 시작된 연구의 일환으로, 1909년 여름을 캐나다 로키산맥의 원생대와 캄브리아기 암석을 조사 연구하면서 보냈다(그림 1.4, 그림 1.5). 스미소니언 연구소의 소장이자 캄브리아기에 대한 가장 권위 있는 학자였던 왈콧은 스티븐 산의 유명한 오자이곱시스 삼엽충 층준을 포함한 두꺼운 캄브리아기 암석층을 연구하기 위해 이 지역을 방문했다. 야외조사기간이 끝나갈 무렵, 왈콧은 며칠 동안 화석 능선 근처에서 화석을 찾고 있었다. 8월 31일, 그는 현지답사노트(그림 1.6)에서 버제스 셰일에서 발견된 연질부 화석에 대해 처음으로 언급하였다. 글과 함께 왈콧은 마렐라(*Marrella*, 왈콧은 "레이스 게"라고 불렀다), 왑티아(*Waptia*), 나라오이아(*Naraoia*) 라고 볼 수 있는 화석의 그림도 함께 그려 놓았다. 다음날 그는 노트에 "우리는 채집을 계속했다. 경사면에 놓여 있는 해면동물 군집을 발견했다. 아름답고 따뜻한 날이었다"라고 적어 두었다. 그가 그린 그림에는 가지를 치는 해면동물인 바욱시아(*Vauxia*)가 자세히 그려져 있다.

대부분의 고생물학 연구는 광물화된 골격을 가진 생명체의 잔해를 연구한다. 연질부가 세밀하게 보존되는 경우는 드물다. 왈콧과 그의 가족이 화석 능선을 떠날 때쯤인 그해 9월, 왈콧은 기존에 발견된 것과는 다른 수많은 형태를 포함하는 연질부로 된 화석들의 군집을 발견하는, 모든 고생물학자들의 꿈을 실현했다. 경사면에 놓여 있던 전석에서 대부분의 표본들을 채집했다. 왈콧은 그해 9월에 바욱시아가 산출되는 퇴적층

그림 1.4
필로포드 층준에 서 있는 찰스 D. 왈콧. 오른쪽에 곡괭이, 괭이, 삽이 놓여 있다.

그림 1.3
왈콧의 화석지에서 서쪽을 바라본 파노라마 전경. 트랜스캐나다 고속도로가 왼쪽에서 킥킹 호스 강의 계곡 가장자리를 따라 뻗어 있는 것을 볼 수 있다. 버제스 산이 솟아 있다. 에메랄드 호수는 아래쪽 계곡에 있으며, 오른쪽으로 에메랄드 분지의 급경사 계곡이 에메랄드 봉과 프레지던트 산맥 사이를 가로지른다. 화석채집지 밑의 전석은 오른쪽 아래에서 잘 보인다.

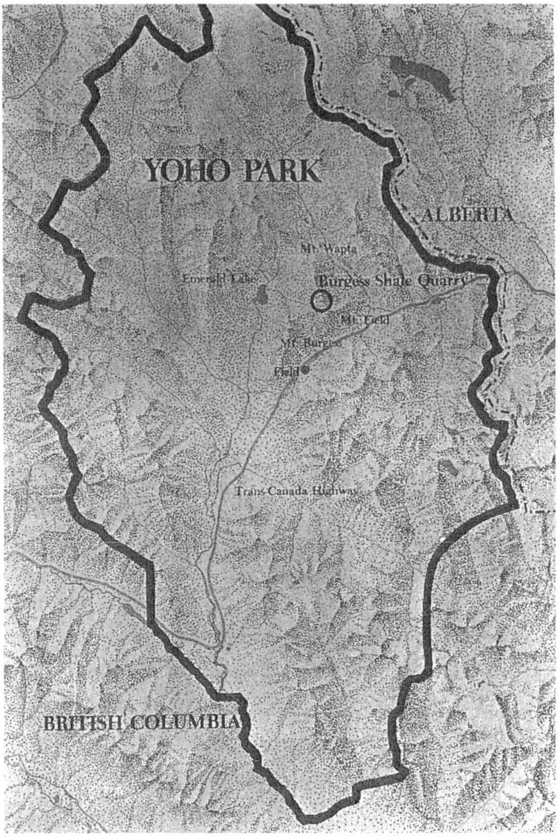

그림 1.5
요호 국립공원 내 버제스 셰일 화석지의 위치를 나타내는 지도. 캐서드랄 절벽은 트랜스캐나다 고속도로의 남쪽에서 필드 산과 스티븐 산을 따라 남동쪽으로 뻗어 있다. 버제스 셰일 화석이 산출되는 12개 이상의 화석지가 이 절벽을 따라 분포한다.

의 위치를 발견했다. 바욱시아는 연질부로 된 화석이 많이 산출되는 층준 위의 여러 층준에서 많이 산출되는 해면동물이다. 연질부로 된 화석이 어떻게 발견되었는지에 대한 사실은 다소 혼돈스럽다. 1927년 예일대학의 유명한 고생물학자인 찰스 슈처트가 집필한 왈콧의 추도문에 따르면 왈콧의 연구팀이 눈 폭풍이 불 때 산길을 내려오다 왈콧 부인의 말이 미끄러졌다. 왈콧은 산길에 놓여 있던 돌을 치우기 위해 말에서 내렸고 그 돌을 쪼갰는데 거기서 멋진 마렐라를 발견했다. 야외조사의 마지막 날이었지만 눈이 오고 어두워져서 왈콧은 산을 내려와 다음해 여름까지 기다려야 했다. 왈콧의 현지답사노트에는 이 갑작스러운 출발에 대해 다르게

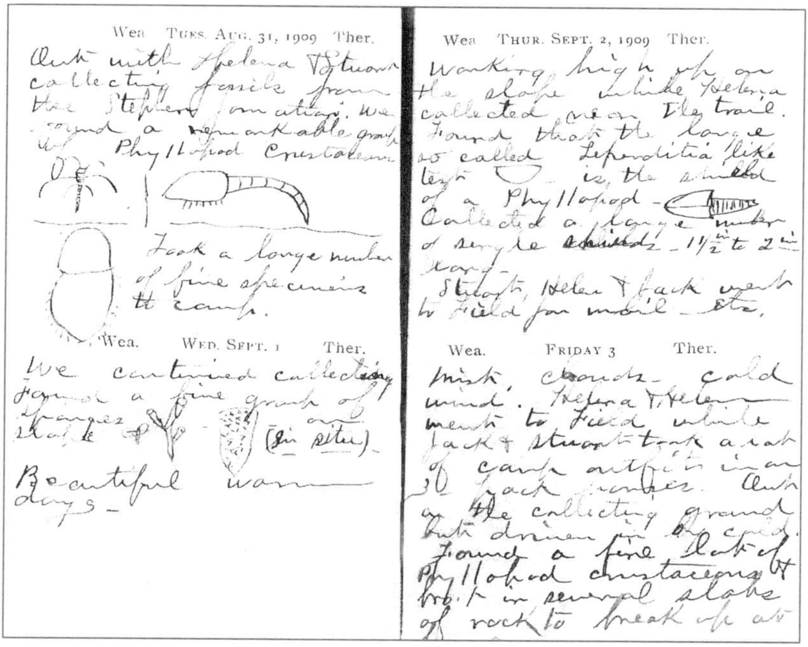

그림 1.6
1909년 8월 31일에서 9월 3일까지 왈콧의 야외조사노트. 8월 31일에 쓰인 노트는 버제스 셰일 화석에 대한 첫 번째 기록으로 시작하고 있으며 마렐라(*Marrella*), 왑티아(*Waptia*), 나라오이아(*Naraoia*) 라고 생각되는 그림이 그려져 있다. 9월 1일 기록된 "원장소"의 해면동물과 그 다음날 노트에 적힌 "경사면을 따라 위로 올라가면서 작업을 하고 있다 …"는 글은 왈콧과 그의 일행이 필로포드 층준 위에 있었음을 암시한다.

적혀 있는데, 1909년 9월의 처음 며칠 동안 수많은 연질부로 된 화석을 발견한 것으로 되어 있다. 그러나 왈콧이 가족과 함께 계속해서 채집을 하기 위해 돌아온 그 다음해가 되어서야, 연질부로 된 화석이 많이 산출되는 위치를 알아냈다. 버제스 셰일을 둘러싼 흥미진진한 수수께끼 중 하나는 왈콧 이전에는 아무도 화석을 발견하지 못했다는 것이다. 전석을 통과해 지나가는 산길은 1900년대 초에 만들어졌고 사람들의 발길이 잦았다. 반대로, 스티븐 산의 오자이곱시스 삼엽충 층은 필드에서 캐나디안-퍼시픽 호텔 건축 일을 하던 인부에 의해 발견되어 1909년에는 이미 잘 알려져 있었다.

그림 1.7 발굴이 진행중임을 보여주는 왈콧 화석지의 남쪽 끝. 왈콧은 중앙에 있는 사람으로 왼손을 엉덩이에 올려놓고 있다.

그림 1.8 왈콧 가족이 캠프 탁자에 모여 있다.

1910년 왈콧 일행은 버제스 패스 아래 숲 사면에서 캠핑을 하면서 매일 아침 120m의 경사면을 올라가 정, 삽, 쇠막대 그리고 나중에는 소량의 폭탄을 이용해 버제스 셰일을 뒤져 나갔다(그림 1.7, 그림 1.8). 나중에 마렐라가 산출된 "레이스 게 층"은 8월 9일 발견하였다. 2.3m 두께 구간의 여러 다른 층준에서도 연질부로만 된 화석이 발견되었다. 일행은 그 해 여름 마지막까지 이 층에서 화석을 찾았고, 후에 이 층을 "필로포드 층준"이라 불렀다. 1911년 조사가 끝날 무렵 왈콧은 이 화석지가 약 20m 정도 길게 뻗어 있으며, 화석지의 바닥은 3m 정도 언덕으로 뻗어 있고, 수직 벽은 3~3.7m 높이라고 기록했다. 암석을 작은 덩어리로 쪼개 경사면을 따라 캠프까지 미끄러트려 운반했다. 거기서 왈콧 일행은 표본을 쪼갠 후, 버제스 패스를 넘어 필드까지 운반했고, 필드에서부터는 기차로 워싱턴까지 운반했다(그림 1.9). 마침내 왈콧은 6만 5천 개 이상의 표본을 워싱턴으로 운반했다.

워싱턴에서 해야 할 일이 늘어남에도 불구하고 왈콧은 1912년과 1913년 여름 다시 화석 능선을 찾았다. 왈콧은 화석지보다 20m 높은 곳에서 채집했다. 이곳은 나중에 하버드대학의 퍼시 레이몬드가 다시 발굴하게 된다. 스미소니언 소장 이외에도 왈콧은 과학 학술원의 원장을 역임했고, 학술원의 국가 연구위원회에서도 일했으며 카네기재단, 국립공원관리소, 국가 항공자문위원회(현재 미국 항공우주국의 일부임)를 설립하는 데 도움을 주었다. 왈콧은 캐나다 로키산맥에서 수행한 연구를 그가 직접 촬영한 사진들과 함께 논문으로 발표했다. 왈콧은 화석 채집지의 수많은 파노라마 경관을 촬영했는데 이 중에는 1911년에 〈내셔널 지오그래픽〉에 글과 함께 실린 길이 2.5m의 사진도 있다. 이 사진은 잡지를 가장 품위 있게 만든 사진이다.

이 시기는 왈콧 개인에게는 비극적인 시기이기도 했다. 1911년 7월 기차사고로 부인 헬렌을 잃었지만 자신을 추슬러 1달 후 야외조사를 나갔다. 1914년 메리 복스와 재혼했다. 하지만 그녀의 아버지는 결혼식에 참석하지 않았다. 왜냐하면 왈콧의 인격을 의심하고 있었기 때문이다. 왈

그림 1.9 왈콧(오른쪽)이 버제스 패스를 넘어 필드까지의 여정을 위해 표본과 캠프장비들을 꾸리고 있다.

콧의 두 아들도 죽었다. 1913년 4월 그의 이름을 딴 찰리가 결핵으로 죽었고, 4년 후 가장 어린 아들인 스튜어트가 프랑스 군대에 참여하기 위해 비행기를 타고 가던 도중 프랑스에서 비행기가 총격을 받는 바람에 추락하여 사망했다. 왈콧은 1917년 67세의 나이에 화석 능선을 다시 찾아갔다. 그는 1919년과 1924년 전석으로부터 화석을 채집했고 1927년 사망할 때까지 버제스 화석을 연구했다. 그의 마지막 논문은 그가 사망한 이후인 1931년에 출판되었는데, 이 논문은 왈콧의 광범위한 기록과 사진을 미국자연사박물관의 찰스 레서가 모은 것이었다.

화석 능선의 버제스 셰일에서 기록된 종의 목록을 보면 왈콧이 얼마나 중요한 기여를 했는지 알 수 있다. 대략 170여 종이 현재에도 인정되고, 이 중 100여 종 이상은 왈콧이 직접 기재했다. 왈콧이 이러한 종을 상위 분류체계인 강(綱)이나 목(目) 등의 주요 분류군으로 분류한 것이 보다 많은 논쟁을 불러일으켰다. 몇몇 고생물학자, 특히 《생명, 그 경이로움에 대하여》라는 책을 쓴 스티븐 제이 굴드는 기이한 버제스 셰일 화석 몇 종을 잘 알려진 분류군에 포함시켜 이 화석의 진화적인 중요성을 분명치 않게 했다고 왈콧을 비판하기도 했다. 분명 왈콧은 버제스 셰일의 화석들을 주로 동물학 논문과 단행본에 의존해서, 현생의 생물과 비교해 분류했다. 역설적으로, 버제스 셰일 동물이 분류체계상 어떤 상위 분류군에 속하는지 결정하는 데 현생 생물과의 유사성을 강조하면 적어도 버제스 셰일의 동물들을 단순하게 유연관계를 모르는 의문시되는 생물로 생각하는 것보다는 더 지적인 전략이었을지도 모른다.

새로운 정보, 새로운 기술과 접근 방법 때문에 버제스 셰일 동물들이 어떤 유연관계를 보이는지에 대한 이해는 지속적으로 발전하고 있다. 예를 들어 버제스 셰일 환형동물에 대한 1911년 논문에서 왈콧은 카나디아 스파사(*Canadia sparsa*)라고 이름 붙인 "아주 짧은 옆다리에 2개의 빳빳한 털이 있는 가느다란 동물" 표본 1개를 기재하고 갯지렁이(다모류)의 한 종류로 해석했다. 1979년 사이몬 콘웨이 모리스는 버제스 셰일에 대한 재연구의 일부를 논문으로 발표했다. 1911년에 왈콧이 기재한 표본을 포함해 약 30개의 표본을 가지고 콘웨이 모리스는 이 동물이 다모류도, 환형동물 자체도 아니라는 것을 증명할 수 있었다. 형태가 워낙 이상해 콘웨이 모리스는 카나디아 스파사를 새로운 속인 할루시게니아(*Hallucigenia*)에 소속시켰고, 나중에 이 동물과 그 이름은 버제스 셰일의 상징으로 상당한 악평을 받게 되었다. 중국의 하부 캄브리아기 암석에서 발견된 비슷한 화석에 의해 얻어진 보다 많은 연구결과를 통해 할루시게니아가 아래위가 뒤집어진 채로 그리고 앞뒤가 뒤바뀐 채로 복원되었다는 사실이 밝혀졌다. 보다 중요한 것은 할루시게니아가 또 다른 버제스 동물인 아이쉐아이아(*Aysheaia*)와 함께 벨벳벌레 또는 유조동물이라는 현생 분류군에 속한다는 것이다. 유조동물은 뭉뚝하게 튀어나온 다리를 가진 애벌레 같은 동물로 육지에서만 산다. 그러므로 왈콧이 할루시게니아를 그가 채집한 하나의 표본을 바탕으로 잘못 해석했다 해도, 그가 현생 분류군과 연계시키려 했던 노력은 절대 방향을 잘못 잡은 것은 아니었다.

2. 연구의 짧은 휴지기

많은 연구자들이 왈콧의 해석을 바탕으로 버제스 셰일 화석을 연구했지만, 왈콧이 사망한 후부터 1960년대까지 버제스 셰일 표본은 거의 주목받지 못했다. 하버드대학의 퍼시 E. 레이몬드 교수는 하버드 여름학교 학생들을 1924년부터 1930년까지 캐나다 로키산맥으로 데리고 가 왈콧의 화석지를 여러 번 방문했다. 1930년 그는 15일 동안 화석지에서 머물면서 화석 능선에서 20m 높이에 있는 두 번째 화석지를 찾아냈다. 레이몬드 화석지에서는 오토이아(*Ottoia*), 시드네이아(*Sidneyia*), 레안초일리아(*Leanchoilia*), 아노말로카리스(*Anomalocaris*) 같은 표본이 산출되었다. 하지만 하버드대학의 비교 동물학 박물관에 있는 그의 표본들은 왈콧의 화석지에서 채집된 것보다 수적으로 적었고 잘 보존되어 있지도 않았다.

1951년 프랑코 라세티는 캐나다 로키산맥의 중기 캄브리아기 층서와 동물상에 대한 중요한 조사의 일부로 화석 능선의 스티븐 층에서 산출되는 삼엽충에 대한 연구를 발표했다. 라세티가 이 지역에서 수행한 연구는 1947년과 1948년에 걸친 4개월 동안의 야외조사를 바탕으로 했는데, 그동안 그는 왈콧이 채집한 삼엽충 이외에 더 많은 삼엽충을 채집했다. 라세티는 스티븐 층에서 여러 개의 삼엽충 생층서대[2]를 정립했는데 이 자료는 캐서드랄 층과 스티븐 층 사이의 관계를 결정하는 데 아주 유용하게 이용되었다.

이탈리아의 생물학자이자 조류학자인 알베르토 시모네타가 1960년에 연구원으로 미국 자연사 박물관을 방문했다. 그는 버제스 화석, 특히 절지동물들을 다시 연구하기 시작했다. 그는 1962년과 1970년에 4편의 중요한 논문을 발표했다. 시모네타의 연구는 왈콧의 표본을 다시 연구함으로써 얼마나 새로운 정보를 얻을 수 있는지 보여주었기 때문에 중요하

2) 옮긴이 주 — 생층서대(生層序帶, *Biostratigraphic Zone*) : 비교적 짧은 기간 동안 지구상에 살았던 생물들에 의해 상·하위의 생물군과 명백히 구분되는 구간.

다. 또한 시모네타의 연구는 오늘날 인정되는 주요 분류군 틀 속에 버제스 셰일 동물들을 포함시키기가 아주 어렵다는 것을 보여주었을 뿐만 아니라 뒤따라 제기된 이 캄브리아기 동물의 진화적 중요성에 대한 논쟁이 거세질 것임을 예고한 것이다.

왈콧은 보존이 잘된 대부분의 화석이 "필로포드 층준"에 속하는 단지 몇몇 층에서 발견된다는 것을 언급한 바 있다. 미국 자연사 박물관에 소장된 왈콧 표본의 대부분은 35k라는 라벨이 붙어있는데, 이것은 표본들이 이 층에서 산출되지만 발견된 정확한 층준은 밝혀지지 않았음을 나타낸다. 극히 일부는 35k/10 혹은 35k/1로 붙어있는데 나중에 레이몬드 화석지로 알려지게 된 높은 층준을 나타낸다. 위치에 대한 정확한 정보가 없는 것은 왈콧과 레이몬드 표본의 한 특징이다. 이 때문에 군집을 복원하고 버제스 셰일 화석의 보존양상을 분석하기가 힘들다. 왜냐하면 서로 떨어진 퇴적시간 동안 쌓인 화석들이 함께 채집되었기 때문이다.

3. 캠브리지 프로젝트

해리 휘팅턴 덕분에 버제스 셰일 화석에 대한 연구가 다시 시작되었다. 그는 국제적인 삼엽충 권위자였고, 그가 사용했던 하버드대학의 비교동물학 박물관의 연구실에는 퍼시 레이몬드 표본이 소장되어 있었다. 후에 스티븐 제이 굴드도 그 연구실을 사용하였다. 휘팅턴은 버제스 셰일 프로젝트를 시작해야 한다고 제안하며 캐나다 지질 조사소에 접근했다. 캄브리아기 동안의 진화를 이해하는 데 버제스 화석군이 매우 중요하다는 이유뿐만 아니라, 캐나다 지질조사소가 앨버타와 브리티시컬럼비아 주에 있는 로키산맥의 지질도를 작성하고 있다는 훨씬 재미없는 이유 때문에도 휘팅턴의 제안은 시기적절했다. 버제스 셰일에 대한 연구는 자연적으로 이 지역 캄브리아기 층서에 대한 폭넓은 검토의 일부분이 되었다. 조사소의 제임스 에이트킨과 윌리엄 프릿츠가 이끈 연구팀은 휘팅턴과 함

그림 1.10
1966년 혹은 1967년 왈콧 화석지에서 암석을 쪼개고 있는 해리 휘팅턴. 휘팅턴의 머리 뒤쪽 벽에 있는 하얀 동그라미가 모든 층서적 측정이 이루어진 기준점이다.

께(그림 1. 10) 1966년과 1967년에 왈콧과 레이몬드 화석지를 발굴하기 시작했다. 일차적 목적은 화석이 산출되는 정확한 위치를 노두에서 기록하는 것이었지만, 유명한 버제스 셰일 화석을 채집하여 캐나다의 소장품으로 만드는 것을 희망하기도 했다(당시 주요 표본들은 미국의 스미소니언 자연사박물관과 하버드대학에 있었다. 왕립 온타리오박물관의 채집탐사 때문에 상황은 바뀌고 있다).

캐나다 지질조사소에 의해 채집된 표본은 왈콧이 모은 전체 표본수의 20%도 되지 않았고 새로운 동물도 거의 없다. 그러나 몇 개의 표본은 특정 동물의 형태에 대한 새로운 결정적 증거를 제시했다(예를 들어 아노말로카리스의 머리에 커다란 마디로 된 부속지가 붙어 있는 표본이 이에 포함된다). 보다 중요한 것은, 스티븐 층 삼엽충의 분포가 자세하게 기록되면서 프릿츠가 왈콧 화석지 아래의 두꺼운 셰일 층에서 관찰되는 화석군의 변화가 인접한 캐서드랄 돌로마이트의 최상부에서는 훨씬 얇은 셰일에서 나타난다는 것을 밝혀냈다. 이는 버제스 셰일 퇴적물이 원래 100m 이상의 높이였던 엄청나게 가파른 석회암 절벽의 앞쪽에서 퇴적되었다는 것을 증명한다. 당시 짐 에이트킨의 제자로 캘거리대학 대학원생이던 이안 맥클리스는 후에 캐서드랄 절벽은 버제스 셰일 화석지로부터 남동쪽으로 20㎞ 거리까지로 뻗어 있다는 것을 보여주었다.

캐나다 지질조사소 연구팀은 왈콧 화석지의 북쪽 끝에서 집중적으로 화석을 채집했다. 남쪽 끝에는 왈콧과 레이몬드가 남긴 수많은 전석 때문에 접근이 불가능했기 때문이다. 연구팀은 거의 700㎥의 암석을 쪼갰고 가장 잘 보존된 연질화석이 왈콧 화석지 가장 하부부터 2.3m 구간 내에서 산출된다는 사실을 확인했다. 연구팀은 레이몬드 화석지에서도 채집을 했는데 훨씬 적은 양의 화석을 채집했다. 1966년 버제스 셰일 프로젝트의 발굴 단계가 진행중일 때 휘팅턴은 캠브리지대학의 우드워드 석좌교수로 임명되어 매사추세츠 주 캠브리지 시에서 영국 캠브리지대학로 옮겨갔다. 따라서 프로젝트도 캠브리지대학로 옮겨갔다.

캐나다 지질 조사소 연구팀의 발굴이 끝난 후 휘팅턴은 화석에 대한 연구를 시작했고 가장 흔한 마렐라(*Marrella*)부터 연구하기 시작했다. 그는 조사소 연구팀이 새로 채집한 표본뿐만 아니라 스미소니언 자연사박물관과 하버드대학에 있던 기존의 표본들도 조사했다(왈콧의 표본 대부분은 그가 예비기재를 논문으로 발표한 후에 채집되었고 자세히 처리되거나 연구되지 않았다). 절지동물 몇 종류는 휘팅턴의 동료였던 오슬로대학의 데이비드 브루턴과 캠브리지대학의 크리스토퍼 휴즈가 기재하기로 했다. 그러나 얼마 지나지 않아 휘팅턴이 처음 생각했던 것보다 연구규모가 훨씬 크다는 것이 분명해져서 1972년 휘팅턴은 2명의 대학원생을 뽑아 데릭 브릭스는 절지동물을, 사이먼 콘웨이 모리스는 벌레들을 연구하게 했다.

휘팅턴의 지도 아래 캠브리지대학 연구팀은 버제스 셰일 화석의 기재에 대한 새로운 기준을 세웠다. 셰일이 평평하게 쪼개지지 않았기 때문에, 표본이 한쪽 편의 돌에서 완전히 드러나지 않아 화석의 일부분만 돌에 그대로 남아 있고 다른 부분은 돌의 반대쪽 편에 남아 있는 경우가 흔했다. 휘팅턴은 양쪽 편의 돌에서 나온 증거를 종합해 버제스 셰일 동물의 해부학적 특징을 복원할 수 있다는 것을 알아냈다. 변형시킨 치과용

드릴을 이용해서 조심스럽게 처리하여 화석을 가리고 있던 퇴적물을 제거할 수 있었다. 또한 각 표본을 층상으로 제거하는 것이 가능해서 여러 층으로 된 연질부를 하나씩 제거해 그 아래 놓인 자세한 특징을 밝혀 낼 수 있었다. 예를 들어 카나다스피스(*Canadaspis*)의 외골격을 제거해 그 아래 놓인 부속지가 보이게끔 했고(그림 100, 101) 차례로 각 부속지를 벗겨내 바로 아래 있는 부속지의 윤곽이 들어나게 할 수 있었다. 화석이 남아 있는 두 층 사이에 퇴적물이 없는 경우에는(예를 들어 몸통이 남아 있는 층과 부속지가 남아 있는 층이 서로 붙어있는 곳) 이 화석층들이 평평하게 눌려 있거나 속성작용에 의해 한데 합쳐져 있다. 이 둘을 분리해내는 것은 불가능하지는 않지만 아주 어렵다.

화석들을 재조사하는 데 있어 가장 중요한 것은 새로운 해석에 대한 증거를 그림으로 나타내는 것이었다. 이 때문에 고화질의 사진을 촬영하였고, 여러 조명을 비추어 다양한 특징이 나타나게끔 하였다. 표본을 주변 셰일로부터 강조하기 위해 자외선을 사용하였다. 사진은 설명 그림으로 보충했고 때로는 양쪽 편의 돌에서 관찰되는 증거를 포함했다. 층리면에 대해 서로 다른 자세로 보존된 버제스 셰일 표본들을 다양한 각도에서 촬영한 사진과 비교했다. 동물화석은 죽은 새우를 2장의 유리사이에 넣고 눌렀을 때처럼 눌려 있지는 않았다. 이 동물들이 흙에 묻혔을 때 부패가 일어나 시체내부 공간이 어느 정도 내려앉기에 충분했고 이로 인해 거의 2차원적 표본으로 보존되어 있었다. 이어서 탈수작용과 압축작용이 일어나 진흙을 화석이 보존된 셰일로 바꾸어 놓았다. 변형은 최소화되었고, 생물체의 상대적 크기도 그대로 유지되었다. 이러한 과정을 알게 되면서 동물을 3차원으로 복원하는 것이 가능했다. 어떤 경우 대략적인 3차원 모델을 만들어 다양한 각도로 사진을 찍고 이를 화석표본과 비교하는 것이 도움이 되었다. 새롭게 그려진 복원도는, 레서에 의해 수집되어 주로 1931년 논문에 실린 왈콧이 그린 몇 개의 복원도나, 레이몬드가 그린 복원도, 그리고 표본을 층으로 벗겨내는 허가를 얻지 못한 시모네타가 그린 복원도보다 질적으로 훨씬 나았다. 컴퓨터를 이용한 영상

분석을 통해 다양한 위치로 보존된 여러 표본의 사진으로부터 3차원적인 영상복원이 이루어졌다.

캠브리지 프로젝트의 주안점은 처음에는 버제스 셰일 동물의 형태적 증거를 다른 연구자들이 평가하기에 충분할 만큼 자세한 그림으로 나타낼 수 있도록 정확히 기재하는 것이었다. 이어 화석군의 진화적 중요성과 유연관계에 대한 분석으로 주안점이 바뀌었고 특히 후생동물의 초기 적응방산, 즉 캄브리아기 대폭발에 특별히 주목했다. 가장 놀라운 초기 결과는 버제스 셰일 동물 대부분이 현생 분류군에 소속되지 않는다는 사실을 알아낸 것이다. 많은 수의 동물이 이른바 의문시되는 분류군에 속했고 현생 동물 문에 포함시킬 수가 없었다. 분명히 캄브리아기 동안 이상한 일이 일어났다.

캠브리지대학 연구팀의 결과가 발표되면서 버제스 셰일 화석에 대한 연구는 고생물학자들로부터 많은 주목을 받았다. 그러나 스티븐 제이 굴드의 《생명, 그 경이로움에 대하여》라는 책이 출판된 1989년에 와서야 버제스 화석은 전체 고생물학계에 널리 알려지게 되었다. 굴드는 캄브리아기 동물 중 많은 수가 특이하고 특별한 형태를 보인다는 점을 강조하면서, 이를 "희한한 경이로움"이라는 기억에 남을 만한 문구로 요약했다. 또한 그는 어떤 몸의 구조는 사라지고 어떤 것은 살아남아 지구상에 번성했는지를 결정하는 데 기회나 우연성이 중요한 역할을 한다고 역설했다. 하지만 왈콧의 발견과 버제스 셰일 화석의 진화적 중요성에 대한 발전적인 이해, 그리고 연구 진척에 대한 굴드의 명석한 설명은 이 이야기를 대중에게 널리 알리는 것 이상의 일을 한다. 굴드의 책은 캄브리아기 적응방산 연구에 중요한 자극제 역할을 했다.

4. 다른 화석지, 다른 동물들

버제스 셰일에 대한 연구의 마지막 단계는 1975년 캐나다 토론토에 있는 왕립 온타리오 박물관의 무척추동물 연구실장이던 데스몬드 콜린스가 화석 능선에 있는 노두에서 이미 떨어져 나온 암석으로부터 화석을 채집할 수 있는 허가를 받으면서 시작되었다. 그해 여름 왕립 온타리오 박물관의 연구팀은 체계적으로 왈콧과 레이몬드 화석지 아래에 있는 전석 더미와 왈콧이 캠프를 했던 곳 근처의 버려진 돌들을 뒤져나갔다. 많은 괜찮은 표본을 발견했는데, 이 중에는 왈콧과 레이몬드 화석지 이외에 화석이 산출되는 층준이 화석 능선에 있을 수 있다는 가능성을 보여주는 희한한 형태의 화석〔특히 투조이아(*Tuzoia*)〕이 포함되어 있었다. 캐나다 공원관리소 직원들에게 자신감을 심어준 콜린스는 1981년과 1982년 여름에 캐서드랄 절벽을 따라 발달한 스티븐 층에서 다른 화석지를 찾기 위해 다시 돌아왔다.

첫해 여름 동안 콜린스는 데릭 브릭스, 사이먼 콘웨이 모리스, 그리고 제임스 에커트와 함께 야외조사를 했다. 브릭스는 다음해 다시 보다 많은 인력으로 이루어진 왕립 온타리오 박물관 연구팀과 함께 야외조사를 했다(그림 1.11). 이 답사팀의 연구는 왈콧 시대 이후 가장 중요한 발견을 하게 된다. 왕립 온타리오 박물관팀은 연질화석이 산출되는 퇴적층은 기존에 알려졌던 것보다 훨씬 넓게 퍼져 있다는 것을 밝혀냈다. 왈콧 화석지 북쪽 끝에서 화석이 많이 산출되는 퇴적층은 스티븐 층의 셰일이 캐서드랄 층의 괴상 돌로마이트로 갑작스럽게 변하면서 끝난다. 남쪽에서 이 퇴적층은 교란되어 있거나 압축되어 있다. 대부분의 고생물학자들은 왈콧과 레이몬드 화석지가 연질부가 보존된 층의 전부라고 생각하였다. 왈콧이 1917년 채집을 그만두었을 때 그는 보존된 화석 대부분을 발견했다고 믿었다. 그러나 놀랍게도 콜린스와 그의 동료연구자들은 캐서드랄 절벽을 따라 남동쪽으로 20㎞ 이상 뻗어 있는 12개의 새로운 화석지를 발견했는데 필드 산, 스티븐 산, 오다레이 산, 파크 산, 커티스 봉, 그리고

그림 1.11 1981년 왈콧 화석지 근처 야외조사지역의 데스몬드 콜린스(왼쪽)와 데릭 브릭스

화석 능선의 왈콧 화석지보다 높은 곳에 위치한 화석지가 이에 포함된다. 새로운 화석지 중 몇 개는 왈콧 화석지 및 레이몬드 화석지와 층서적으로 같은 층준이지만 대부분은 왈콧 화석지보다 층서적으로 높거나 낮고, 많은 화석지에서 다른 군집의 화석이 발견되어 서로 다른 환경이었음을 나타내고 있다.

킥킹 호스 계곡을 가로질러 화석 능선의 반대편인 스티븐 산에 있는 여러 개의 새로운 화석지에서는 아주 많은 화석이 산출되어 1,000개 이상의 표본이 채집되었다. 많은 수의 오토이아, 레안초일리아 표본과 레이몬드 화석지에서 특징적으로 산출되는 다른 동물들이 스티븐 산의 북쪽 능선에서 발견되었다. 남서쪽으로 1,500m 아래에 위치한 화석지에서는 (그림 1.12, 그림 1.13) 1983년 조사기간 중 가장 놀랄 만한 발견이 있었다. 콜린스가 산타클로스(*Santa Claws*)라 이름 붙인 새로운 절지동물이 발견되었다. 산타클로스는 5쌍의 가시가 달린 부속지(집게발)를 가지고 있는데 이 부속지들은 입 근처에서 먹이를 잡는 바구니 같은 형태를 취하고 있으며, 머리의 훨씬 뒤쪽에 다소 다른 형태의 여섯 번째 부속지가 달려 있었다. 이 절지동물을 기재했을 때 브릭스와 콜린스는 산타클로스를 라틴어화 한 산타카리스(*Sanctacaris*: 거룩한 집게발)라 이름 붙였다. 이 동물은 가장 초기의 협각류 절지동물 중 하나로 이 동물로부터 나중에 바다전갈, 투구게 그리고 거미가 진화해 나온다.

1981년 유네스코가 버제스 셰일 화석지를 세계유산으로 지정해 버제스 셰일 화석지는 그랜드캐년에서 샤르트르 대성당에 이르는 85개의 다른 유산과 함께 세계유산에 속하게 되었다. 왕립 온타리오 박물관의 연구는 1988년부터 1993년까지 계속되었다. 1988년 동안 연구팀은 1984년에 발견된 화석 능선의 상부에 위치한 화석지에서 화석을 채집했고, 1989년에 연구원들은 화석 능선과 스티븐 산을 계속 조사했다. 그해 콜린스는 전문적인 화석 채집자들을 고용하기 시작했다. 이 프로젝트 초기

그림 1.12.
왕립 온타리오박물관의 데스몬드 콜린스(왼쪽)와 데이비드 러드킨이 스티븐 산의 서쪽에 있는 새로운 화석지를 발굴하고 있다. 이곳에서 최초의 협각류인 산타카리스(*Sanctacaris*)가 발견되었다(1982년 7월).

에 참가했던 지질학, 고생물학 대학원생들보다 훨씬 커다란 암석을 쪼갤 수 있었기 때문이다. 콜린스는 2~3명의 경험 있는 채집자들을 고용했고 많은 채집자들은 그 후 대학에 입학하여 고생물학을 전공했다. 1990년에 콜린스는 화석 능선에 있는 왈콧의 화석지보다 약 65m 상부에 있는 에마니엘라 버제센시스(*Ehmaniella burgessensis*) 대에서 채집을 했다. 레이몬드 화석지는 1991, 1992, 1993년에 다시 조사 되었고 훌륭하게 보존된 아노말로카리스 표본들이 첫해에 발견되었다.

왕립 온타리오 박물관 조사팀의 연구에 의해 캄브리아기 세계에 대한 새로운 전망이 열렸고, 버제스 셰일과 흡사한 동물들이 화석 능선에만 국한되는 것이 아니라 이 지역의 다른 곳에서도 산출된다는 것이 밝혀졌다. 층서적으로 시대가 젊은 유타에서의 발견, 층서적으로 오래된 중국

그림 1.13
스티븐 산 서쪽에 있는 새로운 화석지를 발굴하는 왕립 온타리오박물관 연구팀. 아래에 킥킹 호스 강이 보인다(1982년 7월).

운남성 징강에서의 발견, 그린란드 북쪽의 시리우스 파세트와 남호주의 캥거루 섬에 있는 에무 베이 셰일 등 다른 지역에서의 연이은 발견에 의해 더 발전되었다. 많은 버제스 셰일 동물들은 브리티시컬럼비아 주에만 나타나는 게 아니라 캄브리아기 당시의 바다에서는 전형적 동물들이었다. 과학계에 캄브리아기 화석에 대한 새로운 자료가 담긴 보물상자를 알리는 데 필요한 엄청난 양의 기재, 해석, 도해작업은 성공적인 발견과 채집을 쫓아가지 못했다. 콜린스와 다른 연구자들은 앞으로의 과학적 연구를 위해 놀랄 만한 표본을 계속 채집하면서, 생명의 역사라는 그림 맞추기 퍼즐에서 머지않아 제 위치를 찾을 결정적인 조각들을 모아두고 있다.

📖 읽어 볼 문헌

왈콧은 버제스 셰일에 대한 그의 연구를 스미소니언 미셀레이니어스 컬렉션(1912c, 1913, 1914, 1918a, 1922, 1923b, 1924b, 1925, 1926)에 논문으로 발표했다. 연구의 역사는 Collier(1983), Collins(1986b), Gould(1989) 그리고 Whittington(1971a, 1985b)에서 논의되어 있다.

제2장

지질학적 환경과 화석의 보존

화석이 잘 보존된 장소 중 한 곳에 해파리처럼 가장 섬세한 생물들이 정교하게 보존되어 있다. 그리고 다양한 종류의 갑각류도 채집했다.

—왈콧, 1911년 6월, 〈내셔널 지오그래픽〉, p.511

1. 왈콧 화석지의 지질학적 환경

왈콧이 보고한 해파리는 캄브리아기의 대형 포식자인 아노말로카리스의 턱으로 밝혀졌다. 그렇다고 버제스 셰일의 보존이 덜 놀랄 만한 것은 아니고, 보존 양상은 지금도 완벽하게는 이해되지 않는다. 버제스 셰일은 왈콧이 화석이 산출되는 층을 언급한 비공식적 용어이다. 현재는 왈콧 화석지에서 발견되는 것과 동일한 화석군집을 기재하기 위해 널리 사용된다. 다른 곳에서(예를 들어 중국, 그린란드) 산출되는 비슷한 화석군집을 버제스 셰일 형태의 화석군이라 부른다. 왈콧 화석지에 있는 어두운 색을 띤 수평으로 층리가 발달된 셰일은 스티븐 층이라는 지층에 속하고, 화석 능선에서는 150m 이상의 노두가 노출되어 있다. 화석 능선에 있는 버제스 셰일의 지질학적 환경은 헬리콥터에서 가장 잘 관찰할 수 있다(그림 2. 1). 상공에서 보면 분명히 화석지 북쪽으로 몇 미터 가지 않아 스티븐 층이 사라지고 괴상의 밝은 색 돌로마이트로 된 캐서드랄 층에 맞닿아 있는 것이 분명히 보인다. 캐서드랄 층은 장관인 캐서드랄 크레익스의 뾰족한 산봉우리로부터 이름이 붙여졌다. 이 두 지층은 거의 수직으로 접해 있기에 왈콧은 이를 구조적 단절인 정단층으로 해석했다. 그러나 필드 산 사면을 바라보면(그림 2. 2) 캐서드랄 층의 돌로마이트 위에 얇은 셰일 층이 끊어지지 않고 계속되며 정단층이라고 생각한 한 절단

그림 2.1
돌무더기로 덮인 화석 능선의 경사면. 눈으로 덮인 곳이 왈콧 화석지이다. 왼쪽으로 멀리 떨어지지 않은 곳에서 스티븐 층의 어두운 색 셰일과 캐서드랄 층의 밝은 색 돌로마이트의 경계를 명확하게 볼 수 있다.

그림 2.2. 킥킹 호스 강의 계곡을 가로질러 스티븐 산에서 촬영한 필드 산의 남동 사면. 캐서드랄 절벽의 가장자리는 이 산에서 뚜렷하게 나타난다. 캐서드랄 층과 스티븐 층과의 접촉면이 표시되어 있고 위에 놓인 엘든 층과의 경계면도 표시되어 있다.

선을 가로 질러 이어지는 것이 분명히 보인다(그림 2. 3). 마찬가지로 위에 놓인 엘든 층의 석회암은 왈콧 화석지 근처에서 스티븐 층 셰일과 캐서드랄 층 돌로마이트 사이의 급격한 변화에 영향을 받지 않는 것이 명확하다. 그러므로 이 접촉면은 후에 일어난 지구조적 단층이 아니라(이러한 균열작용은 전체 층서를 변형시켰을 것이다) 캄브리아기 해저의 한 특징이었다. 버제스 셰일을 포함한 스티븐 층의 셰일은 틀림없이 엄청난 규모의 해저 절벽 바로 앞에 퇴적되었다. 제임스 에이트킨과 이안 맥클리스는 이 절벽을 석회암을 침전시키는 조류(藻類)에 의해 만들어진 대규모 암초의 전면이라고 해석했다. 암초의 뒷면에는 탄산염대지가 발달했으며 암초의 앞면에는 심해 분지 셰일이 퇴적되었다. 처음에는 분지에 퇴적물이 퇴적되는 것보다 암초가 더 빠르게 성장했다. 그러나 암초의 성장속도가 느려지면서 분지가 점차 퇴적물로 채워지게 되었다.

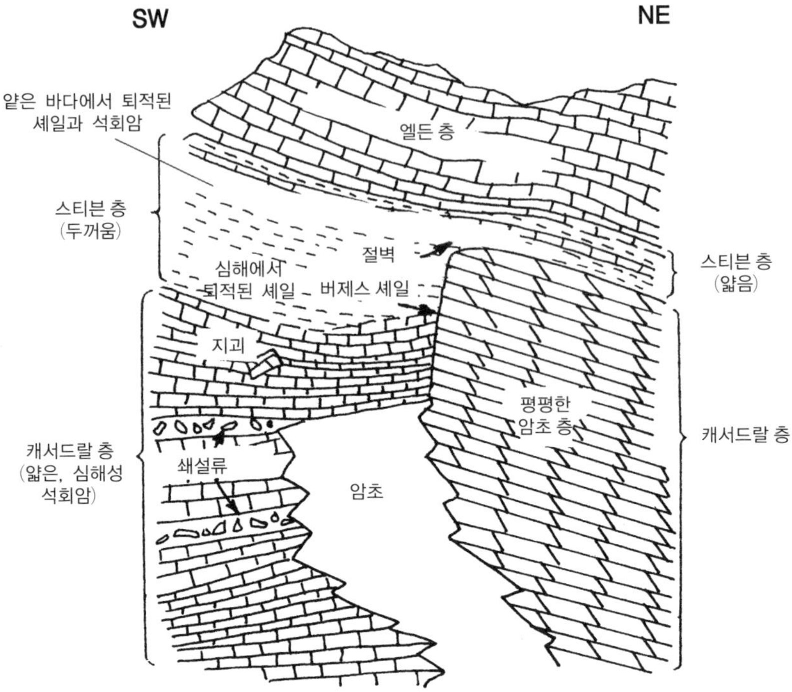

그림 2.3

필드 산의 남동사면에 노출된 주요 지층을 보여주는 설명 그림. 절벽은 산을 통과해 북서쪽으로 뻗어 있고 화석 능선의 버제스 화석지에서 노출되어 있다. 연질부로 된 화석이 1981년 왕립 온타리오박물관 연구팀에 의해 필드 산에 있는 절벽 근처에서도 발견되었다. 캐서드랄 층은 다른 단위 또는 상(*facies*)으로 이루어져 있다. 절벽을 형성하는 거대한 단절면은 탄산염 대지의 얇은 층리로 된 석회암을 가로지르고 있다. 남서쪽으로 절벽 아래에 이암질의 석회암이 결국 스티븐 층의 셰일로 변하면서 깊은 바다에 퇴적되었다. 거의 수직인 절벽은 얇은 셰일 층과 엘든 층의 두꺼운 석회암에는 발달되어 있지 않다. 만약 절벽이 지구조적인 단층이라면 얇은 셰일 층과 엘든 층에도 발달되어 있어야 한다. 캐서드랄 층 내 지층의 층서명은 W. D. 스튜어트[1]가 수정했다 [Aitken and McIlreath (1984)의 그림 3을 수정한 Whittington (1985b)의 그림 3.2를 바탕으로 그렸음].

---

1) 옮긴이 주 — Stewart, W. D., 1991. "Stratigraphy and Sedimentology of the Chancelloe Succession (Middle and Upper Cambrian), Southeastern Canadian Rocky Mountains". Ph. D. thesis, University of Ottawa, Ontario, p. 534.

최근에 더글러스 스튜어트는 캐서드랄 층이 탄산염암의 퇴적보다는 침식에 의해 형성된 것이라는 새로운 해석을 제시했다. 탄산염 대지의 가장자리가 대규모로 무너지면서 절벽 면이 형성됐다는 확실한 증거가 새롭게 기재된 절벽 노출면에서 확인되었다. 캐서드랄 석회암이 퇴적되는 동안 탄산염대지의 가장자리에 있던 암초가 성장했고 분지 쪽을 향해 이동했다. 마침내 200m 탄산염 대지 가장자리 부분이 무너져 내려 분지 아래로 수 킬로미터에서 수십 킬로미터 미끄러져 내려갔을 것이다. 그 결과 형성된 대규모의 절단면이 캐서드랄 절벽을 이루게 되었다. 절벽을 형성하는 상부에서는 경사가 급하다가 거의 수평으로까지 휘어지면서 분지의 바닥을 형성하고 있다.

다른 지역에서는 비슷한 대규모 절단면이 위에 놓인 엘든 층과 피카 층을 명백하게 가로지른다. 이러한 대규모 중력 사태의 흔적은 세계 곳곳에서 층서적으로 젊은 층에서도 알려져 있고, 현생의 탄산염대지 가장자리에서도 알려져 있다. 규모가 너무 크기 때문에 일반적인 지질도 작성으로는 대개 알아내기가 힘들다. 현재의 대양에서 이러한 절단면은 지구물리학자들이 연구한 지진파 측면도에서 분명히 나타난다.

해저 절벽인 캐서드랄 절벽이 만들어진 후 탄산염 퇴적물들이 탄산염 대지에 계속해서 쌓였다. 처음에는 전석 덩어리를 포함하는 이 퇴적물이 분지로 이동되다가 바운더리 석회암 층이 퇴적되면서 이동이 중단되었다. 대규모의 진흙이 유입되면서 탄산염 대지는 묻히게 되고 해수면이 상승하면서 탄산염의 생산이 중단되었다. 이후에 일어난 진흙의 유입은 탄산염 대지를 지나쳐 분지에 퇴적되었다. 버제스 셰일 생물들이 묻힌 것은 바로 이 단계라고 할 수 있다.

캐서드랄 절벽은 화석 능선의 왈콧 화석지부터 킥킹 호스 강 넘어 높이 솟은 필드 산 앞쪽에 있는 노두까지 추적이 가능하고, 거기서부터 계곡을 지나 스티븐 산까지 이어진다. 요호 국립공원을 남동으로 가로질러 약 20㎞까지 뻗어 있다. 노두가 노출된 여러 곳에서 화석은 왈콧 화석지와 비슷한 방법으로 보존되어 있다. 가장 보존이 잘된 화석은 절벽에 가까운 셰일에만 나타난다. 절벽에서 멀어지면서 보존이 나빠지고 조밀하게 밀집된 벽개면이 셰일을 관통하고 있어 셰일이 층리에 평행하게 쪼개지지 않는다. 주변의 캐서드랄 층의 돌로마이트에 의해 셰일이 구조적으로 변형되지 않은 곳에는 벽개면이 발달되어 있지 않다.

캐서드랄 절벽은 버제스 셰일 화석이 보존되는 데 결정적 역할을 했기 때문에 상당한 주목을 받았다. 분명 화석 능선의 측면에 있는 절벽의 규모는 화석이 묻힐 당시 절벽의 높이를 직접 나타내는 것은 아니다. 버제스 셰일 동물들이 묻힐 당시 절벽의 높이를 추정하는 한 방법은 분지 내에서 삼엽충의 진화적 변화를 알아내고 이를 암초의 상부에서 일어난 비슷한 변화와 대비하는 것이다. 이때 셰일의 탈수와 압축현상을 약간 고려해야 한다. 이러한 측정방식에 이용될 수 있는 변화가 스티븐 층의 아래쪽에 있는 바운더리 석회암에서 일어났다. 여기서 글로소플루라(*Glossopleura*) 대에 속하는 특징적 삼엽충이 이 석회암의 하부에서 나타나고 바쓰유리쿠스 엘라씨나(*Bathyuriscus-Elrathina*) 대에 속하는 특징적 삼엽충이 상부에서 나타난다(그림 2. 4). 똑같은 변화가 절벽의 꼭대기에도 나타나는데 꼭대기에는 캐서드랄 층의 돌로마이트가 셰일로 다시 변하게 되고, 이것은 버제스 셰일 동물들이 진흙에 묻힐 때 절벽의 높이는 약 160m 정도라는 것을 암시한다.

절벽의 높이를 알기 위해서는 삼엽충 화석군의 변화가 분지의 셰일과 탄산염대지에서 동시에 일어나야만 한다. 예를 들어 어떤 삼엽충은 멸종되고 다른 삼엽충이 새로이 출현하는 변화가 일어나야 한다. 반대로 삼엽충 화석군이 어떤 환경적 요인의 변화에 반응해서 변했다면, 분지와 탄산염 대지에서 동시에 변화가 일어날 가능성은 없다. 이렇게 되면 절벽의 높이가 과장되어 나타나게 된다. 이러한 어려움 때문에 절벽의 정확한 높이를 알아낼 수가 없다. 삼엽충 전문가인 롤프 루드빅슨은 절벽 모델과는 아주 많이 다른 모델을 제시했다. 그는 버제스 셰일 동물들이 경사가 급하지 않은 분지의 깊은 부분에서 퇴적되었을 수 있다고 제안했다. 하지만 그의 생각은 퇴적학적 증거와 일치하지 않는다. 버제스 셰일

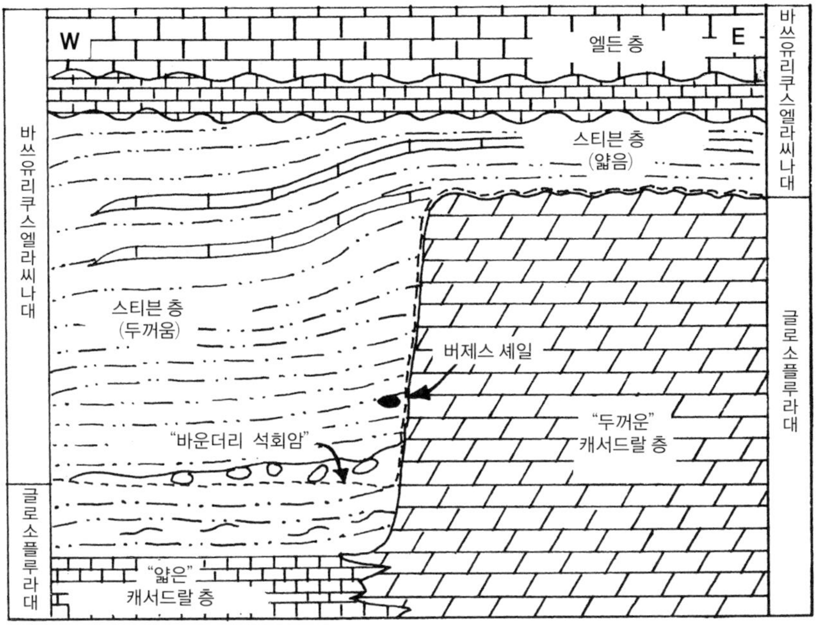

그림 2.4 왈콧 화석지 지역의 층서 단면도 그림으로 캐서드랄 절벽에 대한 글로소플루라대와 바쓰유리쿠스엘라씨나대 삼엽충대 경계의 위치를 보여준다[Fritz(1990)의 그림 1 인용].

화석지에서 높이 솟은 절벽 때문에 해저에는 산소의 양이 적은 은신처 같은 지역이 생기게 되었고 이곳에서는 퇴적물이 빠르게 퇴적됐을 수 있다.

2. 운반과 매장

화석 능선의 왈콧 화석지에 서서 뒤편의 풍화를 받아 노출된 셰일 층을 보면 두 가지 특징에 금방 놀라게 된다. 먼저 지층이 화석지를 가로질러 수평으로 연속적이라는 것이다(그림 2.5). 퇴적물이 섞이거나 생물체가 뚫은 구멍에 의해 교란되지 않았고, 1개의 층을 쉽게 추적할 수 있다. 분명 이 퇴적물들은 퇴적물 속에 또는 퇴적물 표면에 살았던 무척추동물들에게는 불리했던 환경인 해저에서 퇴적된 것이다. 두 번째 놀라운 특징은 층들 사이의 구분이 명확하다는 것이다. 퇴적작용의 결과가 목록처럼 모여 있는 셈인데, 한 번의 퇴적 작용 때 아래쪽에 보다 굵은 입자가 쌓였고, 칼슘과 철의 농도가 높아 지금은 오렌지색으로 변해 있다. 퇴적물은 위쪽으로 가면서 고와지고 색깔도 검은 회색으로 변한다. 이러한 층의 두께는 다양하지만 각 층은 물의 흐름에 의해 운반된 부유퇴적물이 한 번 유입된 것을 나타낸다.

물론 퇴적물 층은 원래 퇴적되었을 때 훨씬 두꺼웠고 그 후 탈수와 압축작용을 받았다. 암석에 보존된 화석의 방향으로부터 물의 흐름이 난류(亂流)였음을 알 수 있다. 화석들은 층리면에 다양한 각도로 쌓여 있다. 수리 역학적으로 보다 안정된 상태로 퇴적된 것이 대부분이지만, 드물게 시드네이아(*Sidneyia*)라는 절지동물의 예처럼 진흙 속에 물구나무를 선

그림 2.5
수평으로 연속되는 필로포드 층을 볼 수 있는 왈콧 화석지의 노두. 각 퇴적층의 입자가 굵은 아래쪽 부분은 밝은 색으로 풍화되었고 입자가 고운 위쪽은 어두운 회색이다.

것 같은 상태에서 머리에서 꼬리 방향으로 압축된 표본도 있다. 시드네이아(사진 149~151)는 커다란 절지동물의 하나로 길이가 15㎝에 이르며, 이를 통해 원래 퇴적된 퇴적물이 얼마나 두꺼웠는지를 알 수 있다. 난류에 의해 운반되었다는 증거와 가장 보존이 잘된 연질부 화석이 나오는 왈콧의 필로포드 층준에 동물의 행동 흔적이 없는 것으로 보아 생물들이 이동되어 퇴적되었다는 것을 알 수 있다. 동물들이 난류에 휩쓸려 퇴적물과 함께 운반되기 전 동물들이 살았던 "사태 전" 환경을 상상해 보아야 한다(그림 2.6). 그 후 생물들은 "사태 후" 환경에 매몰되었고 이곳이 오늘날 버제스 생물들이 화석으로 발견되는 곳이다. 동물들은 운반되거나 매몰되는 과정에서 퇴적물 때문에 질식되거나 갑작스러운 온도변화 때문에 죽었을 것이다.

사태가 일어나기 전 버제스 셰일 군집의 서식지 환경은 어떠했을까? 몇몇 동물은 부드러운 퇴적물에 굴을 뚫고 살았을 것이고, 몇몇은 진흙 속에 있는 유기질을 먹고 살았을 것이다. 이 다양한 동물들의 가장 가능한 생존전략은 진흙바닥을 서식지로 하는 것이다. 대부분의 버제스 셰일 동물들은 바다 바닥에 살았고 어떤 동물은 바닥에 붙어 고착생활을 했으며 다른 동물들은 퇴적물에 굴을 뚫고 들어가 살거나, 퇴적물 위를 움직이는 동물들이었을 것이다. 동물들을 운반했던 사태는 폭풍이나 지진 때문에 시작되었을지도 모르고 퇴적물 더미가 불안정해지면서 일어났을지도 모른다. 굴을 뚫고 사는 동물들의 경우 그들이 살던 진흙이 침식되면서 운반되어졌을 가능성은 낮다. 이들은 아마도 굴속에 산 채로 묻혔을 것이다. 소수의 버제스 셰일 동물은 물에서 헤엄치고 다닌 것 같다. 그러나 이러한 동물들은 바다 바닥에 사는 동물들과 비교해 화석으로 남기 어렵다. 이 동물들은 격렬하게 흘러내리는 퇴적물에 빨려 들어가 운반되었을 가능성이 적고 아마도 위쪽으로 헤엄을 치고 올라가 안전하게 피했을 수도 있다.

캄브리아기 당시 커다랗고 희미한 형태로 서 있었을 바다 밑 캐서드랄 절벽을 상상해 보면, 크고 작은 석회암 덩어리가 부서져 분지 쪽으로 굴

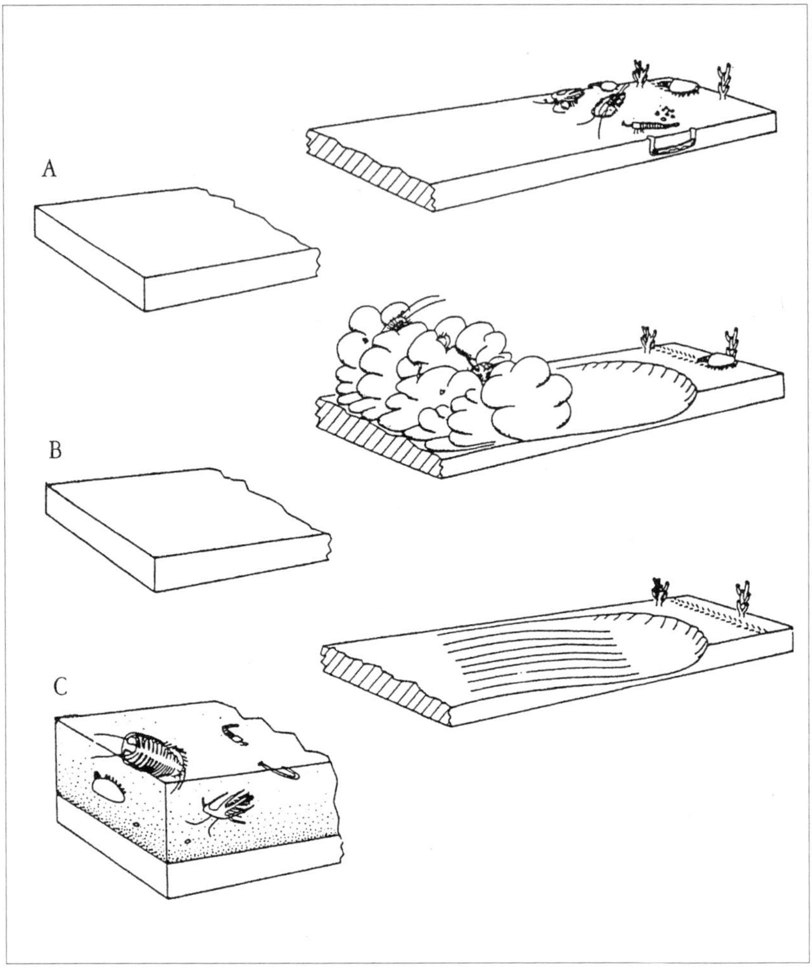

그림 2.6
"사태 전" 환경(오른쪽)과 "사태 후" 환경 사이의 차이를 순차적으로 보여주는 그림. 동물들은 빛이 잘 투과하는 진흙바닥에 서식하다가(A) 퇴적물로 가득 찬 난류에 의해 운반되어(B) 현재 나타나는 왈콧 화석지 및 그와 유사한 다른 화석지까지 운반되었다(C) [Whittington (1980b)에서 수정한 Whittington(1985b)의 그림 3.8을 수정].

러 떨어지는 것을 상상할 수 있다. 하지만 더글라스 스튜어트가 지적한 것처럼 탄산염 퇴적작용이 멈추고 밀려들어오는 진흙에 탄산염 대지가 묻힌 후에는 더 이상 탄산염 퇴적물 유입의 근원이 없어졌다. 그러므로 퇴적물과 동물들은 절벽의 앞쪽에 평행하거나 절벽의 꼭대기에서 밀려 내려오는 물의 흐름에 의해 퇴적되었을 것이다. 대부분의 화석은 운반과 매몰과정에서 피해받은 흔적이 거의 없기 때문에 동물들이 그리 멀리 운반되지 않았다고 잘못 생각할 수 있다. 그러나 회전원통 안에서 금방 죽은 벌레나 새우를 가지고 실험해 보면 수 킬로미터에 해당하는 거리를 운반해도 눈에 보일 만한 피해가 없음을 알 수 있다.

버제스 셰일 생물군집에는 광합성이 가능한, 빛이 투과하는 투광대에 조류(藻類)가 살았음이 틀림없다. 빛은 대략 90m 정도의 깊이까지 투과한다. 그러므로 만약 화석이 160m 정도의 수직절벽 바닥에서 퇴적되었다면 최소한의 운반 거리는 70m이다. 그러나 이 동물군집이 탄산염 대지에서 또는 해저 암초의 앞쪽을 따라 어느 정도 운반되었다고 하면 운반거리는 아마도 훨씬 길었을 것이다.

3. 화석의 보존

부드러운 연질부 조직(생물이 살아있을 때 광물화되지 않는 조직)은 대개 다음 두 가지 방법 중 하나에 의해 화석으로 보존된다. 미생물에 의해 쉽게 분해되는 근육 같은 불안정한 조직은 매우 빠르게 부패되므로 광물로 치환되지 않는 한 자세한 형태가 사라지게 된다. 이 과정은 브라질의 백악기 산타나 층에서 잘 나타나는데, 새우, 물고기, 익룡의 근육섬유와 근육의 무늬구조 같은 세밀한 구조와 심지어 세포핵까지도 인산화 칼슘으로 보존되어 있다. 두 번째 극단적인 경우는 부패에 보다 잘 견디는 큐티클 같은 조직으로 이러한 조직들은 복잡하고 본질적으로 비활성인 유기 고분자물로 바뀐다. 실루리아기와 데본기의 세립질 육상 퇴적물에서

처리하여 빼낼 수 있는 초기 육상식물과 절지동물 군집들은 이러한 방식으로 보존되어 있다.

잘 보존된 버제스 셰일 화석의 놀라운 특징 중 하나는 빛을 아주 잘 반사한다는 것이다. 보존된 부드러운 조직의 표면을 분석해 보면 운모(칼슘 알루미노실리케이트)와 조성이 비슷하다. 당시 하버드대학 대학원생이었던 닉 버터필드는 불화수소산을 사용하는 세밀한 추출기술을 사용해, 버제스 셰일의 화석 중 부패에 보다 잘 견디는 조직은 적어도 유기질 탄소가 변질된 상태로 보존되어 있다는 것을 밝혀냈다. 이러한 보존 양상은 단지 몇몇 조직에만 국한된 것도 아니다. 버터필드는 위왁시아의 껍데기 한 부분, 다모류인 카나디아의 강모(剛毛, *setae*)와 체벽 큐티클, 새예동물인 오토이아의 큐티클, 절지동물인 마렐라의 조각, 그리고 조성이 밝혀지지 않은 다른 유기물질을 분리해냈다. 이 유기질 잔류물은 알루미늄 실리카로 이루어진 얇은 막으로 덮여 있고, 이 막은 죽은 동물시체와 접촉하던 점토광물이다. 쉽게 부패되는 미세한 조직도 보존되어 있는데 많은 표본에서 내장조직과 근육의 흔적을 볼 수 있다. 이러한 점에서 버제스 셰일 화석의 보존양상은 이례적이다. 일반적인 상황에서 가장 부패에 잘 견디는 조직을 제외한 모든 조직은 산소가 없는 상태에서도 빠르게 부패한다. 초기 속성 광물로 바꾸어지지 않는 한 형태를 알아볼 수 없게 되는데, 버제스 셰일 화석에는 이러한 현상이 일어났다는 증거가 없다.

표본마다 정도가 다르기는 하지만 버제스 셰일 동물들이 어느 정도 부패되었다는 분명한 증거가 있다. 절지동물인 마렐라 같은 동물들은 몸의 뒤쪽에 유체가 흘러나온 검은 얼룩이 있는 경우도 있다(그림 97). 새예동물인 오토이아는 체벽이 외부 큐티클로부터 떨어져 나간 것부터(그림 72) 내부조직의 대부분이 없어져 버린 정도까지 여러 부패 단계를 보여준다. 척색동물인 피카이아는 대개 근육의 수축을 보여준다(그림 162). 이러한 부패가 운반 전에 일어났다면 시체는 난류 때문에 부서져 버렸을 것이다. 분명 부패는 매몰된 후에 일어났다. 부패에 대한 이러한 증거에도 불구하고 불안정한 조직이 종종 보존되어 있다. 분명 미생물의 활동을 막았던 무언가가 있었다.

버터필드는 버제스 셰일 화석을 매몰한 진흙이 부패를 막는 요인이었을 것이라고 생각했다. 진흙은 단지 동물들을 묻어 질식시켜 버리고 부식동물과 산소를 없애는 것 이상의 역할을 했음이 틀림없다. 혐기성 미생물은 해양 퇴적물에서 부패를 일으키는 주된 요인이다. 버터필드는 점토광물이 효소반응을 막았고 구조적 중합체를 안정화시켰을 것이라고 생각했다. 버제스 셰일 동물이 난류(亂流)에 의해 운반되어 퇴적되면서 시체 내부의 모든 공간으로 진흙이 들어가게 되었다. 실제로 어떤 경우에는 아마도 체벽조직을 파열시켜 체강을 뚫고 진흙이 들어가 있다. 버제스 셰일 화석 보존의 이러한 면에 대해서는 더 많은 연구가 필요하다. 비록 점토광물이 부패를 막는 역할을 했다 하더라도 단지 질긴 조직만이 유기질 필름 막으로 보존되었을 것이다. 근육과 같이 보다 불안정한 구조들은 아마 아주 조심스럽게 산 처리를 한다 해도 유기질 잔류물을 얻어낼 수 없었을 것이다. 그러나 이 경우에도 조직이 완전히 부패되기 전에 점토광물이 조직표면에 배열됐을 것이고 형태의 윤곽을 보존했을 것이다.

버제스 셰일 화석의 보존과 연관된 초기 과정의 증거는 후에 일어난 속성변화에 의해 거의 지워져 버린다. 황산화 바륨이나 인산화 세륨 같은 광물이 화석을 형성하는 탄소 잔류물을 덮고 있는 알루미늄 실리카 막과 함께 나타나기도 한다. 경질부의 잔해물도 변질된다. 무관절 완족동물들은 인산화 조성을 그대로 유지하고 있고 해면동물 중 몇몇은 규산질로 남아있다. 하지만 올레노이데스라는 삼엽충을 분석한 결과는 방해석 외골격이 일라이트와 크로라이트에 의해 치환되었다는 것을 보여준다. 이러한 치환은 아마 화석의 속성작용 역사에서 상대적으로 나중에 일어났을 것이다. 삼엽충과 완족동물은 매몰 후 가해지는 하중 때문에 대개 균열이 가있거나 부서져 있다. 이것은 예를 들어 부패 때문에 산성이 올라간 결과 껍데기가 깨지기 쉬운 채로 남아 있었고 초기에 녹아나가지 않았다는 것을 나타낸다. 껍데기가 황철석으로 치환되기도 하는데 많은 버제스 셰일 표본에서 나타난다. 하지만 연질부와는 거의 연관이 없다. 황철석은 후램보이드 형태이고 비록 황철석의 생성이 혐기성 과정의 결과이기는 하지만, 매몰시기의 조건을 반영하기에는 너무 나중 단계에 생성되었을 가능성이 높다.

4. 버제스 셰일 군집

현생 해양생물 군집은 광물화된 골격이 없는 동물들로 주로 이루어져 있는데 종(種)과 개체 수에 있어 약 60%를 이루고 있으며 화석으로 남을 가능성이 아주 낮다. 버제스 셰일과 유사한 다른 캄브리아기 생물군집이 중요한 이유는 생물이 완전하게 보존되어 있어, 이를 통해 캄브리아기 적응방산 동안 진화한 연질부로 이루어진 생물에 대한 결정적 증거를 제공하기 때문이다. 실제로 버제스 셰일 군집에서 86% 정도의 속(屬)이 광물화된 골격을 가지고 있지 않고, 그러므로 연질부로만 된 생물들이 부패로 인해 모두 없어져 버린 다른 캄브리아기 화석지에서는 이러한 생물들이 나타나지 않는다(그림 2.7). 이러한 비율은 버제스 셰일 화석이 중요함을 다시 한번 일깨워준다. 그러나 이 동물군 중 껍데기를 가진 동물들, 예를 들어 삼엽충, 완족류, 하이올리스 등은 보다 전형적인 캄브리아기 동물군집에서 일반적으로 나타난다. 연질부 동물들은 널리 분포되어 있었지만 화석기록상으로는 잘 나타나지 않는다는 점에서 분명 버제스 셰일 군집의 보존양상은 특별하다.

버제스 셰일이 광물화된 조직을 가진 생물들뿐만 아니라 연질부로 된 생물들도 보존하고 있기 때문에 왈콧, 레이몬드, 그리고 캐나다 지질 조사소에서 채집한 표본들은 캄브리아기 군집의 생태를 알아보는 유일한 기초자료가 된다. 사이먼 콘웨이 모리스는 버제스 동물의 이러한 부분을 연구했다. 그는 체계적으로 모든 버제스 셰일 표본을 연구했는데 3만 개가 넘는 암석에 보존된 6만 5천 개 이상의 표본을 조사했다. 이렇게 함으로써 그는 다양한 고생대 생물군집을 가능한 데까지 완벽하게 조사한 셈

그림 2.7 위쪽 그림은 버제스 셰일 군집에서 대표적인 동물을 보여준다. 86% 정도의 속이 광물화된 골격을 가지고 있지 않았다. 아래쪽 그림은 정상적으로 부패작용이 일어난 보다 일반적인 캄브리아기 화석지에서 위쪽 그림에 있는 군집이 보존된 상태를 보여준다.

해면동물 1. 바욱시아(*Vauxia*), 2. 초이아(*Choia*), 3. 피라니아(*Pirania*). **완족동물** 4. 니수시아(*Nisusia*). **다모류** 5. 버지소키타(*Burgessochaeta*). **새예동물** 6. 오토이아(*Ottoia*), 7. 루이젤라(*Louisella*). **삼엽충** 8. 올레노이데스(*Olenoides*). **다른 절지동물** 9. 시드네이아(*Sidneyia*), 10. 린초일리아(*Leanchoilia*), 11. 마렐라(*Marrella*), 12. 카나다스피스(*Canadaspis*), 13. 모라리아(*Molaria*), 14. 버게씨아(*Burgessia*), 15. 요호이아(*Yohoia*), 16. 왑티아(*Waptia*), 17. 아쉐아이아(*Aysheaia*). **연체동물** 18. 쎄넬라(*Scenella*). **극피동물** 19. 에크마토크리누스(*Echmatocrinus*). **척색동물** 20. 피카이아(*Pikaia*). **기타** 21. 하플로프렌티스(*Haplophrentis*), 22. 오파비니아(*Opabinia*), 23. 디노미스쿠스(*Dinomischus*), 24. 위왁시아(*Wiwaxia*), 25. 아노말로카리스(*Anomalocaris*) [Conway Morris and Whittington(1985)에서 수정한 Briggs(1991)의 그림 3].

이다. 그렇지만 퇴적물로 가득한 난류(亂流)에 의해 운반될 당시 살아 있던 동물뿐만 아니라 물의 흐름이 시작되기 전 진흙에 쌓여 있는 껍데기나 버려진 탈피 껍데기도 표본에 포함된다. 살아 있는 군집을 이해하기 위해서는 이 두 범주를 구별해 내는 것이 중요하다.

콘웨이 모리스는 버제스 셰일 표본 중 60%가 살아있는 상태에서 운반되었을 것이라고 추정했다. 형태를 바탕으로 해서 비슷한 현생생물과 비교해 보면 서식행태를 추정해 볼 수 있다. 배의 방향을 조종하는 키처럼 생긴 오다라리아(그림 103, 105)의 꼬리는 이 동물이 헤엄치고 다녔다는 것을 뜻한다. 해면동물은 현생 해면동물들처럼 물에서 음식물 입자를 걸러내 먹고 살았을 것이다. 이러한 방법으로 동물들을 진흙바닥 위에서 또는 진흙 속에서 살았던 동물들과 퇴적물 위 물에서 살았던 동물들로 구분할 수 있다. 마찬가지로 바닥에 사는 동물들은 절지동물처럼 바닥 위를 움직이고 다녔던 동물과 해면동물처럼 바닥에 붙어사는 동물로 나눌 수 있다. 대부분의 버제스 셰일 동물들은 퇴적물의 표면에서 살았다. 퇴적물 속에서 살았던 동물 중 오토이아(그림 71, 72) 같은 새예동물들이 퇴적물 속을 헤집고 다녔던 형태의 동물 중 가장 번성한 종류였다. 가장 중요한, 바닥에 붙어사는 고착성 동물은 현생 별벌레아재비 종류와 비슷한 동물로 아직 다시 연구되지는 않았지만 아마도 영구적으로 굴을 뚫고 들어가 살았을 것이다. 물에 사는 동물 중 중요한 종류는 떠다니는 해삼인 엘도니아였을 것이다(그림 158~160).

커다란 가시가 달렸고 먹이를 붙잡을 수 있는 부속지(그림 164)와 원형의 턱 그리고 여러 열의 이빨들은 아노말로카리스가 포식자였음을 나타낸다. 그러나 다른 많은 동물의 섭식 전략은 알아내기가 더 힘들다. 진흙바닥 환경에서 60% 이상의 대부분의 동물들은 퇴적물 섭식자(*deposit feeder*)로 퇴적물 속에 있는 유기물질을 먹었을 것이고 대부분의 절지동물들이 이런 섭식방법을 취했을 것이다. 30% 이상 정도가 여과 섭식자로 물속에 있는 부유 음식물 입자를 걸러 먹었을 것이다. 해면동물처럼 대부분의 여과섭식동물들은 퇴적물 표면보다 10㎜ 상부에서 음식물을 먹었다. 이것은 진흙에 의해 음식물 여과기관이 막히는 것을 막기 위해서이다. 10% 미만이 포식동물이나 부식동물이었을 것이다.

여러 다른 동물들이 생태계에 미치는 영향은 단순한 개체의 비율로는 정확하게 나타낼 수 없다. 예를 들어 포식자인 아노말로카리스는 버제스 셰일에는 드물게 나타나지만 수천 개가 넘는 2㎝도 안 되는 마렐라와 비교해, 어떤 아노말로카리스 개체는 거의 50㎝까지 자란다. 이 동물들의 생태적 중요성에 대한 가장 실질적인 평가는 동물들의 상대적 크기를 고려하면 알아낼 수 있다. 길이를 측정단위로 해 섭식방법의 비율을 나타낸 생부피(*biovolume*)로 측정하면 퇴적물 섭식자, 여과 섭식자, 포식자와 부식자 같은 세 가지 범주는 그 비율이 거의 똑같아 포식동물들이 크기가 크다는 것을 반영한다. 현생 진흙 바닥환경에 퇴적물 섭식자가 번성하는 것과 유사하지만 다모류나 내서성 이매패류 같은 다른 동물들도 중요하다.

5. 다른 버제스 셰일 형태의 동물군

왈콧의 버제스 셰일은 유일하지 않다. 버제스 셰일 형태의 동물들은 전기와 중기 캄브리아기 시대의 30여 곳 화석지에서 나타나며, 북미뿐만 아니라 그린란드, 중국, 호주, 스페인, 폴란드 등에서도 나타난다(그림 2.8). 이렇게 여러 곳에서 산출되는 것은 캄브리아기 동안 진화 양상을 밝히는 데 중요하다. 버제스 셰일 형태의 동물군은 특히 깊은 바다에 널리 퍼져 있었고 수많은 동물들은 기나긴 진화역사를 지닌다. 또한 이러한 산출양상은 이러한 동물군집의 보존을 이해하는 데 중요한 의미가 있다.

연질부 동물의 보존은 화석기록에서 균일하게 분포되어 있지 않다. 아주 잘 보존된 동물군의 수와 산출에 영향을 미치는 가장 중요한 요인인 각 지질시대를 나타내는 노두면적의 연관관계를 살펴보면, 캄브리아기와 쥐라기 동안에 이러한 동물군의 수가 가장 많다. 독일의 홀즈마덴이나

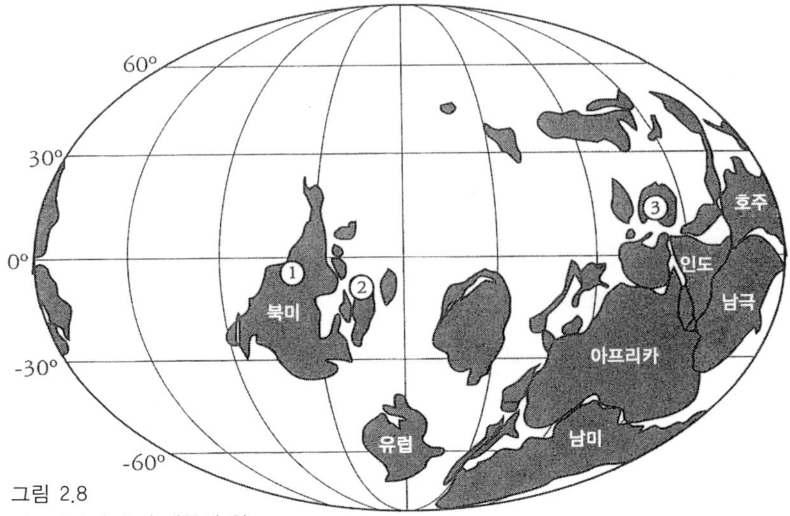

그림 2.8
캄브리아기 초기 대륙의 위치를 나타내는 고대륙 복원도. ① 버제스 셰일, ② 시리어스 파셋, ③ 징강의 연질부 동물군의 위치가 표시되어 있다.

솔렌호펜 같은 쥐라기 생물군이 많은 이유는 이 당시 폐쇄형 해양분지가 많았음을 의미한다. 그러나 보다 근본적인 진화적 통제가 캄브리아기 동안에는 작동하고 있었다. 연질부 동물이 보존될 수 있는 결정적 요인은 시체를 부식동물로부터 보호하는 것이다. 부식동물의 영향을 피할 수 있는 퇴적물의 두께는 부식동물이 얼마나 깊이 굴을 뚫고 들어가는지에 달려있다. 그러므로 캄브리아기 동안 깊게 굴을 파는 부식동물의 수가 젊은 지질시대보다 적었다면 연질부 보존의 기회는 증가할 수도 있다. 깊게 굴을 파는 부식동물은 캄브리아기 이후 연근해의 얕은 물 환경에서 원근해의 깊은 물 환경 쪽으로 폭발적으로 진화했다. 굴의 깊이도 원생대 후기와 고생대 초기를 지나면서 깊어진다. 그러므로 캄브리아기 동안 잘 보존된 동물군의 수가 비정상적으로 많은 것은 특히 깊은 물에서 퇴적물에 굴을 뚫고 사는 동물의 다양성이 적었다는 뜻이다. 모든 버제스 셰일 형태의 동물군이 원근해 환경에서 나타나는 것은 아니다. 중국의 징강 동물군은 얕은 물에서 살았던 것 같다. 게다가 예비 연구결과 버제스 셰일 형태 동물군의 근육조직이 광물화되어 보존된 왈콧의 필로포드 층준의 화석과는 다른 방법으로 보존되었음을 보여준다. 캄브리아기 연질부 동물군의 새로운 발견은 캄브리아기 적응방산에 새로운 정보를 줄 것이다. 이러한 화석의 보존양상을 보다 완전하게 연구하면 표본뿐 아니라 어떤 동물이 살아남아 화석기록으로 보존되는지도 이해할 수 있다.

🕮 읽어 볼 문헌

버제스 셰일 화석의 보존은 Whittington(1971a, 1980b, 1985b)과 Conway Morris(1986, 1990b)에서 다루어졌다. Fritz(1971)는 절벽모델을 지지하는 스티븐 층의 생층서를 자세히 정립했다〔다른 모델에 대한 논의는 Ludvigsen(1989, 1990); Aitken and McIlreath(1990); Fritz(1990)를 참조〕. Stewart(1991)와 Stewart et al. (1993)은 캐서드랄 절벽의 단절모델을 논의했다. 캐서드랄 절벽을 따라 다른 화석지가 발견된 것은 Collins et al. (1983)에 보고되었다. Butterfield(1990a)는 버제스 셰일 동물의 유기질 잔류물을 분리해냈다. Briggs and Williams(1981)는 평평하게 하는 현상이 화석 윤곽에 미치는 영향을 연구했다. Conway Morris(1986)는 버제스 셰일 군집 구조에 대한 자세한 분석을 제시했고, Briggs and Whittington(1985a)은 절지동물이 먹이를 잡는 전략을 연구했다. 캄브리아기 동안 버제스 셰일 형태의 동물군의 분포는 Conway Morris(1985b, 1989b)와 Allison and Briggs(1993a)에서 논의되었다.

제3장

캄브리아기 적응방산

> "그러면 왜 인간은 존재하는가?"라는 오래된 질문을 하고 싶다면, 과학에서 결국 논할 수밖에 없는 이러한 문제를 다루게 된다면 해답의 실마리는 틀림없이 피카이아(*Pikaia*)가 버제스 생물의 멸종에서 살아남았다는 사실에 있다.
>
> —굴드, 1989, 《생명, 그 경이로움에 대하여》, 323쪽

1859년 《종의 기원》을 출판했을 때 찰스 다윈은 캄브리아기가 시작되면서 동물화석들이 갑작스럽게 출현하는 것에 특별한 관심을 보였다. 왜냐하면 이것은 자연선택에 의해 지구상의 생명이 분화하는 데는 긴 시간이 필요하다는 그의 관점과는 일치하지 않았기 때문이다. 다윈의 이론은 주요 동물 분류군들이 진화하는 동안 점진적으로 분화해야 한다고 예견했다. 다윈은 화석이 갑작스럽게 나타나는 것은 자연선택과 변이에 의해 후손이 출현한다는 그의 이론에 강하게 반대하는 사람들에게 강력한 반대 주장으로 사용될 것을 알았다. 결국 그는 화석기록이 나타나지 않는 오랜 시간이 캄브리아기 이전에 있었고 다양한 주요 동물군이 이 시기 동안 적응방산했다고 주장했다. 당시 우리가 지금 캄브리아기라고 여기는 지층은 실루리아기 지층으로 이해됐는데, 다윈은 다음과 같이 기술했다.

> 모든 실루리아기 삼엽충이 어떤 하나의 갑각류에서 진화되었다는 것은 의심할 여지가 없다. 그리고 조상이 되는 이 동물은 실루리아기 오래전에 살았음에 틀림없다. 결국, 내 이론이 옳다면 실루리아기 최하부 지층이 퇴적되기 전에 실루리아기에서 현재까지의 전체 시간만큼 길거나 그보다 훨씬 긴 오랜 시간이 지나갔다는 것은 논란의 여지가 없다. 이러한 사실을 분명히 현재로서는 설명할 수 없고 이 책을 통해 알게 될 관점에 반대되는 정당한 주장으로 강조될 수 있다(《종의 기원》,

1859, 313~314쪽).

다윈의 딜레마에 대한 하나의 해답은 캄브리아기 하부에 퇴적암 기록이 없는 커다란 대결층이 있었다고 가정하고 화석이 갑작스럽게 나타나는 것은 보존양상의 차이에 기인한다고 설명하는 것이었다. 이는 왈콧도 지지했던 견해로 왈콧은 캄브리아기 동물들의 조상은 그가 리팔리안 시대라고 불렀던 시기 동안 쌓인 퇴적물에 감추어져 있고 이 퇴적물은 현재 바다 밑에 매몰되어 있다고 주장했다.

> 캄브리아기 초에 동물화석들이 갑작스럽게 나타난 것처럼 보이는 것은 리팔리안 시기의 퇴적물과 동물군이 현재의 육지에 존재하지 않기 때문이다(왈콧, 1910, 15쪽).

캄브리아기 적응방산의 본질은 다윈시대 이후 논쟁거리로 남아있지만, 동물의 초기 적응방산에 대한 관심이 새로워지면서 지난 20년 동안 특별한 관심을 받았다. 현재 캄브리아기 최하위층 아래에 퇴적이 일어나지 않은 긴 시간이 없었다는 것은 잘 알려져 있다. 마찬가지로 왈콧이 제안한 것처럼 선캄브리아시대 암석에 화석이 없지 않다는 것이 연구를 통해 밝혀졌다. 선캄브리아시대 동안 일어난 기나긴 생물진화에 대한 증거가 있지만, 외골격을 가진 다양한 화석이 캄브리아기의 하부 근처에서 출현하는 것은 여전히 갑작스러운 사건으로 여겨지며, 단순히 보존이 불완전하기 때문에 일어난 결과는 아니다.

최초로 후생생물이 출현해 적응방산한 속도는 논쟁거리로 남아있다. 실제로 광물화된 골격을 가지고 있어 쉽게 화석화되었던 모든 동물의 문과 강은 최후기 원생누대인 벤디안에서 캄브리아기의 가장 초기에 이르는 지질학적으로 짧은 2천만 년 동안에 처음으로 출현했다(그림 3.1, 3.2). 〔분류학자들은 생물체를 진화관계에 따라 하나의 계층체계로 분류한다. 이 계층체계는 가장 포괄적인 단위인 계(界)로 시작해 점차 좁은 단위인 문, 강, 목, 과 그리고 속과 종으로 내려간다〕. 하지만 캄브리아기 적응방산은 딱딱한 골격을 만들어 내는 것 이상이 필요했다. 다양한 단세포 생물들이 그랬던 것처럼, 버제스 셰일에 있는 많은 동물을 포함해 광물화된 골격이 없는 동물들도 분화했다. 이렇게 빠르게 진화적인 혁신이 폭발적으로 일어나면서 현생 동물군에 존재하는 주요한 몸의 구조가 만들어졌지만 캄브리아기에 나타났던 다른 동물들이 현생동물과 어떤 관계에 있는지는 명확하지 않다. 고생물학자들은 계속해서 후생생물의 적응방산이 얼마나 빨리 일어났는지, 어떤 생물학적·물리적 사건이 이러한 적응방산을 일으켰는지, 그리고 이러한 적응방산이 진화과정과 생명의 역사를 이해하는 데 어떤 교훈을 주는지에 대해 논쟁하고 있다.

많은 캄브리아기 동물들은 광물화된 골격이 없었기 때문에 버제스 셰일 및 이와 유사한 퇴적층처럼 특별한 환경에서만 보존된다. 머리 앞쪽에 5개의 눈과 길고 유연한 주둥이를 가지고 있고 주둥이의 끝은 먹이를 잡을 수 있는 가시를 가진 희한하게 생긴 오파비니아(그림 173~175)나 캄브리아기 바다에서 가장 무서운 포식자였던 아노말로카리스(그림 164~166)는 이러한 동물들이 현재의 바다에서 살기 위해서는 어떤 조건들이 필요했는가를 어렴풋이 알려준다. 버제스 셰일은 후생생물의 적응방산을 이해하는 데 가장 중요한 화석 발견이지만, 고생물학자들에게는 해결한 만큼 많은 문제를 던져주고 있다.

그림 3.1 지질시대표

시대 (백만 년)	누대		대	기
	현생누대		신생대	제 4기
65.5				제 3기
100			중생대	백악기
				쥐라기
200				트라이아스기
251			고생대	페름기
300				석탄기
400				데본기
				실루리아기
				오르도비스기
500				캄브리아기
542	선캄브리아시대	원생누대	신원생대	
600			중원생대	
			고원생대	
2,500		시생누대	신시생대	
			중시생대	
			고시생대	
			효시생대	

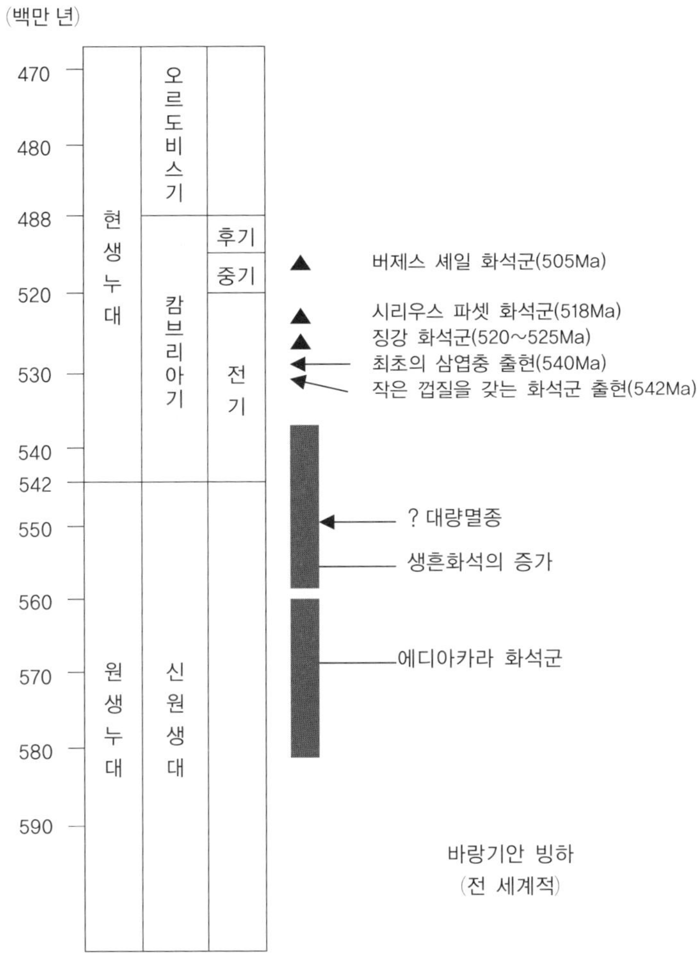

그림 3.2
선캄브리아시대의 가장 후기인 신원생대와 캄브리아기에 일어난 물리적 · 생물학적 주요 사건들. 절대연령은 Bowring et al.(1993)에서 인용한 것이다. 뉴펀들랜드에 있는 암석이 신원생대와 캄브리아기 경계로 정해지면서 이 경계가 초기 소형골격 화석이나 삼엽충의 최초 출현보다 훨씬 오래된 것으로 나타났다.

1. 원생대 말

버제스 셰일의 동물이 매몰되기 약 15억 년 전쯤인 20억 년 전쯤부터 이야기를 시작해 보겠다. 선캄브리아 시대의 마지막 시대인 원생대의 화석은 많이 보존되지 않았다. 이 시기의 화석 산출은 처트에 보존된 하나의 세포 혹은 여러 개가 뭉친 세포덩어리로 이루어졌고 상대적으로 희귀한 군집에 국한된다. 이 화석들은 내구성이 있는 규산으로 이루어져 있어 보존이 잘되었고, 종종 커다란 포낭이나 생흔화석이 포함되어 있기도 하다. 아크리타치라고 알려진 두꺼운 유기질 벽을 가진 포낭은 해양조류에 의해 만들어지는 것으로 여겨진다. 원핵생물은 이러한 포낭을 만들지 못하기 때문에 아크리타치는 가장 오래된 진핵생물 기록이고 어떤 아크리타치는 21억 년 전의 암석에서 나타난다. 단순한 원핵생물에 비해 세포의 나머지 부분으로부터 DNA를 분리하는 명백한 핵을 가지고 있다. 엽록체나 미토콘드리아 같은 세포기관이 있기 때문에 진핵생물의 출현은 진화상 아주 중요한 사건이다. 이유는 명백하지 않지만, 아메바와 단순한 조류에서 인간까지 포함하는 진보된 진핵생물이 이외의 다른 생물분류군에 비해 형태적인 적응방산 속도가 훨씬 빠르다. 분자생물학적 그리고 고생물학적 증거를 보면 진핵생물이 보다 복잡한 다양한 형태로 적응방산된 사건은 약 10억 년 전에 일어났고, 결국 이들이 진균류, 식물, 그리고 동물로 이어진 혈통으로 진화했다.

10억 년 정도 된 암석에서는 동물의 화석이 발견되지는 않았다. 기어간 흔적이나 생물이 뚫은 굴 같은 믿을 만한 생흔화석은 6억 5천만 년에서 7억 년 정도 된 암석에서 발견된다. 확실치 않은 증거들이 7억 년 전에서 10억 년 전에 이르는 시기의 암석에서 발견된다. 기록이 잘된 최초의 동물화석은 처음으로 발견된 호주의 화석지 지명을 따서 이름 붙여진 에디아카라 생물군으로 알려진 자국들이다.

2. 에디아카라 생물군

1946년, 호주의 지질학자인 R. C. 스프릭은 남호주 주의 에디아카라 언덕에서 특이한 형태의 "해파리" 자국을 많이 발견했다. 그는 이 동물들이 연질부로만 이루어졌고 지금까지 발견된 가장 오래된 동물화석 중 하나라고 여겼다. 스프릭과 그 후 마틴 그래스너와 남호주 박물관, 그리고 에들레이드대의 다른 지질학자들에 의해 집중적 야외조사가 이루어졌고 이를 통해 에디아카라 동물군이라 알려진 연질부의 자국과 함께 산출되는 생흔화석의 군집이 발견되었다. 에디아카라 화석은 그 후 남극을 제외한 모든 대륙의 벤디안 암석에서 발견되었다. 이 원생대의 화석들은 네 가지 종류로 구분된다. 가장 흔하게 산출되는 것은 해파리 그리고 메두사 형태의 해파리 인상으로 추정되는 원형의 자국이다. 두 번째로 흔한 것이 생흔화석으로 벌레 같은 동물에 의해 만들어진 수평의 기어간 자국이나 굴이다. 세 번째로 캄브리아기와 그 이후의 동물들과의 유연관계가 불분명한 수많은 저서성 형태의 동물들이 있다. 마지막으로 잎처럼 생긴 수많은 고착성 생물들이 발견되었다.

에디아카라 동물들이 어떤 상위 분류군에 속하는지는 아직도 논쟁거리이다. 어떤 동물들, 특히 메두사 형태의 해파리는 아주 단순한 조직화 단계를 보여주고 아마도 체벽은 단지 2개의 층(즉, 외배엽과 내배엽만으로 이루어진 이배엽 상태)으로 이루어져 있었을 것이다. 현생의 해파리나 산호와 연관이 있는 강장동물일 수도 있는데 형태가 너무 단순해 고생물학자들은 아직 이러한 유사성이 유연관계를 나타내는지 아니면 수렴진화의 결과인지 단정하지 못하고 있다. 다른 에디아카라 동물들은 보다 복잡한 조직화를 보여주고 있어, 조직체계로 발달할 수 있는 중배엽이라는 하나의 층이 더해진 삼배엽동물이었을 것 같다. 이러한 형태들은 극피동물, 환형동물 그리고 절지동물과 유연관계가 있었을 것이다.

1983년 독일의 고생물학자인 아돌프 자일라커는 에디아카라 동물에 대한 보다 전통적인 해석에 대해 도전적인 새로운 견해를 제시했다. 그는 생흔화석을 제외한 대부분의 에디아카라 동물들이 동물 같은 생물체의 독립적인 적응방산을 나타낸다고 제안했다. 그는 몸 구조의 일반성을 알아냈다. 이 동물들은 현생 후생생물과는 아주 다르게 공기 매트리스 구조를 갖는 것 같다. 크기가 1m 가까이 되는 커다랗고 평평한 디킨소니아(*Dickinsonia*)는 섭식과 호흡을 위해 표면적을 최대화하는 방향으로 진화했기 때문이다. 자일라커는 에디아카라 동물들이 후생생물이 아니라 그가 벤도바이온트(*vendobionts*)라고 부른 별개의 진화계통에 속한다고 해석했다. 자일라커는 이 벤도바이온트가 이러한 대형 고착동물들을 먹는 포식자의 등장으로 멸종해버린 실패한 진화실험이라고 간주했다. 이러한 자일라커의 새로운 가정은 아직까지는 널리 받아들여지지 않고 있다. 대부분의 에디아카라 화석이 여전히 진정한 후생생물로 받아들여지고 있기는 하지만 많은 동물들이 캄브리아기와 그 후의 분류군과 어떤 분류학적 유연관계를 가지는지는 아직 명확하지 않다.

에디아카라 동물들이 적응방산하기 이전에 긴 빙하기가 원생대 후기에 있었다. 처음으로 인지된 노르웨이 북부지방의 이름을 따서 바랑기안 빙하라 불리는 이 빙하기의 마지막 부분에 대한 증거는 대부분 대륙의 6억 1천만 년과 5억 9천만 년 전 사이의 암석에서 발견된다. 서부 캐나다의 맥캔지 산맥의 퇴적물 층은 여러 번의 빙하기에 대한 증거를 보여주고, 가장 오래된 에디아카라 같은 화석들이 이 지역에서 산출된다. 이 중 가장 오래된 에디아카라 군집은 뉴펀들랜드 아발론 반도의 미스테이큰 포인트에서 발견된 것처럼, 에디아카라 언덕에서 발견된 시대상으로 젊은 형태들보다 덜 복잡한 동물들로 이루어져 있다. 그러므로 이러한 동물들은 빙하기 동안 적응방산하기 시작했지만 빙하기가 끝날 때까지 다양성이나 복잡성에서 최고점에 다다르지는 않았다. 바랑기안(*Varangian*) 빙하가 후생생물 적응방산의 시작에 영향을 미쳤는지는 고생물학자들 사이에서는 여전히 논쟁거리이다.

대부분의 에디아카라 생물들은 캄브리아기가 시작되기 훨씬 전에 화석기록에서 사라진다. 어떤 고생물학자들은 이렇게 사라지는 것이 동물역사상 최초의 대량멸종이라 주장하기도 한다. 그러나 시대상 나중에 형성된 퇴적암에서 에디아카라 동물이 발견되지 않는다는 사실이 이 동물들이 보존되기에 좋은 환경이 사라졌다는 사실을 어느 정도까지 반영하는지는 명확하지 않다. 다양한 기어간 자국이나 움직인 자국, 생물이 뚫은 굴 등이 원생대 말에 접어들면서 증가하는 것은 부식동물과 생교란 동물의 증가를 알려준다. 실제로 원생대와 캄브리아기의 경계는 파이코데스 패둠(*Phycodes paedum*)라는 독특하게 수평으로 뚫린 굴이 처음으로 산출되는 것을 기준으로 한다. 굴을 파는 행위나 부식행위는 시체의 부패를 촉진했고 보존기회를 많이 줄였을 것이다. 얼마나 갑작스럽게 에디아카라 동물군이 사라지게 됐는지는 알 수 없지만 아주 적은 수가 버제스 셰일에 살아남아있는 것 같다〔예를 들어 타우맙틸론(*Thaumaptilon*) (그림 40, 41)〕.

3. 캄브리아기 대폭발

후생생물의 증가가 캄브리아기 생물 적응방산의 가장 눈에 띄는 특징이기는 하지만 조류(藻類)와 원생생물의 빠른 분화 또한 캄브리아기 적응방산의 특징이기도 하다. 다윈과 그의 동시대 학자들은 삼엽충이 많이 산출되는 것이 캄브리아기 시작을 알린다는 것을 잘 알고 있었다. 하지만 그 후의 연구에 의해 다른 많은 동물들도 이때 화석기록에서 처음 나타났거나 상당히 분화되었다는 것이 밝혀졌다. 아크리타치, 방산충, 유공충, 석회질 조류, 광물화된 골격이 있거나 없는 다양한 후생동물들이 그들이다. 생흔화석의 다양성과 수가 이 기간 동안 현저하게 증가한다. 캄브리아기 초기의 체화석은 대부분의 후생생물들이 진보된 구조에 도달했다는 것을 보여주는데, 이 중에는 환형동물, 연체동물, 극피동물들처럼 중배엽 조직으로 체강이 둘러싸인 진체강동물들이 포함된다. 현생동물들의 유전물질인 리보솜 RNA의 차이를 분석한 결과는 진체강동물들이 분명히 캄브리아기 초기 근처인 진화 초기에 빠르게 적응방산했다는 것을 암시한다.

캄브리아기 적응방산을 위해 필요한 주요요소는 벤디안 동안에 모아졌는데 바로 에디아카라 후생생물과 생흔화석에 의해 나타나는 단순한 행동양상 그리고 최초의 소형 골격화석들이다. 그러나 캄브리아기 동안 적응방산이 두드러지게 일어났다. 보다 다양한 생흔화석이 최초로 나타나기 시작하는데 여러 갈래로 뻗은 굴과 나선형의 굴들(*burrows*), 그리고 퇴적물을 통해 지나가는 움직임을 기록하는 스프라이트로 알려진 U 자형의 보다 복잡한 층들, 그리고 지나간 자국과 동물이 쉬어간 흔적들이 이에 속한다. 보다 진보된 행동양상의 진화를 보여주는 것이다. 첫 번째의 외골격을 가진 다양한 생물은 좀더 나중에 나타난다. 이 생물들은 소형 외골격 화석으로 총체적으로 알려져 있고, 다양한 형태의 작은 원추, 관, 가시 그리고 판의 형태이다. 많은 화석들은 인산화 칼슘으로 이루어져 있어 석회암을 산에 녹여 생긴 잔류물에서 채집할 수 있다. 작은 달팽이 껍데기처럼 생긴 어떤 화석은 하나의 생물을 나타낸다. 경피라 불리는 다른 화석들은 한데 합쳐져서 다른 요소의 골격(스클러리톰이라 불림)을 형성하고 겉껍데기를 가진 동물의 노출된 부분을 보호했다. 물론 이 동물들이 일단 죽어 부패되기 시작하면 스클러리톰은 분해된다. 보존이 거의 완벽한 표본을 통해서만 고생물학자들은 이 원시적 생물들을 복원할 수 있다. 이런 골격 형태 중 시대상 나중에 나타난 사례인 버제스 셰일의 위왁시아는(그림 178~180) 경피가 광물화되지는 않았지만, 완벽한 스클러리톰의 예를 보여준다. 비록 소형 외골격 화석들이 캄브리아기 동안 계속 나타나고 있지만 종의 수는 초기 캄브리아기의 중간 시기에 줄어들기 시작했고 캄브리아기 중기에는 아주 많이 줄어들었다.

소형 외골격 화석들이 사라지기 시작하면서 최초의 삼엽충이 발견된다. 이와 함께 수많은 다른 절지동물들, 무관절 완족동물들, 다양한 극피동물들, 그리고 원추형의 방해석질 골격으로 이루어진 특이한 형태의 해면동물인 아키오사이아시드들이 나타났다. 전형적인 캄브리아기 군집이 나타난 것이다. 아키오사이아시드와 삼엽충은 가장 흔한 전기 고생대

화석이고, 다른 분류군들은 중기 캄브리아기까지는 앞의 두 동물들보다는 흔하지 않은 해양동물이었다.

원생대 후기와 캄브리아기 초기 동안 아주 많은 다른 진화계통이 분화했음을 설명하기 위하여 이러한 갑작스러운 진화적 혁신을 설명하려는 다양한 가설들이 제시됐다. 원인을 찾는 연구는 다양한 다른 분류군의 생물과 생태계에서 일어난 동시적인 변화를 설명하기 위한 한 방법으로 자연스럽게 물리적 환경의 변화에 초점을 맞추었다. 얼마 동안 논쟁은 캄브리아기 적응방산의 가장 인상적인 증거를 제공했던 광물화된 골격이 암석 기록에 나타났다는 점에 초점이 맞추어졌다. 대기 중 산소의 양이나 바다의 화학조성이 결정적인 분기점을 넘으면서 이에 반응해 골격이 진화했을지도 모른다. 그러나 골격은 캄브리아기 적응방산의 단지 하나의 징후이다. 어떤 가설이든 연질부 생물의 적응방산과 생흔화석이 분명히 보여주는 행동양식의 복잡성도 설명해야 한다. 산소의 양은 골격 진화 이상의 영향을 미쳤을 수 있다. 보다 크고 복잡한 동물이 진화하기 위해서 산소농도가 일정한 수준이 되었어야 했을지 모른다. 그러나 대륙분포, 해류, 기후(예를 들어 빙하기에 반응한)의 변화도 적응방산을 시작하게 한 요인들이었을 것이다.

다른 종류의 설명은 환경적 변이에 대한 반응보다는 생명자체의 고유한 요인을 필요로 한다. 크기가 커짐으로써 골격이 나타나거나 복잡성이 증가하는 것 같은 다른 진화적 변화를 촉진했을지 모른다. 특정한 생활양상이 나타나면서 적응방산을 촉진했을 수 있다. 예를 들어 포식행위가 나타나면서 피식자들은 방어를 위해 골격을 만들었을 수 있다. 캄브리아기 초기 동안 유전적 메커니즘은 오늘날의 일반적 메커니즘과 달랐을 것이다. 보다 많은 유전적 유연성 때문에 변이가 많이 생기고 적응방산이 촉진되었을 수도 있다. 그러나 제안된 여러 가설에도 불구하고, 아직도 캄브리아기 적응방산을 명확하게 설명하지 못하고 있다. 후생생물이 출현한 사건은 생명의 역사에서 풀리지 않은 주요한 불가사의이다.

4. 버제스 셰일 동물군의 중요성

버제스 셰일 동물군은 캄브리아기 적응방산을 이해하는 데 어떤 역할을 하는가? 먼저 가장 명확하게 버제스 셰일 동물군이 없었다면 알 수 없는, 광물화된 골격이 없는 수많은 캄브리아기 생물을 가장 완벽하게 우리에게 알려준다. 80% 이상의 버제스 셰일 속(屬) 들은 연질부로만 이루어져 있기 때문에 같은 시기의 껍데기를 가진 화석군집에서는 찾아볼 수 없다. 버제스 셰일은 캄브리아기 생물에 대해 어떤 다른 화석지보다도 훨씬 완전한 자료를 제공한다. 이러한 이유로 버제스 셰일 동물군은 초기 후생생물 진화의 결과에 대한 결정적 증거이다.

비록 찰스 왈콧이 많은 버제스 셰일 화석의 기이한 형태에 깊은 인상을 받았지만, 그는 이 화석들을 종종 살아있는 종을 포함한 분류군인 기존의 과(科) 나 목(目) 으로 분류하려 했다. 캠브리지대학 연구팀의 연구는 기이한 형태를 밝혀냈고, 이 수많은 동물들을 현재의 분류체계에 있는 분류군에 소속시키는 것이 그렇게 간단하지 않다는 것을 보여주었다.

적어도 현생동물과 비교한 후, 버제스 셰일 화석의 보다 기이한 형질 중 몇몇을 강조해 20여 개 가까운 새로운 문(門) 이 만들어졌다. 적어도 이러한 기준으로 보면 이러한 사실은 캄브리아기의 적응방산 수준이 그 후 어떤 시기에 일어났던 것보다 훨씬 높다는 것을 뜻한다. 브릭스와 동료연구자들은 캄브리아기와 그 후 동물들 사이의 형태적 차이보다는 유사성에 초점을 맞추었다. 분기학(현재 분류학자들에 의해 널리 사용되는 방법) 을 이용해 유연관계를 다시 조사해 본 결과, 버제스 셰일 절지동물들은 적어도 주요 현생 분류군의 초기 혈통으로 해석될 수 있다는 것을 보여주었다. 추가로 형태를 정량적으로 비교해 본 결과, 캄브리아기 동물에서 명백히 보이는 형태의 범위는 현생 동물군에서 보이는 것보다 그렇게 크지 않다는 것을 밝혀냈다. 실제로 형태적 진화의 한계는 캄브리아기 동안 만들어졌고 현재까지 계속되는 것이다.

버제스 셰일 동물군은 캄브리아기 적응방산에 대한 우리의 지식을 현저하게 넓혀 주었다. 단지 지난 25년 동안에 고생물학자들은 캄브리아기 적응방산 혹은 보다 일반적으로 생명의 역사에 왈콧의 발견이 가지는 중요성을 완전히 탐구하기 시작했다. 이러한 연구는 끝난 것이 아니다. 버제스 셰일 동물에 대한 새로운 분석에 의해 수많은 문제에 대한 논쟁이 진행되고 있다. 캄브리아기 동안 형태적 혁신의 수준이 이후보다 높았는가? 이러한 인상은 단지 우리가 동물을 분류하는 방법의 인위적 결과인가? 무엇이 후생생물의 적응방산을 시작하게 했는가? 이러한 적응방산이 보다 일찍 혹은 보다 늦게 시작되었을 때 왜 시작되었는가? 바랑기안 빙하와 연관된 기후변화에 의해 시작되었는가? 아니면 어떤 다른 환경적 변화 때문인가? 아니면 후생생물 다양성의 폭발적 증가는 후생생물 진화에서 이 동물들 존재 이상 아무것도 필요치 않는 단순한 급격한 증가의 단계를 나타내는가? 과학자들은 이 모든 질문에 대해 활발히 논의하고 있고 아직 어떤 질문에 대해서도 의견을 일치하고 있지 않다. 버제스 셰일에 대한 최근 연구에 의해 보다 많은 가능성이 나타났고 이는 1909년 왈콧의 발견처럼 하나의 발견이 지구상 생명의 역사에 대한 우리의 관점을 얼마나 극적으로 바꾸어 놓을 수 있는지 보여준다.

🕮 읽어 볼 문헌

에디아카라 동물군에 대한 연구는 Glaessner (1984) 에서 찾아볼 수 있다. 에디아카라에 대한 다른 관련된 읽어 볼 문헌들에는 Knoll (1992) 과 Schopf and Klein (1992) 이 있다. 캄브리아기 적응방산에 대한 최근의 읽어 볼 문헌들로는 Conway Morris (1992, 1993), Lipps and Signor (1992), Whittington (1980b), Valentine and Erwin (1987), 그리고 Valentine et al. (1991) 이 있다. 캄브리아기 동안 형태적인 현저한 차이에 대한 논쟁은 Gould (1991a) 와 Briggs et al. (1992a, b, 1993) 에 의해 쓰인 논문에서 언급되었다.

제4장

버제스 셰일 화석군

이 장에서는 버제스 셰일에서 산출된 중요 화석들의 사진과 복원도를 살펴보고 이 화석들에 대해 고찰해 보겠다. 버제스 셰일에서 발견된 125속 중 85속을 대표하는 표본들이다. 이것은 전문연구보고서 이외의 출판물 중 가장 광범위하게 버제스 셰일 생물들을 다룬 것이다. 그리고 캄브리아기에 살았던 생물들에 대한 가장 뛰어난 사진을 실었다. 사진과 함께 기술된 본문은 가능한 한 전문적 내용을 최소화하면서 생물의 대략적 형태, 생활방식 그리고 유연관계가 있는 생물을 소개하였다. 분류군은 남조세균부터 시작하여 분류(진화) 순서에 따라 배열하였다. 각 분류단위 내의 분류군들은 알파벳 순서에 따라 배열하였다. 사진과 설명에 이어 버제스 셰일에서 발견된 화석 중 현재 인정되는 종에 대한 목록이 있다.

또한 상세한 자료를 원하는 전문가를 위해 학명, 최초로 기재한 저자와 연도, 박물관이 부여한 표본번호, 개체의 크기, 복원도를 그린 화가 이름, 버제스 셰일 화석군 중에서 해당 생물군의 비율, 산출장소, 기재된 장소, 참고문헌 등의 자료를 제시하였다.

조류(藻類)의 경우 비율은 생략하였다. 모리스(Morris, 1986)는 버제스 셰일 화석군 중 조류표본의 비율을 약 11.3%로 추정했지만, 이것은 조류가 산출되는 암석표본의 개수를 센 것으로, 한 암석표본에 조류개체가 여러 개 있는 경우에도 개체의 숫자는 1개로 계산하였다. 다른 동물군의 경우 추정비율은 한층 더 정확하다. 모리스(1986)는 매몰 당시에 버제스 셰일에 4만 368개체가 생존했다고 추정했다. 따라서 비율을 통해 원래의 동물군집에 포함된 다른 분류군들의 규모를 알 수 있다. 이 분석에서 연질부가 보존되지 않은 동물들은 제외하였고, 살아 있는 채로 묻힌 경우는 없다고 추정하였다. 인용된 수치는 모리스 등(Morris et al., 1982)과 모리스(1986)를 따른 것이다.

남조세균 *Cyanobacteria* - 호모고날레스 *Hormogonales*
(섬유상 남조세균)

마폴리아 *Marpolia*

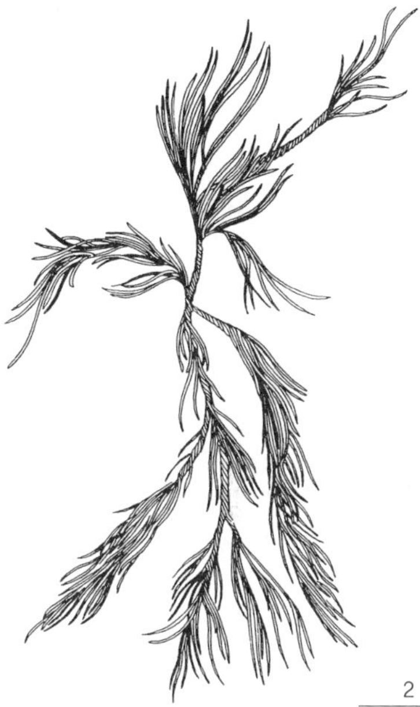

2

사상체[1] 가 조밀하게 얽혀있는 마폴리아는 오늘날의 클라도포란 조류(*cladophoran alga*)와 매우 흡사해 보인다. 이 조류들을 운반하는 퇴적물이 해저에 가라앉을 때 표본들이 층리에 어떤 방향으로 놓이는가에 따라 개체의 모양은 매우 다양하게 나타난다. 마폴리아는 고착(固着) 구조가 없는데 이것은 마폴리아가 유영한다는 것을 의미한다. 만약 단순히 고착구조가 보존되지 않은 것이라면 마폴리아는 현생 클라도포란 조류처럼 다양한 물체에 고착하여 성장할 수 있다. 마폴리아는 어떤 층리면에서는 매우 흔하며, 이 경우 사진 1에서처럼 암석 표면을 거의 완전히 뒤덮는다. 다른 경우에 단지 몇 개의 사상체만 산발적으로 발견된다. 최초로 마폴리아를 기재한 내용을 보면, 왈콧은 마폴리아가 남조류이지만 동시에 녹조류의 특징도 지녔음을 발견했다.

1 (×2)

Marpolia spissa Walcott, 1919. USNM 194191. 크기: 각 사상체의 평균길이는 3~6㎝. 복원도: Isham. 산출: 중부 캄브리아기 스티븐 층의 버제스 셰일, 오자이곱시스 셰일 그리고 인근 산지들(Collins et al., 1983). 기재: Walcott(1919). 기타 주요 참고문헌: Walton(1923), Whittington(1985 b), Conway Morris and Robison(1988). 참고: 버제스 셰일에서 산출되는 조류는 Satterthwait(1976)의 논문에 다시 기재되었다.

---

1) 옮긴이 주 — 사상체(絲狀體, *filament*): 매우 가는 실 모양의 섬유.

조 류 *Algae*

• 녹조류 *CHLOROPHYTA* •

마가레티아 *Margaretia*

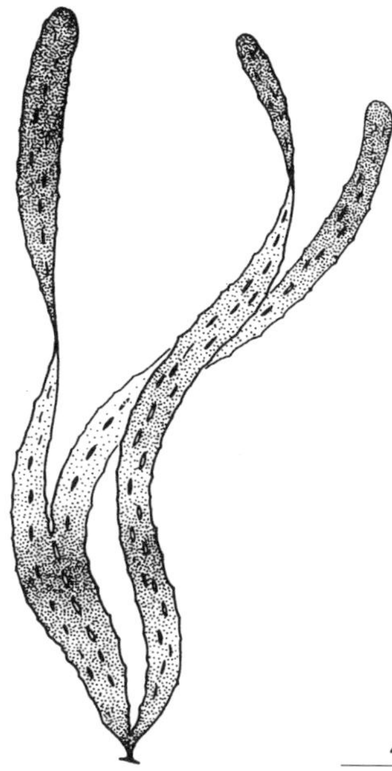

4

마가레티아는 오늘날의 켈프(해조의 일종)처럼 얇은 해초 잎 모양의 조류로, 좁은 기부(基部)로부터 뻗은 여러 개의 잎(*strand*)을 지니고 있다. "잎"에는 작은 타원형 구멍들이 망상조직을 이루며 뚫려있다. 왈콧이 죽은 뒤 레서가 왈콧의 기록을 모으고 정리하여 이 속(屬)에 대하여 기술하였다. 최초의 기록을 보면 왈콧은 이 화석이 조류표본이라고 믿었지만(일반적으로 인정되는 관점), 나중의 기록을 보면 그는 마가레티아와 알시오나리안 산호(*alcyonarian coral*)와의 유사성을 발견한 것처럼 보인다. 앞으로 이 표본을 다시 연구해 이 속의 분류학적 위치에 대한 자세한 고찰이 이루어져야 할 것이다.

3 (×2.5)

Margaretia dorus Walcott, 1931. USMP 83922. 길이: 12.1㎝. 복원도: Isham. 산출: 중부 캄브리아기 스티븐 층의 버제스 셰일과 인근 산지들(Collins et al., 1983). 기재: Walcott(1931). 기타 주요 참고문헌: Conway Morris and Robison(1988).

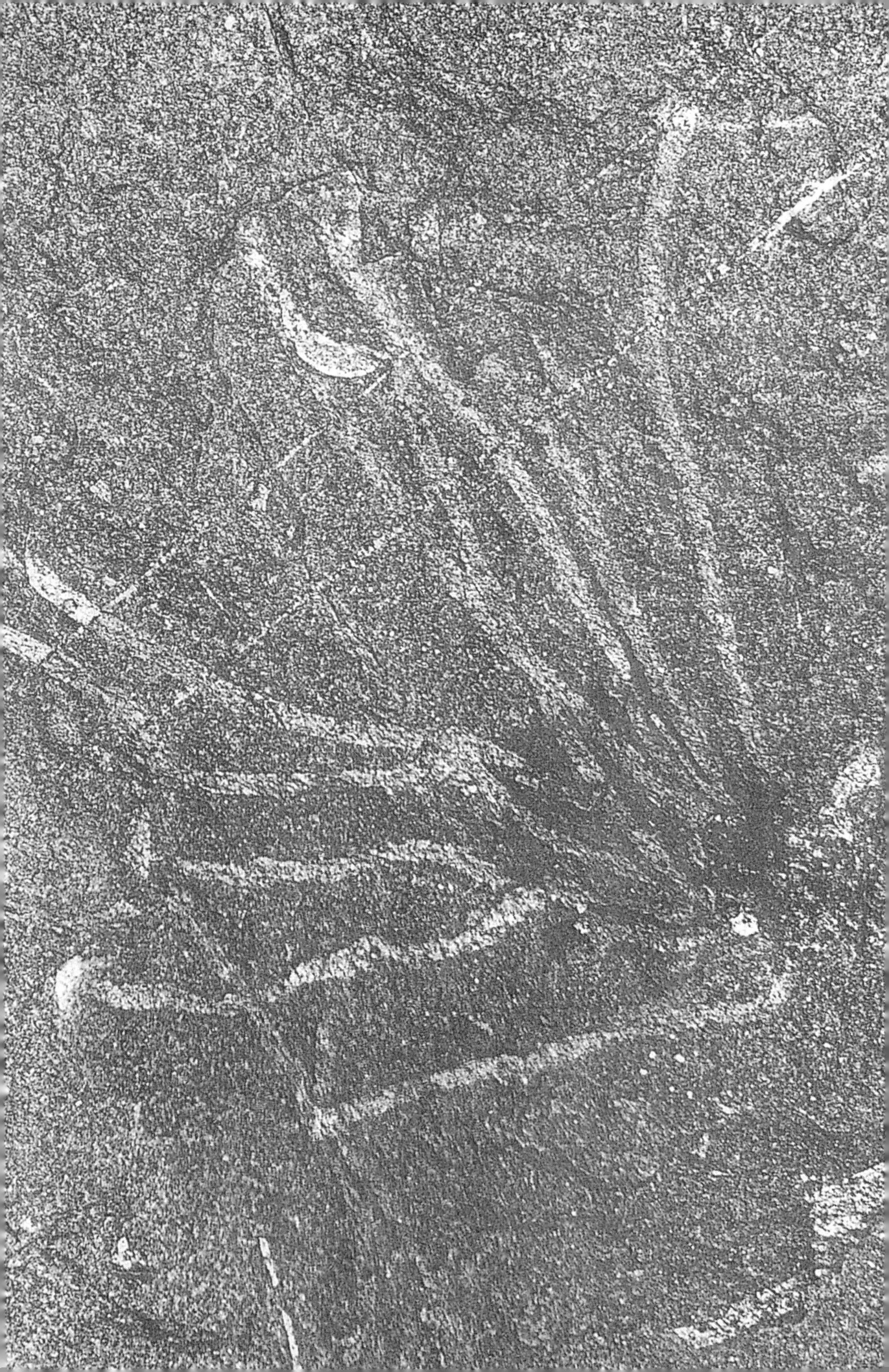

• 녹조류? ? *CHLOROPHYTA* •

육네씨아 *Yuknessia*

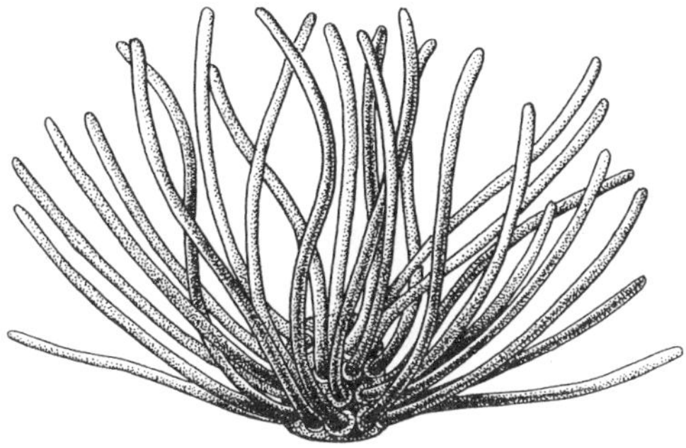

6

이 특이한 조류는 단지 보존상태가 양호한 3개의 표본만이 알려져 있다. 중앙부의 몸체는 조밀하게 배열된 작은 원뿔형 판(*plate*)들로 덮여 있으며 속은 비어 있다. 이 몸체에서 방사상으로 뻗어나가는 줄기들이 붙어 있는데, 줄기는 길고 유연하며 갈라져 있지 않다. 육네씨아는 아마도 바닥에 고착하여 생활했을 것이다. 버제스 셰일에서 산출되는 대부분의 조류처럼 이 종류도 자세히 조사되지 않았다. 왈콧은 육네씨아에는 녹조류에서 일반적으로 발견되는 구조들이 없다는 사실을 언급하면서, 불완전하게나마 육네씨아를 녹조류로 제안했다.

5 (×7)

Yuknessia simplex Walcott, 1919. USNM 35408. 길이: 21㎜. 복원도: Isham. 산출: 중부 캄브리아기 스티븐 층의 버제스 셰일, 오자이곱시스 셰일 그리고 인근 산지들. 기재: Walcott(1919). 기타 주요 참고문헌: Conway Morris and Robison(1988).

• 홍조류 *RHODOPHYTA* •

달리이아 *Dalyia*

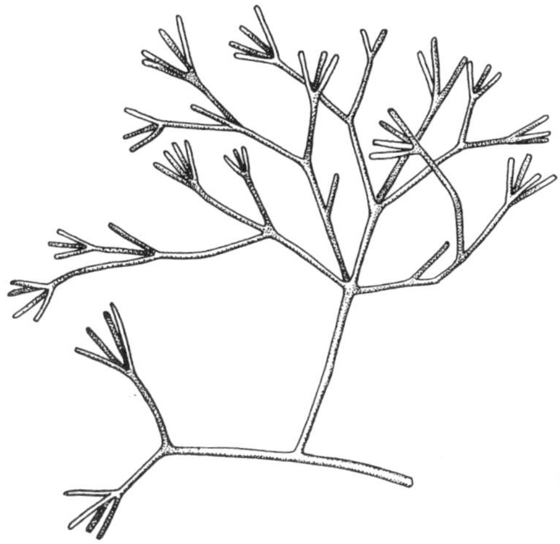

8

달리이아는 버제스 셰일에서 산출되는 매우 아름다운 조류 중 하나이다. 중앙 줄기로부터 몇 개의 가느다란 줄기들이 갈라지며, 이 줄기의 끝에는 짧고 가는 끝가지가 윤생체(輪生體) 구조를 이루고 있다. 줄기는 일반적으로 부드럽고, 일부 표본에서는 가로선의 윤곽이 희미하게 관찰된다. 그 외에 이 속에 대해 알려진 것은 거의 없다.

7 (×5)

Dalyia racemata Walcott, 1919. USNM 35419. 길이: 48㎜. 복원도: Isham. 산출: 중부 캄브리아기 스티븐 층의 버제스 셰일, 오자이곱시스 셰일 그리고 인근 산지들. 기재: Walcott (1919).

와푸티키아 *Waputikia*

10

와푸티키아는 커다란 중앙 가지와 여기서 갈라진 큰 가지, 그리고 이 큰 가지에서 갈라진 조그마한 가지들과 사상체들을 갖는다는 점에서 버제스 셰일에서 산출되는 다른 조류들과 현저히 다르다. 이 속은 버제스 셰일 화석군 중에서 가지가 가장 많이 갈라진 속 중 하나이다. 화석 표면은 부드럽고 대체로 빛나서 내부구조를 알 수 없다. 지금까지 알려진 표본은 모두가 완벽하지 않은 파편이며 이 중 가장 큰 와푸티키아의 길이는 약 6cm이다. 생물체의 전체 길이는 더 클 것이지만 실제 크기를 측정하기는 어렵다. 와푸티키아는 왈콧이 남조류에 포함시킨 모라니아(*Morania*)와 일반적으로 함께 산출되지만, 홍조류에 속하는 것으로 여겨진다.

9 (×5)

Waputikia ramosa Walcott, 1919. USNM 277815. 길이: 19㎜. 복원도: Isham. 산출: 중부 캄브리아기 스티븐 층의 버제스 셰일. 기재: Walcott (1919).

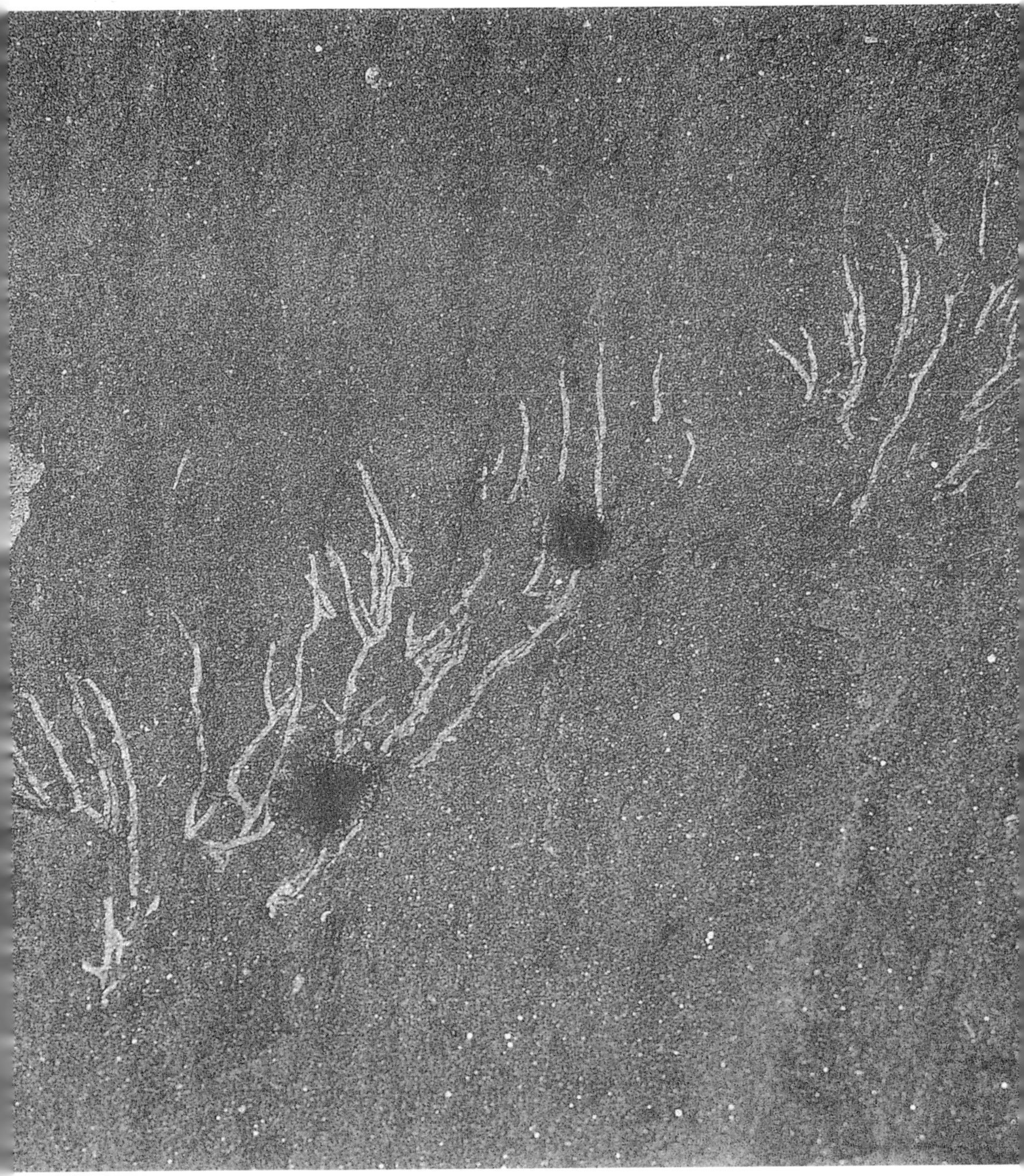

조 류? ?*Possible Algae*

딕티오파이쿠스 *Dictyophycus*

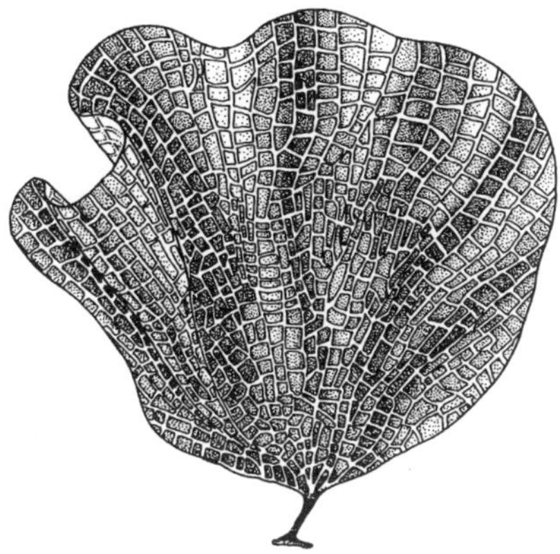

12

딕티오파이쿠스의 화석표본은 아주 섬세한 섬유가 그물모양의 조직을 이룬 형태이며 종종 동그란 구멍이 있다. 살아 있는 모습은 부드러운 나뭇잎 모양의 복원도(사진 12)와 비슷할 것으로 보인다. 그러나 많은 다른 조류들처럼 대부분이 부패되었으며 단지 생물체를 지지하는 부드러운 섬유만이 남아 있다. 섬유의 대부분은 운반되는 동안 부러졌으며, 기부는 소실되었다. 딕티오파이쿠스는 공식적으로 다시 기재되지 않았으며, 다른 생물과의 유연관계는 아직 밝혀지지 않았다.

11 (×6.5)

Dictyophycus gracilis Ruedemann, 1931. USNM 83483b. 길이: 25㎜. 복원도: Isham. 산출: 중부 캄브리아기 스티븐 층의 버제스 셰일. 기재: Ruedemann(1931).

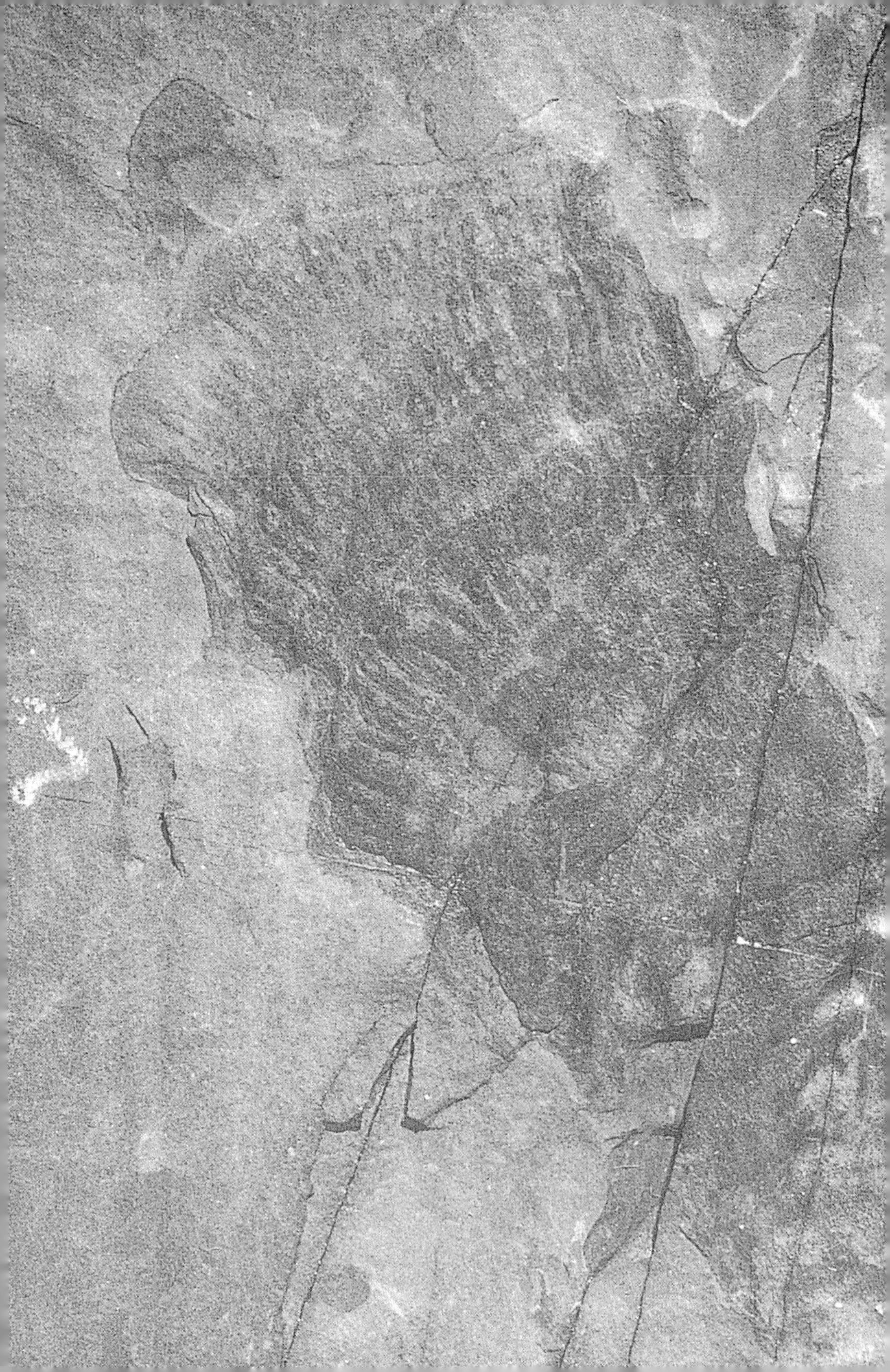

해면동물 문 *Phylum Porifera*

• 보통해면 강 *CLASS DEMOSPONGIA* •

칸소스폰지아 *Capsospongia*

칸소스폰지아는 희귀한 해면동물로 단지 2개의 표본만이 알려져 있다. 칸소스폰지아는 원뿔모양으로 기부는 좁고 측면은 물결모양이다. 골격을 구성하는 단순한 형태의 길쭉한 골편(*spicule*)들은 조밀하게 채워진 수직기둥으로 배열되어 있고 이 기둥들은 짧은 수평 골편들과 연결되어 있다. 수류의 흐름은 물결모양의 벽을 통해 해면동물 내부로 들어가고 상부의 열린 구멍으로 배출될 것이다.

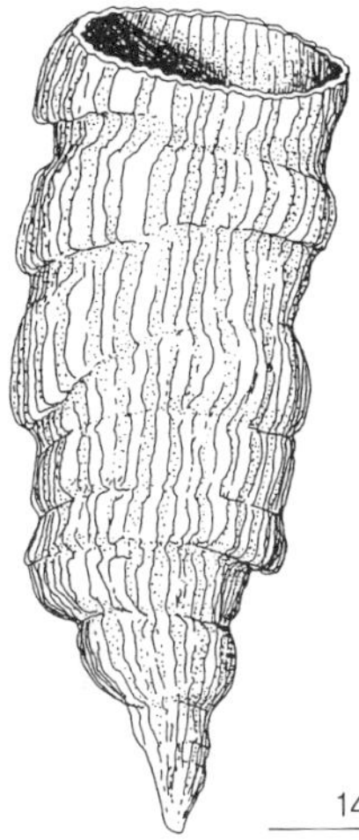

14

칸소스폰지아는 전기 고생대에 살았던 중요한 과 중의 하나〔안싸스피델리대 (*Anthaspidellidae*과)〕에 속한다. 원래 왈콧은 이 속을 코랄리아(*Corralia*)로 명명했지만, 이 이름은 이미 거미류에 속하는 한 종류를 지칭하는 데 사용되었기 때문에 이 표본을 위하여 새로운 속인 칸소스폰지아가 제안되었다.

13 (×4)

Capsospongia undulata Walcott, 1920. USNM 66479. 크기: 길이 60㎜. 복원도: Rigby(1986). 전체 버제스 셰일 화석군 중 개체수 비율: <0.01%. 산출: 중부 캄브리아기 스티븐 층의 버제스 셰일. 기재: Rigby(1986).

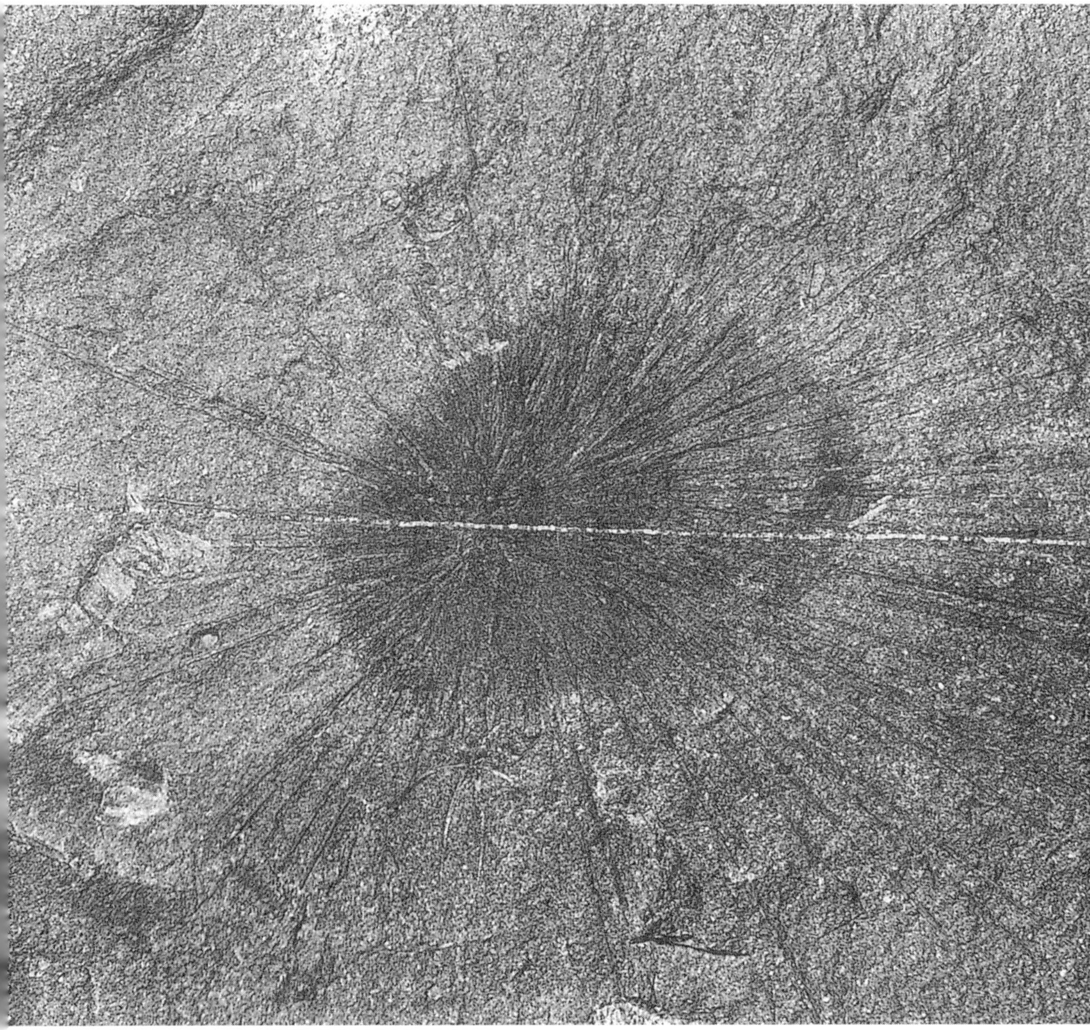

초이아 *Choia*

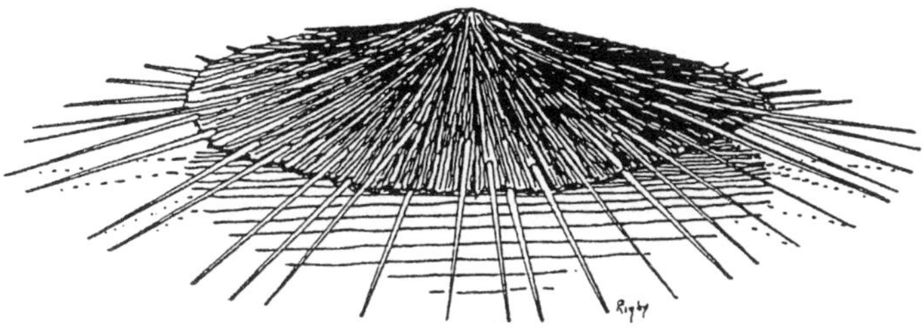

16

초이아는 작고 얇은 원반 모양의 특이한 해면동물로 원반에는 가시들이 방사상으로 뻗어 있는데, 이 중 어떤 가시는 원반 가장자리 바깥까지 뻗어 있어서 마치 짚으로 엮은 작은 모자 같은 인상을 준다. 가시들이 방사상으로 뻗어 나오고 약간 볼록한 면이 상위 쪽인 것 같으며, 오목한 면은 해저에 놓인다. 왈콧이 제안한 것과는 반대지만, 이러한 초이아의 자세는 해류에 대해 보다 안정적일 수 있으며 파도 때문에 해면동물이 뒤집힐 가능성을 줄여 준다. 수류는 긴 가시들에게 평행하게 해면동물 안으로 흘러 들어가 몸을 통과한 후, 가운데 부근에서 밖으로 방출된다. 초이아는 퇴적물 위에 그냥 놓이므로 다른 물체에 몸을 부착하지 않는 해면동물이며, 물에서 음식물 입자를 걸러낸다. 중부 캄브리아기에서 몇 가지 다른 초이아 종들이 기재되었지만, 버제스 셰일에서는 단지 두 종만이 기재되었다. 초이아는 보통해면 강(*class*)에 속하는 일축해면류(*Monaxonida*) 내의 초이대 과(*Family Choiidae*)에 속한다.

15 (×6)

Choia carteri Walcott, 1920. USNM 66482. 크기: 가시를 포함해서 28㎜. 복원도: Rigby(1986). 전체 버제스 셰일 화석군 중 개체수 비율: <0.1%. 산출: 중부 캄브리아기 스티븐층의 버제스 셰일, 오자이곱시스 셰일 및 인근 산지들(Collins et al. 1983) 그리고 유타 주 중부 캄브리아기의 몇몇 산지들. 기재: Walcott(1920), Rigby(1986).

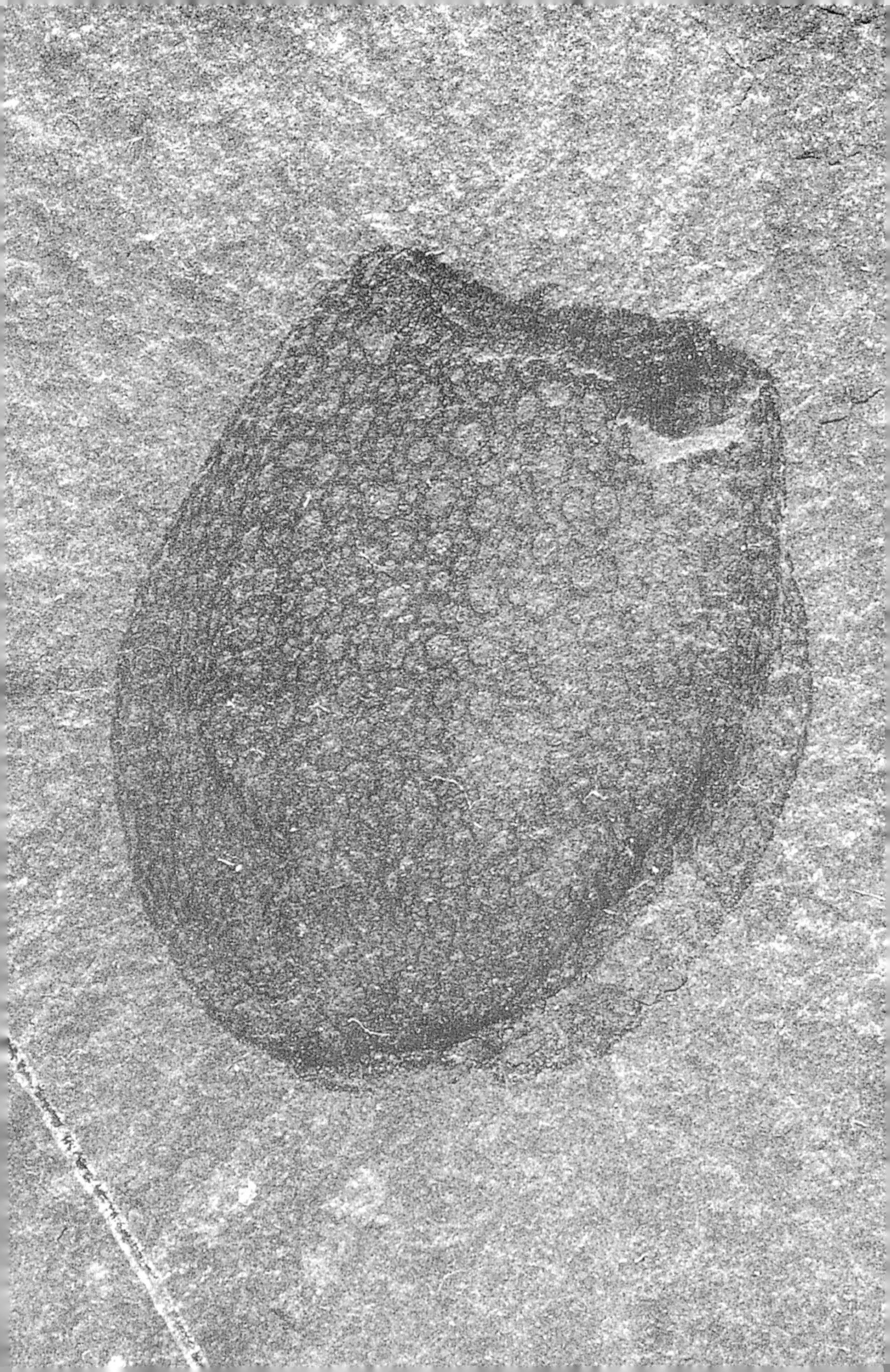

크루밀로스폰지아 *Crumillospongia*

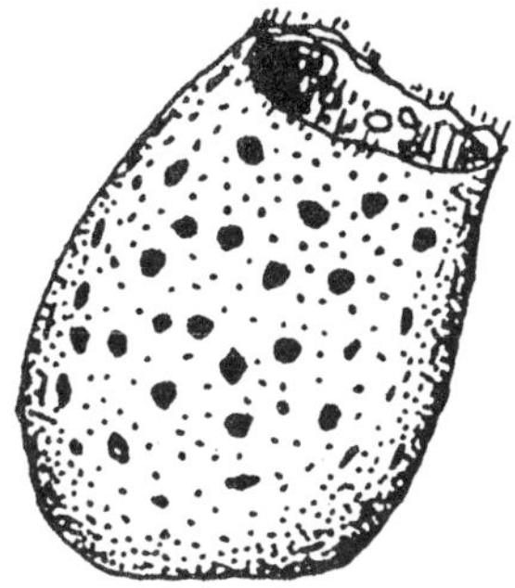

18

크루밀라(*Crumilla*)는 작은 가죽 돈지갑을 의미하는 라틴어로, 이 해면동물의 모양을 매우 잘 묘사해 준다. 이 화석은 주머니 형태 또는 공 모양이며, 얇은 체벽에는 두 가지 다른 크기의 작고 동그란 구멍들이 뚫려 있다. 이 구멍들은 해면동물의 안쪽으로 열린 관계(管系, *canal system*) 구멍이다. 크루밀로스폰지아 내부의 관계는 대부분의 캄브리아기 해면동물보다 훨씬 잘 발달되어 있다. 골편은 하나의 축으로 길고 곧으며, 평행한 수직기둥의 형태로 배열되어 있다. 바깥 표면에는 골편들이 규칙적으로 엮여 있다. 수류는 체벽에 있는 구멍들을 통해서 들어가고, 해면동물을 통과하면서 음식물 입자가 제거되고 난 뒤, 몸 위쪽의 출수관(出水管)을 통해 배출된다. 몸을 해저에 붙이는 구조의 증거가 발견되지 않았기 때문에 이 해면동물이 퇴적물에 몸을 고정하고 살았는지 아닌지는 불명확하다.

보통해면 강에 속하는 크루밀로스폰지아는 또한 버제스 셰일에서 발견되는 거대한 하젤리아(*Hazelia*) 및 팔로스폰지아(*Falospongia*)와 유연관계가 있는 것처럼 보이는데, 이 세 속 모두는 같은 과〔하젤리대(*Family Hazeliidae*)〕에 속한다. 주머니 형태의 크루밀로스폰지아는 폭이 넓고 위가 뚫린 원뿔형태인 하젤리아(사진 21~24)와는 쉽게 구별된다.

17 (×7)

Crumillospongia biporosa Rigby, 1986. USNM 66778. 크기: 21㎜. 복원도: Rigby(1986). 전체 버제스 셰일 화석군 중 개체수 비율: <0.01%. 산출: 중부 캄브리아기 스티븐 층의 버제스 셰일. 기재: Rigby(1986).

할리콘드리테스 *Halichondrites*

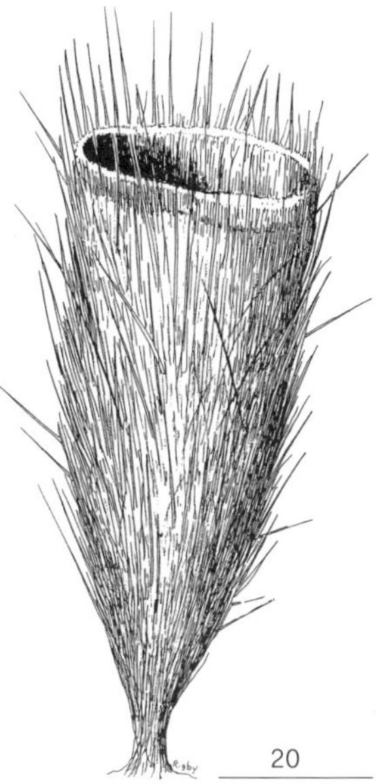

20

할리콘드리테스는 얇은 벽을 가진 해면동물로, 아래쪽은 원뿔형으로 시작해서 위로 갈수록 기다란 관 모양의 형태를 갖는다. 크기가 다양한 골편들이 발달되어 있지만, 골격의 주요 부분은 단순히 수직으로 배열된 골편들로 이루어져 있으며, 외형은 짚으로 엮은 초가지붕과 비슷하다. 사실 털이 수북하다는 것이 이 해면동물을 가장 잘 묘사하는 표현 같다. 할리콘드리테스는 중부 캄브리아기에 살았던 가장 큰 해면동물 중 하나이다. 할리콘드리테스의 체벽에서는 구멍이 관찰되지 않기 때문에, 수류는 털 사이의 작은 구멍들을 통해 들어가고 원뿔형의 몸 상부 쪽으로 빠져 나갔음이 틀림없다. 사진(사진 19)은 지금까지 발견된 것 중 유일하게 그나마 완벽한 것으로 흙에 묻히는 동안 접힌 채로 보존되었다. 이 표본의 아랫부분이 보존되어 있지 않기 때문에 어떻게 해저에 고착했는지는 알 수 없다. 할리콘드리테스가 운반과정 중에 부서졌음을 알려주는 다른 할리콘드리테스 파편들이 버제스 셰일에서 발견되었다.

보통해면 강에 속하는 할리콘드리테스의 골편은 각각의 크기와 전체 해면동물의 크기가 증가하면서 렙토미투스(사진 25, 26)의 초기 종부터 진화했을 것이다. 할리콘드리테스와 다른 생물과의 유연관계는 논쟁이 되었다. 왈콧은 할리콘드리테스가 캄브리아기의 다른 해면동물과 너무 다르기 때문에 할리콘드리테스만을 위해 새로운 아목(*suborder*)을 만들었다. 이후, 할리콘드리테스는 렙토미투스와 같은 분류군에 속하는 것으로 여겨졌지만, 최근 독립된 과〔할리콘드리티대 과(*Family Halichondritidae*)〕에 속하는 것으로 여겨진다.

19 (×1)

Halichondrites elissa Walcott, 1920. USNM 66447. 크기: 21.5㎝. 복원도: Rigby(1986). 전체 버제스 셰일 화석군 중 개체수 비율: <0.01%. 산출: 중부 캄브리아기 스티븐 층의 버제스 셰일. 기재: Rigby(1986).

하젤리아 *Hazelia*

하젤리아 종의 형태는 폭이 넓은 컵 모양부터 기다란 원뿔형, 가지를 뻗는 곤봉 모양까지 다양하다. 그러나 모든 하젤리아에는 얇은 체벽이 있으며, 체벽은 깃털모양처럼 벽 쪽을 향해 갈라진 작고 치밀하게 배열된 골편들로 이루어져 있다. 체벽에는 작은 구멍들이 뚫려 있어서 물이 해면동물 안으로 흘러 들어간다. 오른쪽 사진들은 서로 다른 종들을 보여준다. 하젤리아 델리카툴라(*H. delicatula*) 표본은 원뿔형-원통형인 3개의 가지가 있다는 것을 보여준다(사진 24). 비록 하젤리아 델리카툴라가 형태상 바욱시아(*Vauxia*; 사진 31, 32)와 비슷하지만, 하젤리아 델리카툴라의 골격은 견고하지 못한 골편으로 이루어진 반면, 바욱시아의 골격은 이중 섬유질로 되어 있어서 서로 뚜렷하게 구분된다. 하젤리아 콘페르타(*H. conferta*) 표본은 원뿔형 개체(사진 22) 하나로 상·하부 양쪽 모두가 완벽하게 보존되어 있지 않다. 골격은 2개의 층으로 이루어져 있는데, 이 중 하나는 수직으로 길쭉한 골편이며 다른 하나는 방사상으로 발달한 다발형태이다. 사진 22의 경우 길쭉한 골편이 보다 분명하게 나타난다.

버제스 셰일에서 9종의 하젤리아가 기재되었다. 보통해면 강에 속하는 하젤리아는 버제스 셰일에서 산출되는 해면동물 중 가장 다양한 형태를 보여준다. 하젤리아는 팔로스폰지아(*Falospongia*) 및 크루밀로스폰지아(*Crumillospongia*)와 밀접한 유연관계를 가지며, 이들 세 속은 동일한 하젤리대 과(*Family Hazeliidae*)에 속한다.

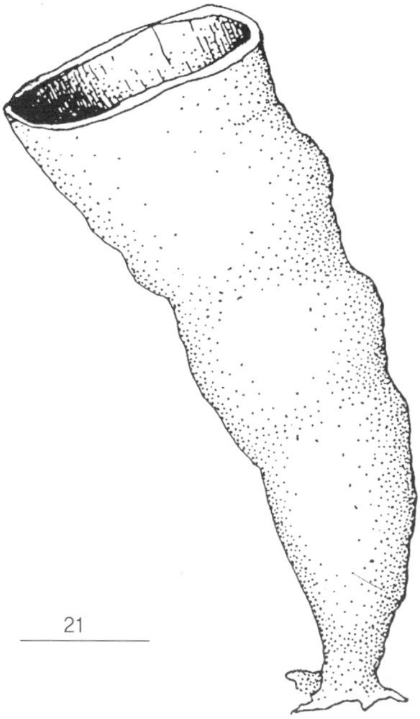
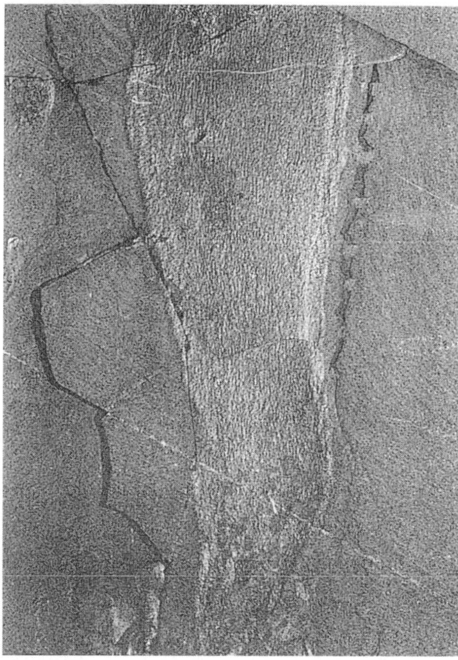

21

22(×1)

Hazelia conferta Walcott, 1920. USNM 66469. 크기: 중심 가지의 길이 10㎝. 복원도: Rigby(1986). 전체 버제스 셰일 화석군 중 개체수 비율: <0.1%. 산출: 중부 캄브리아기 스티븐 층의 버제스 셰일. 기재: Rigby(1986).

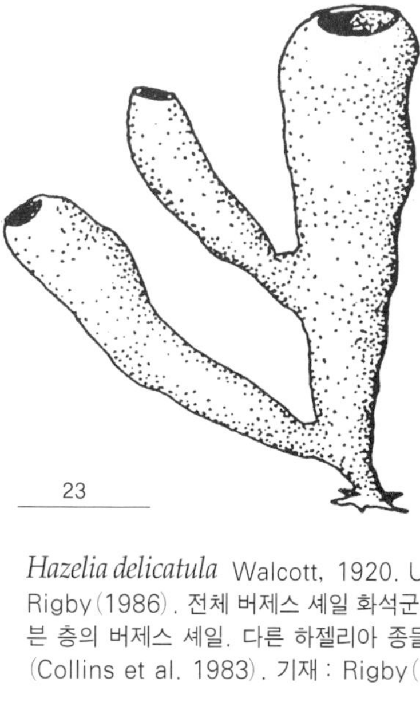
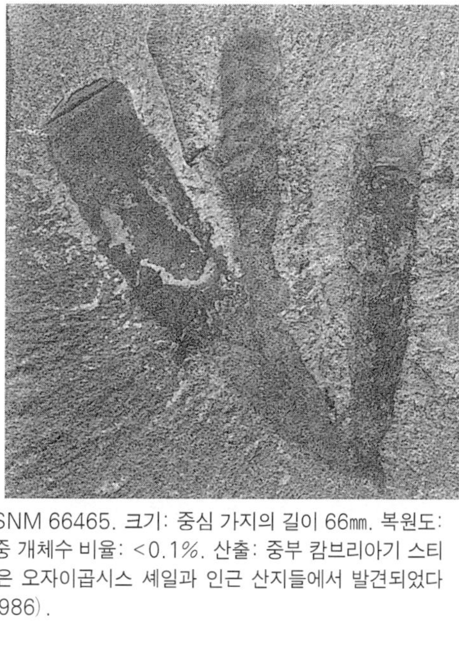

23

24 (×1)

Hazelia delicatula Walcott, 1920. USNM 66465. 크기: 중심 가지의 길이 66㎜. 복원도: Rigby(1986). 전체 버제스 셰일 화석군 중 개체수 비율: <0.1%. 산출: 중부 캄브리아기 스티븐 층의 버제스 셰일. 다른 하젤리아 종들은 오자이곱시스 셰일과 인근 산지들에서 발견되었다(Collins et al. 1983). 기재 : Rigby(1986).

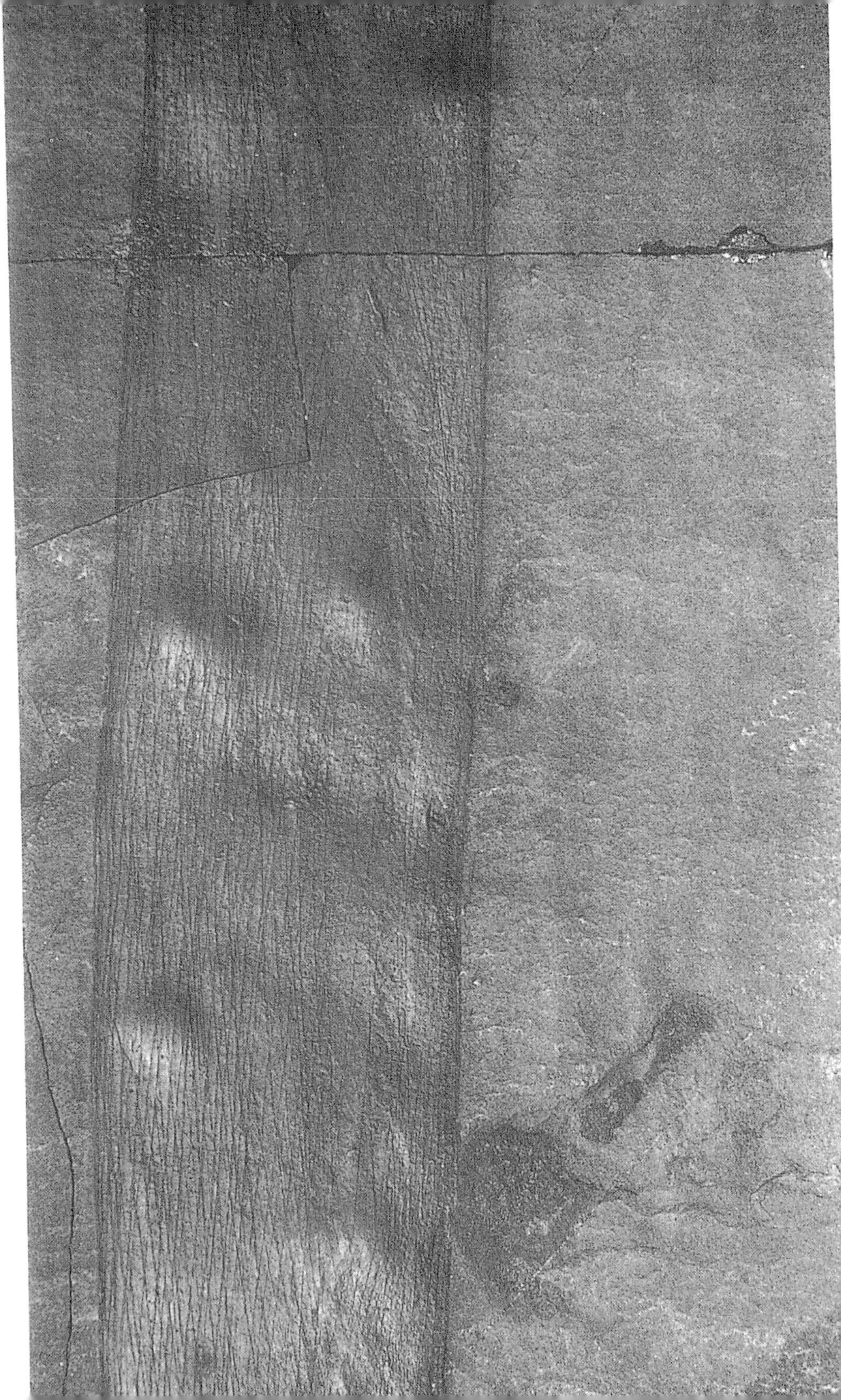

렙토미투스 *Leptomitus*

26

렙토미투스는 매우 길며 2개의 벽을 가진 관 모양의 해면동물로 사진에서 보는 것처럼 단순히 하나의 축을 갖는 골편들이 수직으로 배열된 골격을 가지고 있다. 버제스 셰일에서 발견되는 렙토미투스는 다른 초기 종류들보다 더욱 발달된 골격을 가지고 있다. 골격은 2개의 층으로 이루어져 있다. 피층은 길고, 수직의 골편과 이 골편들 사이에 조밀하게 배열된 짧은 이차 수직 골편으로 이루어져 있다. 내층은 작고, 수평으로 배열된 골편들이 서로 엮여 있다. 많은 표본의 피층의 표면에서 주름이 뚜렷하게 관찰되는데, 이 주름은 일차 수직 골편들이 고르지 않게 분포하기 때문에 생성된 것처럼 보인다. 렙토미투스는 해저에 고착하여 살았으며 체벽을 통해 물을 여과했다. 사진 25는 전체 길이가 36㎝인 원래 표본의 일부만을 보여준다.

렙토미투스는 현재까지 알려진 보통해면 중 가장 오래된 것으로 이 속으로부터 중기 캄브리아기의 다양한 해면동물이 나타나게 되었다. 골격이 정교해지고 분화되면서 렙토미투스로부터 새로운 형태의 해면동물들이 진화해 나왔다. 이러한 방식으로 렙토미투스로부터 진화한 속으로는 초이아(*Choia*), 할리콘드리테스(*Halichondrites*), 하젤리아(*Hazelia*), 피라니아(*Pirania*), 왑키아(*Wapkia*)가 있다. 렙토미투스는 몇몇 다른 원시 해면동물과 함께 렙토미티대 과(*Family Leptomitidae*)에 속한다.

25(×10)

Leptomitus lineatus Walcott, 1920. USNM 66448. 길이: 36㎝. 복원도: Rigby(1986). 전체 버제스 셰일 화석군 중 개체수 비율: <0.1%. 산출: 중부 캄브리아기 스티븐 층의 버제스 셰일 및 인근 산지들(Collins et al. 1983). 기재: Rigby(1986).

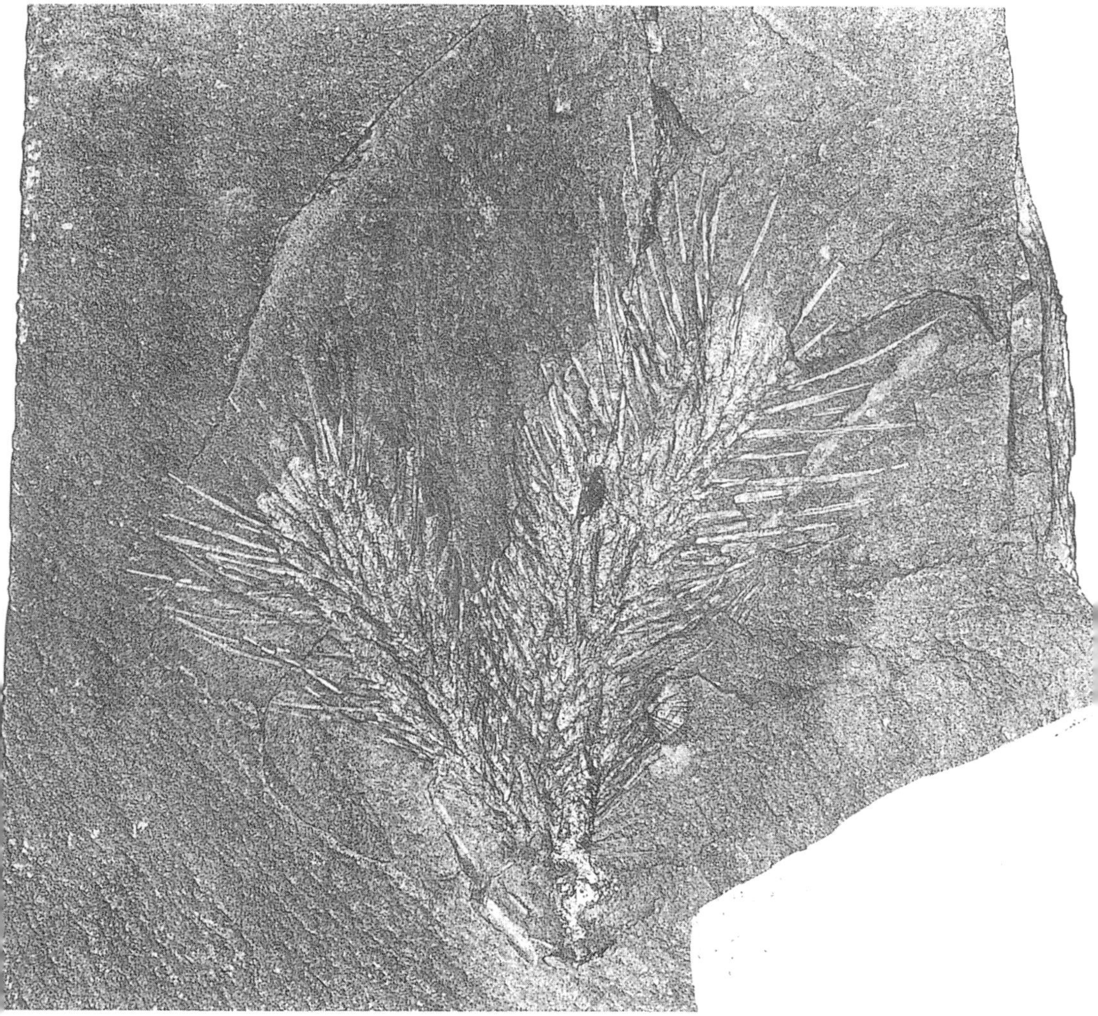

27 (×4)

Pirania muricata Walcott, 1920. USNM 66495. 크기: 32㎝. 복원도: Rigby (1986). 전체 버제스 셰일 화석군 중 개체수 비율: 0.32%. 산출: 중부 캄브리아기 스티븐 층의 버제스 셰일, 오자이곱시스 셰일 및 인근 산지들(Collins et al. 1983). 기재: Rigby(1986). 참고: Whittington(1985b)은 피라니아에 붙어 있는 완족류의 사진을 게재했다.

피라니아 *Pirania*

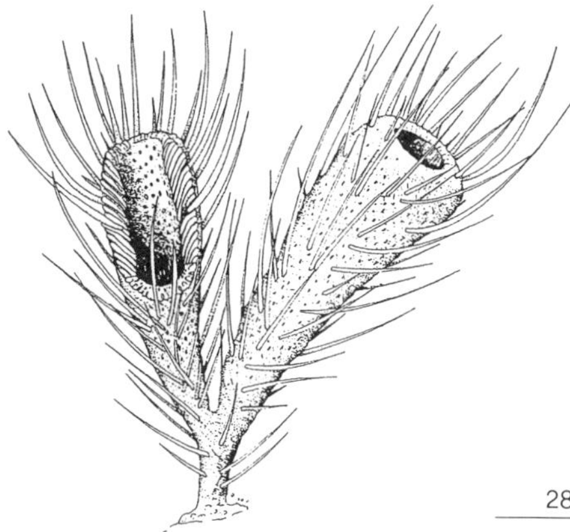

28

피라니아는 여러 가지로 갈라져 있으며 두꺼운 벽을 갖는 원통모양의 해면동물로 외벽 가장자리에 커다란 골편들이 삐어 나와 있다. 가장자리에 평행하게 두꺼운 벽을 가로질러 작은 구멍이 뚫려 있어 수류가 상대적으로 넓은 해면동물의 내부로 흐를 수 있도록 한다. 이 해면동물은 최대 4개의 가지를 가지고 있다.

피라니아 표본은 종종 유관절 강 완족동물[2] 인 니수시아(*Nisusia*)의 병부[3] 에 부착되어 발견된다. 버제스 셰일 화석 대부분이 우연히 함께 이동해 퇴적되어 함께 나타나는 것과는 달리, 이 표본들이 함께 발견되는 것은 피라니아 해면동물과 니수시아 완족동물의 연계성을 알려주는 뚜렷한 증거인 것 같다. 해면동물은 완족동물에게 서식처를 제공해 주었을 것이다. 해면동물이 물을 흐르게 만들기 때문에 완족동물이 먹이를 얻는 것을 도와주었을 것이다. 피라니아는 하젤리아(*Hazelia*) 및 하젤리대 과(*Family Hazeliidae*)에 속하는 다른 해면동물들과 유연관계가 있을지도 모르지만, 피라니아만 포함하는 피라니대 과(*Family Piraniidae*)에 속한다.

---

2) 옮긴이 주 — 유관절 강(有關節綱, *Class Articulata*) 완족동물: 전기 캄브리아기에 출현해 현재까지 생존하는 완족동물의 한 부류로 껍질은 석회질이며, 치아구조가 있거나 2차적으로 퇴화되었다. 반면 무관절 강(無關節綱, *Class Inarticulata*) 완족동물은 껍질이 인산키틴질이거나 석회질이며, 치아구조가 없다.

3) 병부(柄部, *pedicle*): 자기 자신을 다른 물체에 고착하기 위해 사용하는 발 모양의 구조로 배 쪽 껍질에 달려있다.

타카카위아 *Takakkawia*

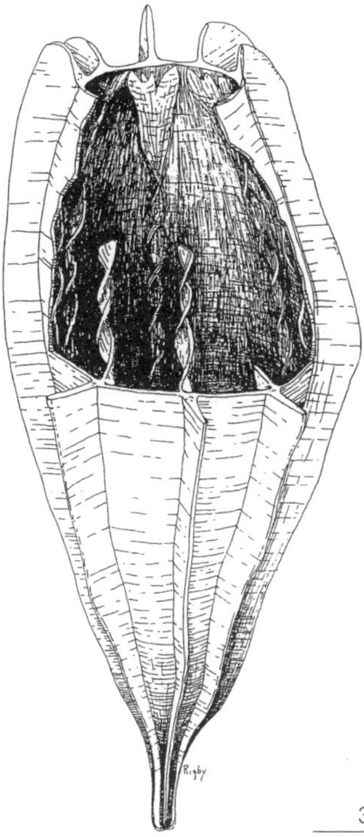

30

타카카위아는 원뿔모양의 해면동물로 체벽에 8개의 단단하고 칼날 모양으로 돌출된 지느러미 같은 구조가 방사상으로 발달해 있다. 이 지느러미 같은 구조는 해면동물 안쪽으로 길고 뒤틀린 형태를 가지며 수직으로 발달된 리본 모양의 골편과 연결되어 있다. 이 골편은 기다란 하나의 축을 갖는 형태이다. 타카카위아의 일반적 형태는 아마도 타카카위아가 진화해온 것으로 여겨지는 렙토미투스(*Leptomitus*, 사진 25, 26)의 모양과 비슷하지만, 렙토미투스는 체벽에 돌출된 칼날 모양의 판과 내부의 나선형 골편을 가지고 있지 않다. 그림에서 보는 것처럼 타카카위아의 아랫부분은 매우 가늘다. 이 해면동물은 해저에 살았던 것처럼 보인다. 타카카위아의 체벽에는 구멍이 없거나 뚜렷하지 않기 때문에 수류는 골편 사이로 서서히 침투한 뒤, 상대적인 대공을 통해 배출되었음에 틀림없다.

타카카위아는 특이한 해면동물로 타카카위대 과(*Family Takakkawidae*)로 분류된다.

29 (×5)

Takakkawia lineata Walcott, 1920. USNM 66539. 크기: 40㎜. 복원도: Rigby(1986). 전체 버제스 셰일 화석군 중 개체수 비율: 0.1%. 산출: 중부 캄브리아기 스티븐 층의 버제스 셰일 및 필드 산의 남쪽 면. 기재: Rigby (1986).

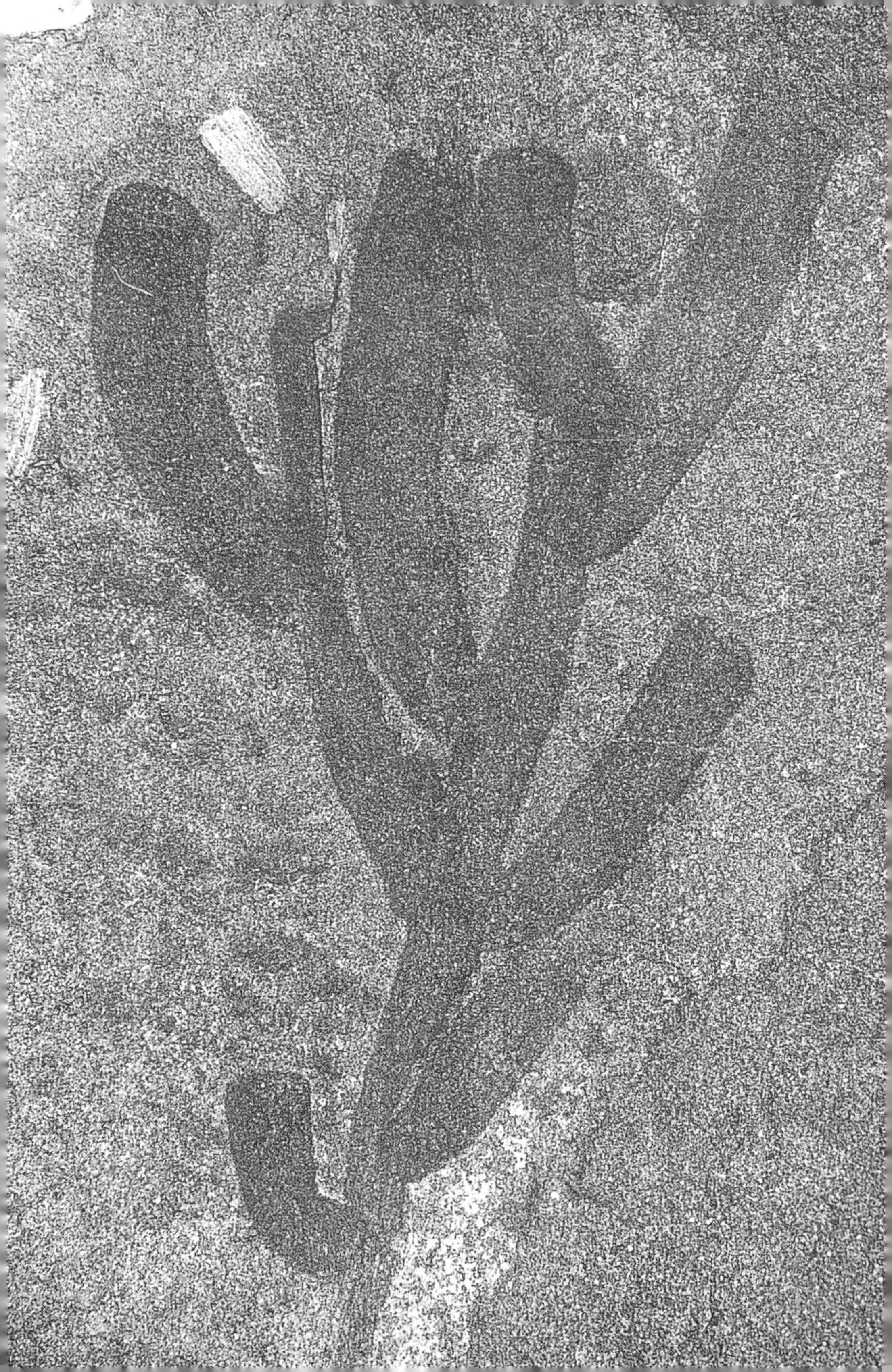

바욱시아 *Vauxia*

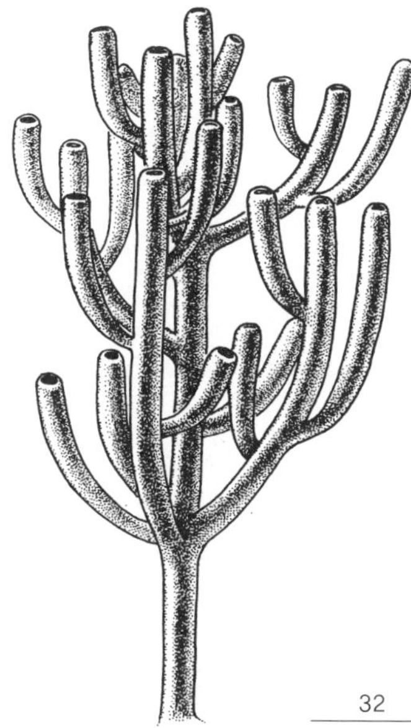

32

복잡하게 가지를 치고 있는 이 아름다운 해면동물은 버제스 셰일에서 가장 많이 발견되는 해면동물로 수백 개의 표본이 발견됐다. 바욱시아는 원뿔 또는 원통모양이며, 복원도에서 관찰할 수 있는 것처럼 여러 가지들로 갈라져 덤불 같은 모습을 보여준다. 바욱시아의 골격은 실제 목욕용 해면(*bath sponge*)을 만드는 물질인 해면질(海綿質, *spongin*) 섬유 같은 질긴 유기물질로 이루어져 있다. 버제스 셰일에서 산출되는 다른 모든 해면동물들과는 달리 골편들이 분리되어 있지 않다. 그러나 바욱시아의 골격을 구성하는 섬유질은 서로 붙어 그물을 이루고 있어서 버제스 셰일에서 발견되는 대부분의 다른 해면동물들보다 훨씬 더 견고하다. 이러한 단단한 골격구조 때문에 완벽한 바욱시아 표본이 버제스 셰일에서 많이 발견된다. 바욱시아의 섬유질은 아주 특이한 중심핵(*central core*)을 지니는데, 이것은 현생 해면동물인 베롱지아(*Verongia*)와 유사하다. 결론적으로 바욱시아 속에 속하는 몇몇 종들은 보통해면류(*demosponge*) 베롱지다 목(*Order Verongida*) 바욱시대 과(*Family Vauxiidae*)로 분류된다.

31 (×7)

Vauxia gracilenta Walcott, 1920. USNM 66511. 크기: 31㎜. 복원도: Isham. 전체 버제스 셰일 화석군 중 개체수 비율: 2%(해면동물 전체의 비율은 3.79%). 산출: 중부 캄브리아기 스티븐 층의 버제스 셰일. 기재 : Rigby(1986).

왑키아 *Wapkia*

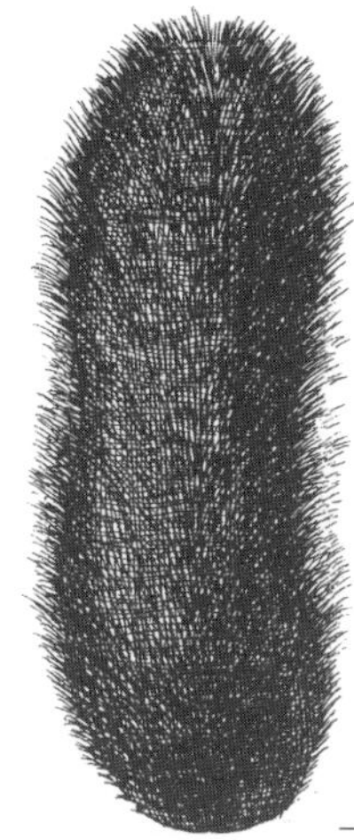

34

왑키아는 버제스 셰일에서 발견되는 가장 복잡한 해면동물이다(Rigby, 1986). 옆의 복원도처럼 커다란 타원형 모양은 렙토미투스(사진 25, 26)와 매우 흡사하다. 렙토미투스처럼 많은 골편들이 긴 수직관 안에 일렬로 정렬되어 있지만, 왑키아의 체내 골격은 매우 복잡하다. 사진에서 쉽고 뚜렷하게 관찰되는 것처럼 여러 줄의 내부 도관에 의해 해면동물의 바깥 면에 주름이 만들어진다. 왑키아의 골편들은 그물망 구조를 이루지 않는데, 이것은 많은 양의 해면질이 골편을 그 자리에 있도록 붙들고 있다는 것을 의미한다. 왑키아는 해저에 붙어 서식하며, 외벽을 통해 해수를 여과하여 먹이를 섭취한다.

왑키아의 유연관계는 불분명하다. 다른 중기 캄브리아기 해면동물들처럼 왑키아는 렙토미투스 같은 생물의 내부구조가 더 복잡해지면서 진화했거나 또는 다른 조상들로부터 기원했을지도 모른다. 왑키아는 너무 독특한 보통해면류이기 때문에 왑키대 과(*Family Wapkiidae*)에 속하는 유일한 해면동물로 분류됐다.

33 (×1)

Wapkia grandis Walcott, 1920. USNM 66511. 크기: 21.3㎝. 복원도: Isham. 전체 버제스 셰일 화석군 중 개체수 비율: < 0.1%. 산출: 중부 캄브리아기 스티븐 층의 버제스 셰일. 기재: Rigby(1986). 기타 주요 참고문헌: de Laubenfels(1955).

• 육방해면 강 *CLASS HEXACTINELLIDA* •
(초자해면류)[4]

디아고니엘라 *Diagoniella*

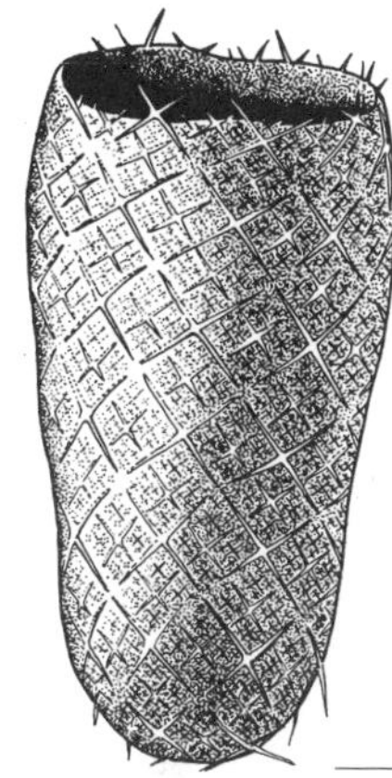

36

디아고니엘라는 단순한 자루 모양의 해면동물로 골편들이 그물처럼 얽혀 장축에 대각선으로 배열되어 있다. 버제스 셰일에서는 단지 7개의 암석표본에서 이 해면동물이 발견되며, 몇 개의 표본들을 제외하곤 골편 전체가 불투명한 막으로 덮여 있다. 표본들의 기부구조는 잘 보존되어 있지 않지만, 아마도 디아고니엘라는 해저에 몸을 부착하고 살았을 것이다.

디아고니엘라는 육방해면 강의 초기 그리고 원시 구성원들이 속한 프로토스폰기대 과(*Family Protospongiidae*)에 속하는 두 종류의 버제스 셰일 해면동물 중 하나이다. 육방해면동물은 육방형 규질 골편들을 가지고 있다. 이 강(*class*)에 속하는 대부분의 후기 집단들과는 달리 디아고니엘라의 골편들은 서로 붙어 그물을 이루지 않으며, 따라서 디아고니엘라는 상대적으로 견고하지 못한 해면동물이다.

35 (×4)

Diagoniella hindei Walcott, 1920. USNM 66503. 크기: 15㎜. 복원도: Isham. 전체 버제스 셰일 화석군 중 개체수 비율: < 0.1%. 산출: 중부 캄브리아기 스티븐 층의 버제스 셰일. 기재: Rigby(1986).

---

4) 옮긴이 주 — 초자해면류(硝子海綿類, *Glass sponge*): 비너스의 꽃바구니(*Euplectella aspergillum*)처럼 건조시 유리와 비슷한 석영질 골격을 갖는 육방해면 강의 해면.

37 (×2.5)

Protospongia hicksi Hinde, 1887. USNM 66502. 크기: 버제스 셰일에서 산출된 가장 큰 파편은 약 5×5㎝이다. 전체 버제스 셰일 화석군 중 개체수 비율: < 0.1%. 산출: 중부 캄브리아기 스티븐 층의 버제스 셰일. 기재: Rigby(1986).

프로토스폰기아 *Protospongia*

버제스 셰일에서 프로토스폰기아 표본들은 모두 파편으로 산출된다. 그러나 다른 곳에서 산출되는 표본들을 보면 이 해면동물의 모양이 공 모양에서 원뿔 모양까지 다양함을 알 수 있다. 프로토스폰기아의 벽은 얇으며 스타우랙트(*stauract*)라 불리는 골편이 하나의 층을 이룬다. 이 골편들은 육방해면동물에서 일반적인 육방사 대칭 골편들과는 다르다. 반대편 방사조직 쌍들 중 1쌍은 축소되어 골편은 단순히 십자가 모양이다. 프로토스폰기아의 골편들은 직사각형 모양으로 배열되어 크기가 줄어드는 여러 단계로 산출된다.

프로토스폰기아는 육방해면동물의 초기 대표 속이다. 버제스 셰일 해면동물 중 서로 밀접히 연관된 종류인 디아고니엘라와 프로토스폰기아는 서로 혼동될 여지가 있다. 이 두 종류는 프로토스폰기대 과(*Family Protospongiidae*)에 속한다.

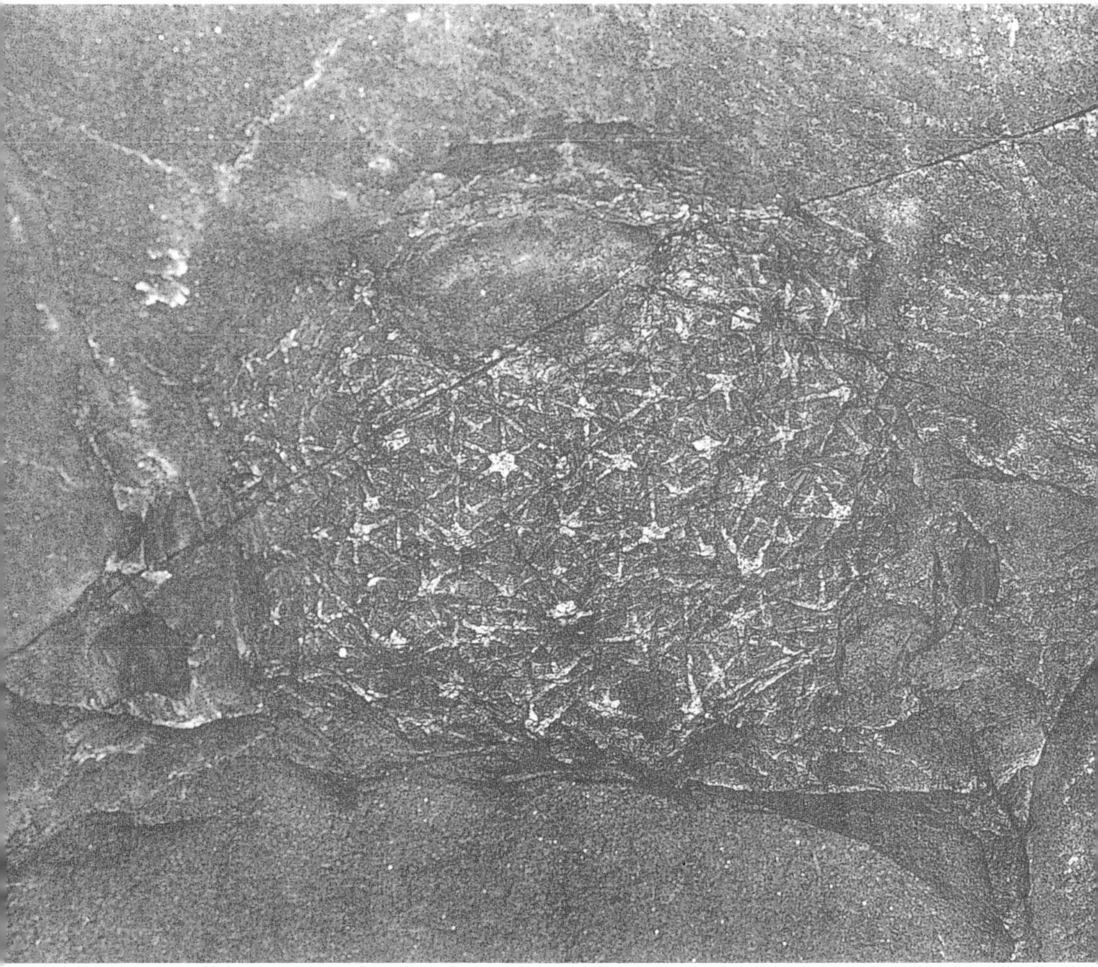

38 (×6)

Eiffelia globosa Walcott, 1920. USNM 66522. 크기: 16㎜. 복원도: Isham. 전체 버제스 셰일 화석군 중 개체수 비율: 0.04%. 산출: 중부 캄브리아기 스티븐 층의 버제스 셰일. 기재: Rigby(1986). 메모: 셀키키아(*Selkirkia*) 관에 부착된 아이펠리아 그림은 Conway Moris et al.(1982)에 실려 있다.

• 석회해면 강 *CLASS CALCAREA* •

(석회질 해면동물 *Calcareous sponges*)

아이펠리아 *Eiffelia*

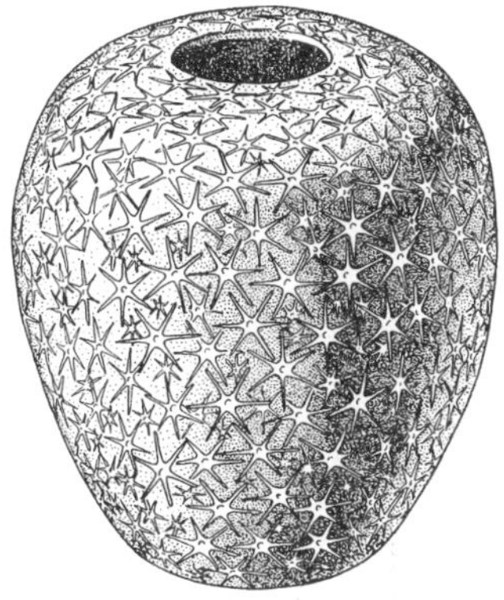

39

아이펠리아는 복잡한 공모양의 해면동물이다. 윗부분은 약간 편평하며 중앙부에 넓은 하나의 구멍을 갖는데 이것은 벽을 통과한 물이 배출되는 통로이다. 해면동물의 몸은 육방사 골편 덩어리로 지탱되며, 골편의 방사조직은 단일 평면상에서 골편의 중심 접합점으로부터 방사상으로 퍼진다. 아이펠리아의 골편은 버제스 셰일에서 산출되는 다른 해면동물들과는 달리 석회질이다. 해면질은 없는 것처럼 보인다. 골편들은 최소한 크기가 다른 네 가지 종류가 있으며, 사진에서 뚜렷이 관찰된다. 버제스 셰일에서 산출되는 다른 해면동물들처럼, 아이펠리아는 해저에 서식하는 고착성 동물이다. 대부분 직접 해저에 고착하며 서식하지만, 최소한 한 종류는 새예충류[5)] 인 셀키키아(*Selkirkia*)의 빈 관에 부착하여 서식하는 것이 발견되었다.

아이펠리아는 석회질 해면동물에 속하며 시기가 젊은 암석에서 산출되는 몇몇 해면동물들과 함께 아이펠리대 과(*Family Eiffeliidae*)에 속한다.

---

5) 옮긴이 주 — 새예충류(鰓曳蟲類): 새예동물문에 속하는 해면동물로 때때로 대형동물문의 한 강으로 여겨진다.

자포동물 문 *Phylum Cnidaria* [6)]

• 산호충 강? ?*CLASS ANTHOZOA* •

바다조름 목? ?*Order Pennatulacea*(바다조름과 바다팬지) [7)]

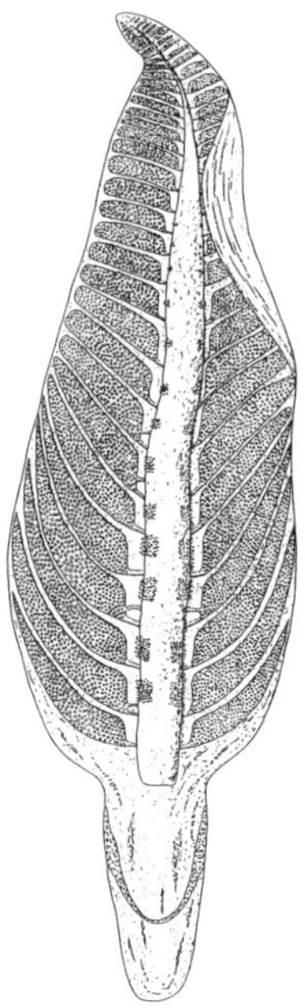

40

타우맙틸론 *Thaumaptilon*

버제스 세일에서 드물게 산출되는 타우맙틸론은 후기 원생대의 에디아카라동물군과 캄브리아기 및 그 이후의 동물군 사이를 연결하는 중요한 고리이다. 타우맙틸론은 나뭇잎 모양의 동물로 넓은 중심 줄기를 가진다. 중심 줄기의 양 측면에는 각각 약 35~40개의 가지들이 "잎"의 가장자리까지 뻗어 있다. 이것은 이 가지들이 좁은 도관을 통해 내부적으로 중심 줄기까지 연결된다는 증거이다. 이 가지들은 "잎" 표면에 쿠션모양의 구조들을 형성한 것으로 보인다. 잎의 표면은 수백 개의 작은 반점 또는 방울들로 덮여 있다. 또한 이 반점들은 중심 줄기의 측면에도 여기저기 존재한다. 반점들은 너무 작아서 촉수(觸手, *tentacle*)의 증거를 보존하지 않지만 이 방울들은 개개의 독립개체들을 대표할지 모른다. 이 독립개체들은 수천 개나 된다. "잎"의 가장자리는 여러 갈래로 접혀져서 구조가 없이 세로로 난 능선(*ridges*)들로 덮인 반대편을 보여준다. 타우맙틸론의 아랫부분에는 크고 뭉툭한 지지대가 있다. 타우맙틸론의 형태를 보면 타우맙틸론이 퇴적물 속에 지지대를 묻은 채 해저에 붙어살았음을 나타낸다. 이 동물은 중심축 근육을 수축해 물속에서 위치를 조정할 수 있었던 것 같다. 만약 독립개체들이 존재했다면 이들은 아마도 작은 부유성 입자들을 먹었을 것이다.

6) 옮긴이 주 — 자포동물문(刺胞動物門) : 히드라, 말미잘, 산호충처럼 자포를 가진 무척추동물.

7) 옮긴이 주 — 바다팬지: 원판모양을 한 해계두류(海鷄頭類) 아강의 강장동물이다.

에디아카라동물군에서 발견되는 잎모양의 원생대 동물들은 오늘날 바다조름(*pennatulaceans*)의 친척들이거나 자일라커의 급진적 해석에 의하면 일련의 이불처럼 누빈 구조를 가진 매우 다른 형태의 생물체를 나타내는 것일 수 있다. 자일라커에 의하면, 벤도바이온타(*Vendobionta*)로 명명한 이 누빈 형태의 생물들은 원생대가 끝나기 전에 사라졌다. 몇몇의 에디아카라동물군〔차니오디스쿠스(*Charniodiscus*), 바이짓씨니아(*Vaizitsinia*), 차니아(*Charnia*)〕들은 타우맙틸론과 유사하며 서로 유연관계가 있을지 모른다. 타우맙틸론과 바다조름은 모습이 유사할 뿐만 아니라 독립개체들과 내부 도관구조를 갖는다는 점도 유사하다. 그러므로 콘웨이 모리스는 자포동물과 유연관계가 있을 가능성이 높다고 주장했다. 버제스 셰일 화석의 놀랄 만한 보존상태는 해저의 진흙에 동물이 남긴 흔적이 채워진 것으로 사암층의 바닥에서 캐스트로 발견되는 에디아카라 표본에서는 찾아볼 수 없다. 그러므로 자일라커가 주장한 것처럼 대부분의 에디아카라 생물체가 절멸했는지 또는 콘웨이 모리스가 주장한 것처럼 에디아카라 생물체가 살아남아서 타우맙틸론과 현대의 바다조름 같은 형태로 진화했는지는 풀어야 할 문제로 남아 있다.

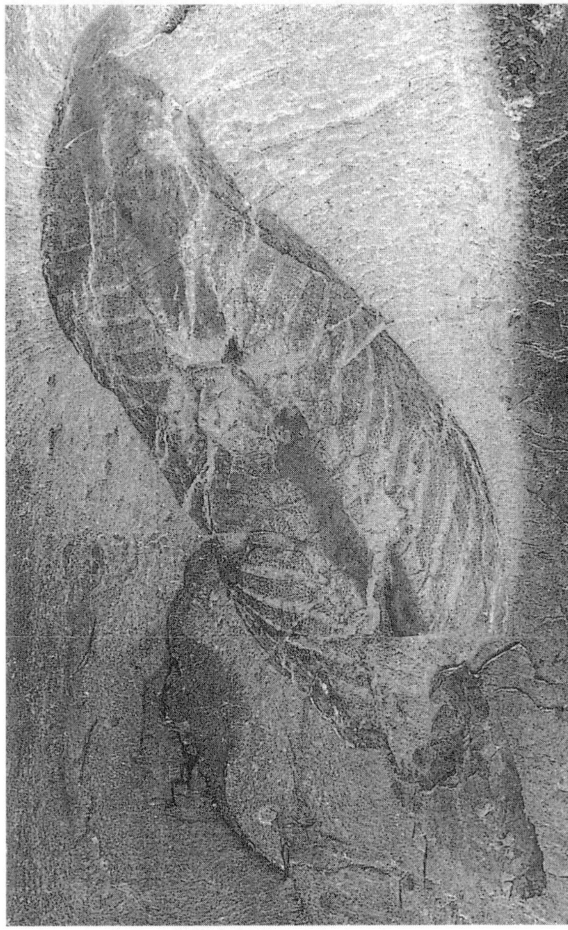

41(×0.5)

Thaumaptilon walcotti Conway Morris, 1993. USNM 468028. 크기: 20㎝. 복원도: Conway Morris. 전체 버제스 셰일 화석군 중 개체수 비율: < 0.01%. 산출: 중부 캄브리아기 스티븐 층의 버제스 셰일. 기재 : Conway Morris(1993). 기타 주요 참고문헌: Conway Morris(1989a), Seilacher(1992).

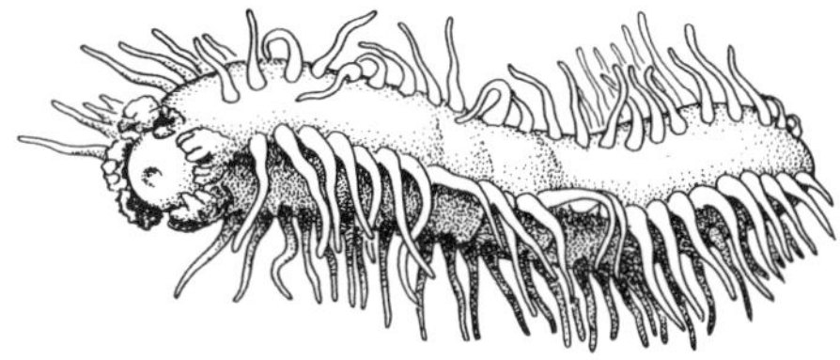

해변말미잘 목 *Order Actiniaria*

(바다말미잘)

44

멕켄지아 *Mackenzia*와 포탈리아 *Portalia*(유연관계가 불분명함)

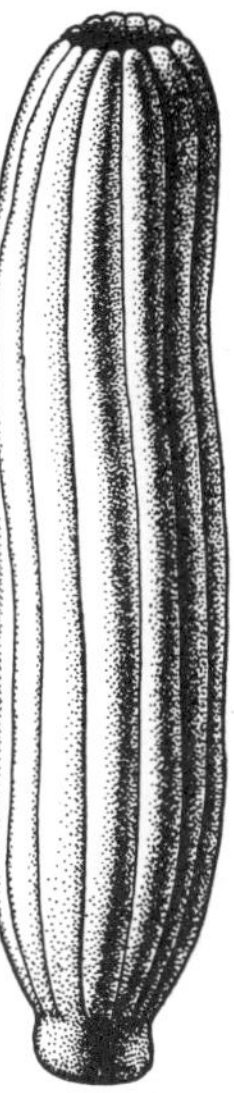

43

멕켄지아는 거대한 자루 모양의 생물체이다. 이 생물체에 세로로 뚜렷이 보존된 두드러진 선들은 깊게 패인 주름들 때문에 분리된 능선처럼 보인다. 세로로 발달한, 빛을 반사하는 띠는 내부의 격벽들과 일치할지도 모른다. 멕켄지아는 해저에서 살았다. 시스토이드(*cystoid*)의 줄기에 붙어있는 표본들도 관찰된다. 몸은 팽창하거나 수축할 수 있었을 것 같고, 하나의 커다란 중앙 소화관을 갖는다. 멕켄지아는 현생의 말미잘과 유사하며, 아마도 말미잘처럼 산호와 해파리를 포함하는 자포동물 문에 속할 것이다.

이 암석 표본에는 유일하게 알려진 포탈리아 표본이 보존되어 있다. 포탈리아는 부분적으로 멕켄지아 표본을 덮고 있다. 암석 표면은 약간 풍화되어 있으며, 상세한 것들은 잘 보존되어 있지 않다. 포탈리아의 긴 몸통의 측면을 따라 일련의 촉수 같은 구조가 발달해 있다. 어떤 촉수들은 2개 심지어 3개의 가지들로 갈라져 있는 것 같다. 몸의 한쪽 끝에 있는 희미한 부분은 머리를 나타낸다. 몸통 축을 따라 있는 넓은 흔적은 아마도 소화관일 것이다. 포탈리아의 생활방법에 대해서는 거의 알려지지 않았다. 왈콧은 이 종류를 극피동물로 여겼지만, 이 관점은 다른 후기 학자들에 의해 반박되었다. 포탈리아의 유연관계에 대한 연구는 이 표본이 다시 기재될 때까지 기다려야 한다.

42 (×0.5)

Mackenzia costalis Walcotto, 1911c; *Portalia mira* Walcott, 1918a. USNM 83927. 크기: 멕켄지아 길이는 85㎜, 최대 16㎝; 포탈리아 길이는 93㎜. 복원도: Isham. 전체 버제스 셰일 화석군 중 개체수 비율: 각각 약 0.2%와 <0.01%. 산출: 중부 캄브리아기 스티븐 층의 버제스 셰일. 기재: 멕켄지아 관련 논문은 Briggs and Conway Morris(1986), Conway Morris(1989a, 1993) 참조; 포탈리아는 아직 다시 기재되지 않았다.

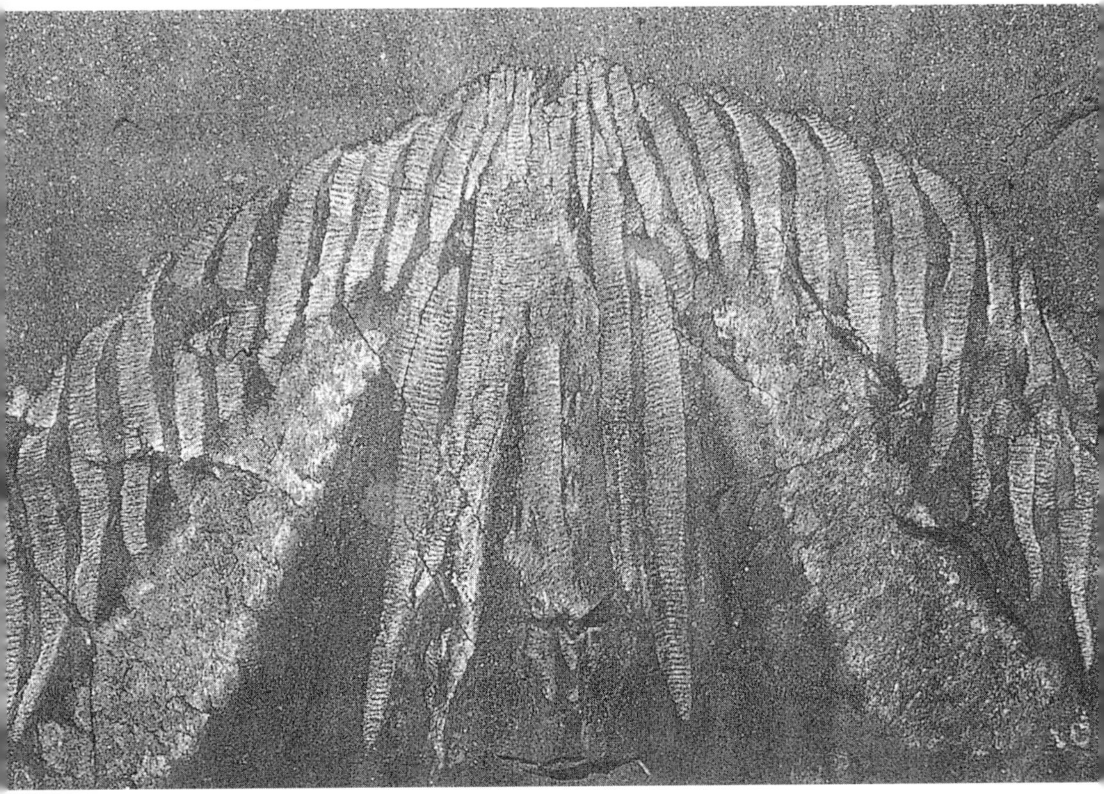

45 (×2)

Fasciculus vesanus Simonetta and Delle Cave, 1978a. USNM 202151. 크기: 가로 약 8㎝. 전체 버제스 셰일 화석군 중 개체수 비율: <0.01%. 산출: 중부 캄브리아기 스티븐 층의 버제스 셰일과 Collins et al.(1983)의 산지 9. 기재: Simonetta and Delle Cave(1978a); Conway Morris & Collins(1996)에 의해 재기재됨.[8] 기타 주요 참고문헌: Briggs and Conway Morris(1986).

8) 옮긴이 주—Conway Morris & Collins(1996), "Middle Cambrian Ctenophores from the Stephen Formation, British Columbia, Canada". *Philosophical Transactions: Biological Sciences*, v. 351, no. 1337, pp. 279~308.

유즐동물 문 *Phylum Ctenophore* (빗해파리 *Comb Jellies*)

파시쿨루스 *Fasciculus*

파시쿨루스는 원래 단 하나의 표본을 근거로 기재되었으며, 당시에는 강장동물로 해석되었다(Simonetta and Delle Cave, 1978a). 지난 10년간 스티븐 산의 스티븐 층에서 많은 표본이 추가로 발견되었다. 새로 발견된 표본들은 버제스 셰일에서 가장 수수께끼 같은 생물인 파시쿨루스에 대해 몇 가지 새로운 정보를 알려주었다. 파시쿨루스는 좌우대칭이며 일련의 유연하고 가는 긴 띠와, 조밀하게 가로로 배열된 많은 구조들을 가지고 있다. 이 띠들은 유즐동물 또는 빗해파리류의 즐판대(櫛板帶, *comb row*)와 배열된 것이 유사하지만, 현생 빗해파리에서 발견되는 8줄의 긴 즐판대보다 훨씬 많은 줄이 파시쿨루스에서 발견된다. 파시쿨루스의 내부구조에 대해서 알려진 것이 거의 없기 때문에 파시쿨루스의 유연관계는 불분명하다.

촉수관동물 상문? ?*Superphylum Lophophorata*

오돈토그리푸스 *Odontogriphus*

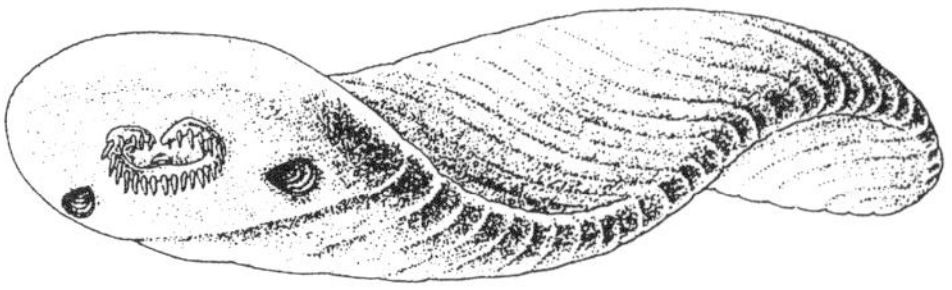

46

오돈토그리푸스〔글자 그대로 '이빨이 있는 수수께끼 같은 형태'(*toothed riddle*)〕는 버제스 셰일에서 가장 희귀한 화석 중 하나이다. 유일하게 발견된 표본을 관찰하면, 빛을 반사하는 얇은 막으로 이루어진 조직이 암석 표면에 보존되어 있다. 몸은 넓고 평평하며, 몸통은 마디를 이루고 있다. 머리부위에는 옆에서 보면 숫자 8처럼 생긴 작은 구조가 있는데, 이 구조에는 약 25개의 이빨 흔적이 발달해 있다. 이 먹이를 먹는 기관의 측면에는 촉수(*palp*)라 불리는 1쌍의 얇은 층판(層板, *lamellae*)이 다발을 이루고 있는데, 사진에서 찾아내기는 어렵다. 오돈토그리푸스는 앞으로 나아가기 위해, 파도의 물결처럼 움직이며 몸을 이동하는 동물이었을 것으로 여겨진다. 입 둘레에 배열된 이빨 같은 구조들은 먹이를 먹는 데 사용된 촉수들을 지탱했을 것으로 여겨진다. 촉수는 감각기관이었을지도 모른다. 오돈토그리푸스의 이빨 같은 구조들은 고생대 퇴적암에서 흔히 산출되는, 코노돈트로 알려진 인지질(*phosphatic*) 미화석과 비교될 수 있다. 게다가, 오돈토그리푸스가 오랫동안 찾아 헤맨, 코노돈트의 연질부 조직이라는 주장까지 제안되었다. 그러나 그 이후에 연질부가 보존된 진짜 코노돈트 화석이 스코틀랜드의 석탄기 암석에서 발견됐으며, 이것은 이전에는 소속불명이었던 이 화석이 척색동물에 속한다는 사실을 알려준다.

오돈토그리푸스가 먹이를 먹는 데 사용한 구조는 촉수관동물(완족동물, 추형동물,[9] 벌레, 태형동물 같은)의 먹이기관 구조와 매우 유사하다. 이를 기초로, 오돈토그리푸스는 촉수관동물 상문에 소속시킨다.

---

9) 옮긴이 주 — 추형동물(箒蟲動物, *phoronid worms*) : 적은 수의 촉수관을 가진 추형동물 문에 속하는 무척추동물로 유연관계가 불확실한 체강성 해산동물.

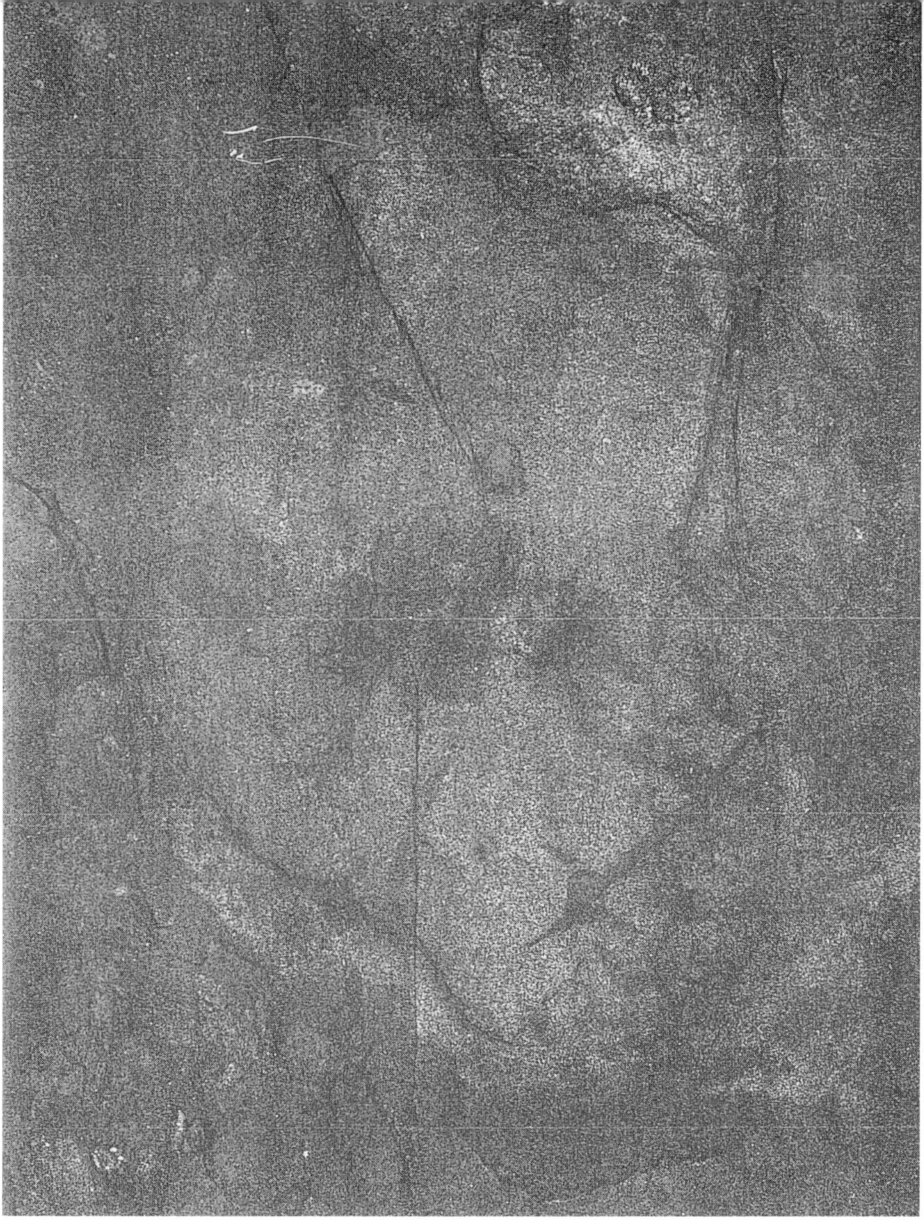

47 (×2.5)

Odontogriphus omalus Conway Morris, 1976a. USNM 196169. 크기: 길이 약 6㎝. 복원도: Marianne Collins. 전체 버제스 셰일 화석군 중 개체수 비율: <0.01%. 산출: 중부 캄브리아기 스티븐 층의 버제스 셰일. 기재: Conway Morris(1976a). 메모: 진짜 코노돈트 화석은 Briggs et al.(1983)과 Aldridge et al.(1986; 1993)에 의해 기재되었다.

48 (×4)

Acrothyra gregaria Walcott, 1924a. USNM 280969. 크기: 2~9㎜. 복원도: Isham. 전체 버제스 셰일 화석군 중 개체수 비율: <1%. 산출: 중부 캄브리아기 스티븐 층의 버제스 셰일. 기재: Walcott (1924a).

촉수관동물 상문 *Superphylum Lophophorata*

완족동물 문 *Phylum Brachiopoda*

• 무관절 강 *CLASS INARTICULATA* •

아크로씨라 *Acrothyra*

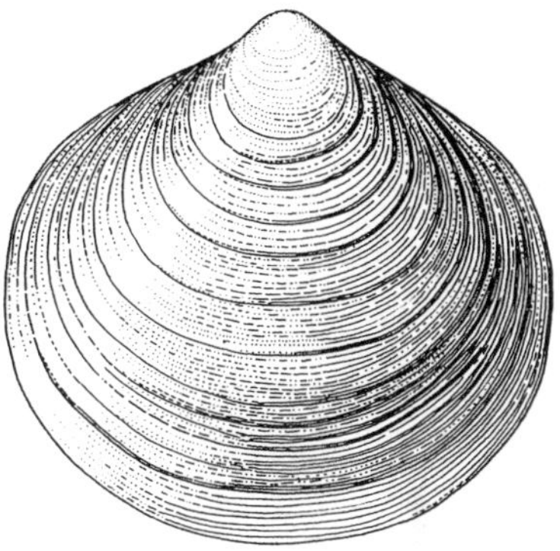

49

아크로씨라 그레개리아(*Acrothyra gregaria*)는 종 이름이 의미하는 것처럼, 무리지어 살아가는 생물들 중 하나이다. 사진에서 관찰되는 것처럼, 이 종류의 완족동물들이 많이 보존된 암석표본이 가끔 발견된다. 아크로씨라의 연질부는 보존되어 있지 않다. 이 책에 기재된 다른 모든 무관절 강 완족동물들처럼(*Micromitra* 이외의) 아크로씨라는 각[10]의 윗부분만을 노출한 채 해저에 묻혀서 살았던 것처럼 보인다. 물은 각의 벌어진 틈으로 빨려 들어와 음식 입자들이 모이는 완[11]의 필라멘트를 지나가게 되고, 그 후 껍질 밖으로 빠져나가게 된다.

---

10) 옮긴이 주 — 각(殼, *valve*) : 완족동물의 껍질로 보통 2장이다. 완족동물인 경우 2장의 각의 크기와 모양은 다르며 부족류인 경우 2개의 각의 크기와 모양은 거의 같다. 각은 보통 석회질 또는 키틴질이며, 속에는 연질부가 보호되어 있다.

11) 옮긴이 주 — 완(腕, *lophophore*) : 2장의 껍질 속에 들어있는, 음식물을 모으는 기관이다.

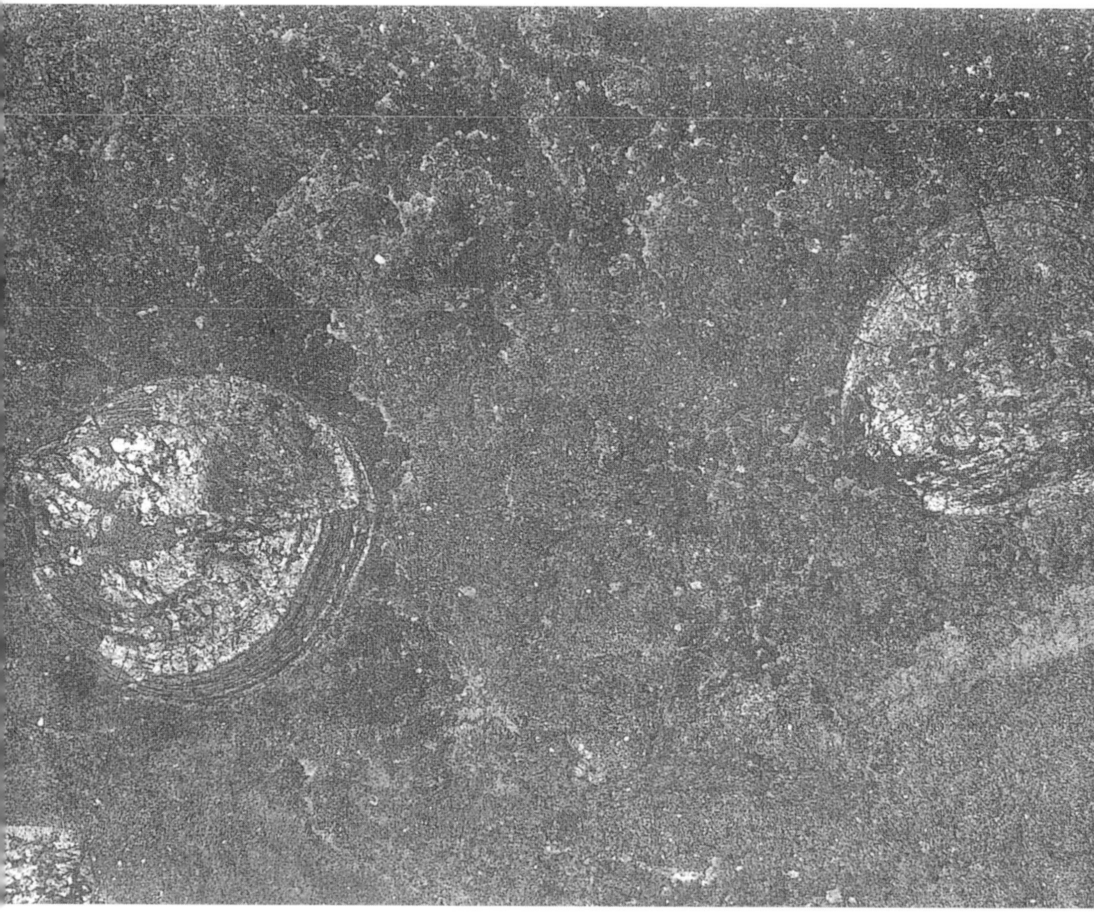

50(×8)

Lingulella waptaensis Walcott, 1924a. USNM 281746. 크기: 4~6㎜. 복원도: Isham. 전체 버제스 셰일 화석군 중 개체수 비율: <1%(모든 완족동물을 합치면 0.56%이다). 산출: 중부 캄브리아기 스티븐 층의 버제스 셰일. 기재: Walcott(1924a).

링귀렐라 *Lingulella*

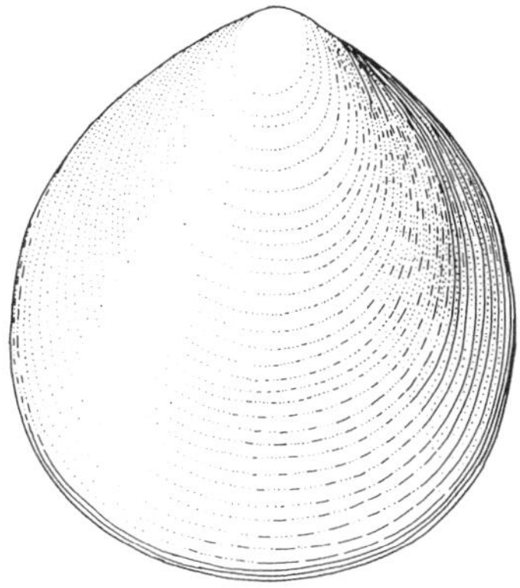

51

작고 깨지기 쉬운 무관절 강 완족동물인 링귀렐라는 타원형부터 거의 원형에 이르는 각을 가지고 있다. 각 표면에 발달한 유일한 장식은 매우 가는 성장선들이다. 초기의 학자들은 견고한 각들이 녹아 없어졌다고 믿었지만, 최근 연구에 의하면 각이 원래 성분인 인산칼슘 성분을 그대로 유지하고 있다는 것이 밝혀졌다. 이 각질 화석 대부분에서는 연질부가 보존되지 않았다.

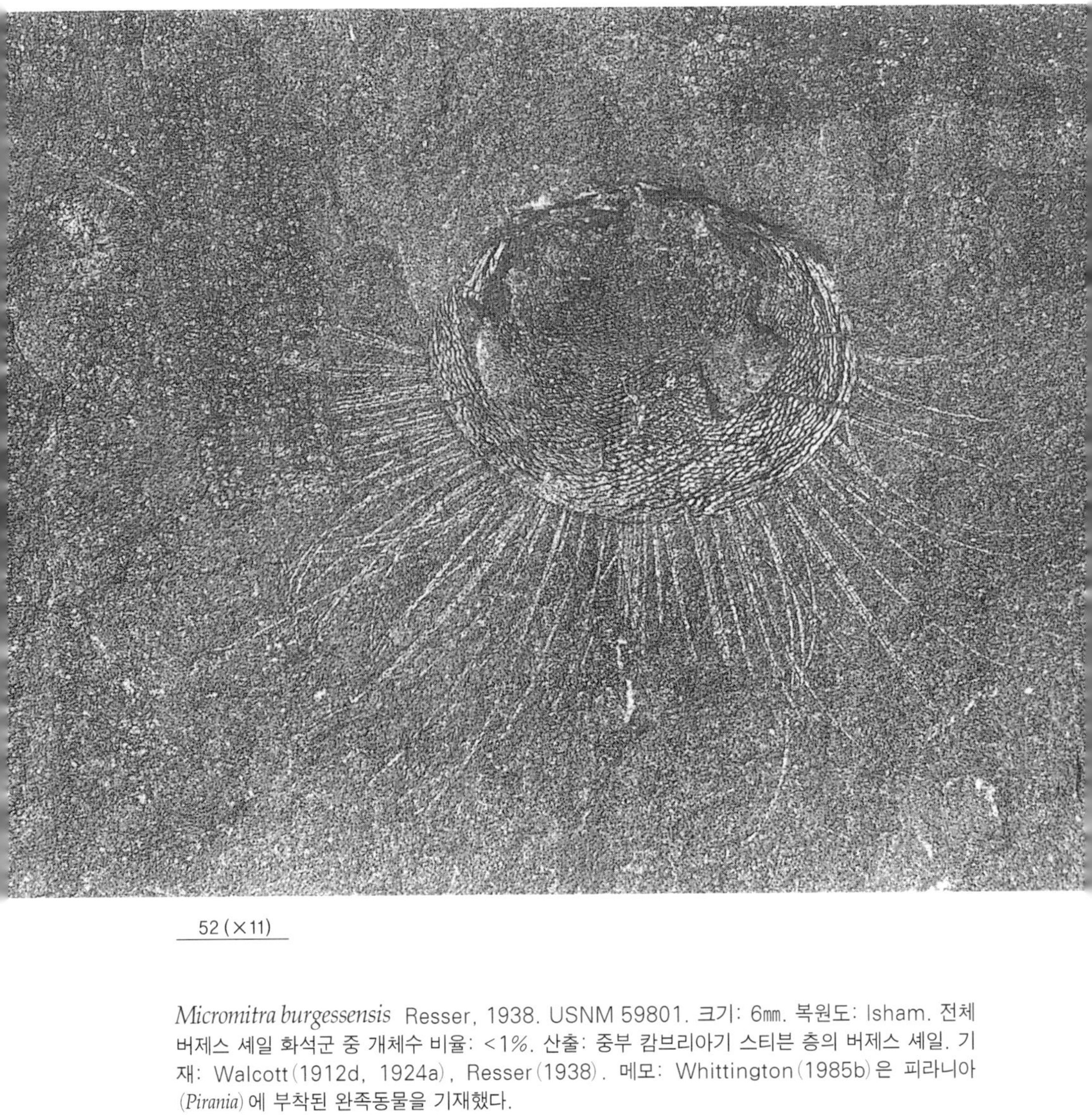

52 (×11)

Micromitra burgessensis Resser, 1938. USNM 59801. 크기: 6㎜. 복원도: Isham. 전체 버제스 셰일 화석군 중 개체수 비율: <1%. 산출: 중부 캄브리아기 스티븐 층의 버제스 셰일. 기재: Walcott(1912d, 1924a), Resser(1938). 메모: Whittington(1985b)은 피라니아(*Pirania*)에 부착된 완족동물을 기재했다.

마이크로미트라 *Micromitra*

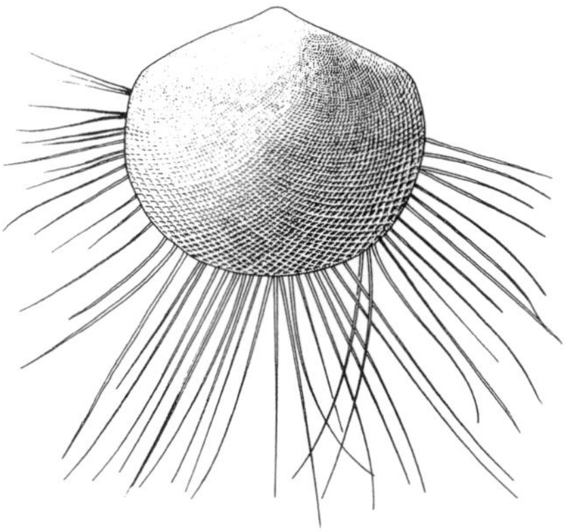

53

마이크로미트라 버게센시스(*Micromitra burgessensis*)는 버제스 셰일에서 발견되는 완족동물 중 가장 장식이 화려하다. 마이크로미트라에 속하는 이 종과 다른 종들은 북미 서부지역에 분포하는 하부 및 중부 캄브리아기 퇴적암에서 많이 발견된다. 하지만 사진의 표본처럼 아름답게 보존된 개체는 거의 없다. 가느다란 선들이 돌출되어 표면장식을 구성하는데, 각을 가로질러서 비스듬하게 발달해 각 표면에 작은 다이아몬드 무늬를 만들었다. 이 독특한 무늬 때문에 마이크로미트라는 심지어 파편으로 발견되어도 쉽게 동정할 수 있으며, 버제스 셰일에서 수백 개의 개체가 발견되었다. 사진은 껍질 그 자체의 아름다운 장식뿐만 아니라, 외투(外套, *mantle*) 가장자리에 발달한 섬세한 강모까지 보여주는데, 강모는 껍질의 가장자리 너머까지 뻗어 있다. 마이크로미트라의 가느다란 강모는 이 종이 퇴적물 표면 위에 서식하는 여과섭식자(濾過攝食者, *suspension feeder*)[12]로, 퇴적물 속에 묻혀 살지는 않았다는 것을 알려준다. 게다가, 몇몇 표본들은 해면동물 피라니아(*Pirania*)에 부착되어 발견된다(사진 27). 해저바닥에 붙어살지 않았기 때문에 여과섭식기관(*filter-feeding apparatus*)이 진흙으로 막히는 문제가 줄어들었을 것이다.

---

12) 옮긴이 주 — 여과섭식자: 물속에 떠있는 무기물이나 미생물을 선택하여 먹이로 취하는 동물.

54 (×7)

Paterina zenobia Walcott, 1924. USNM 58311. 크기: 11㎜. 복원도: Isham. 전체 버제스 셰일 화석군 중 개체수 비율: <1%. 산출: 중부 캄브리아기 스티븐 층의 버제스 셰일. 기재: Walcott(1924a).

파테리나 *Paterina*

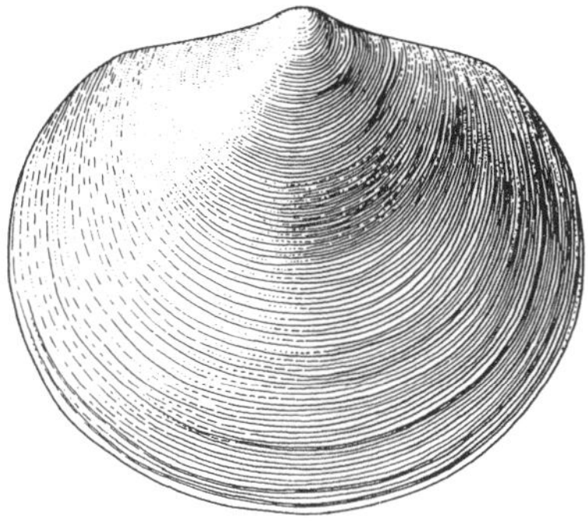

55

두드러진 성장선을 가진 작고 빛나는 검은색의 무관절 강 완족동물인 파테리나는 원래는 왈콧에 의해 마이크로미트라로 동정됐지만, 후에 고생물학자들은 독특한 장식을 근거로 이 종류를 다른 속으로 분류했다. 각(*shell*, *valve*)은 인산칼슘으로 이루어져 있으며, 연질부는 발견되지 않았다. 대부분의 표본들은 암석이 압축되면서 납작해지고 비틀어졌지만, 이 표본은 상대적으로 변형을 받지 않았다. 파테리나는 퇴적물 속에 사는 여과섭식자이다.

56(×6)

Diraphora bellicostata Walcott, 1924. USNM 280949. 크기: 가로 9㎜. 복원도: Isham. 전체 버제스 셰일 화석군 중 개체수 비율: <1%. 산출: 중부 캄브리아기 스티븐 층의 버제스 셰일. 기재: Walcott(1924a).

• 유관절 강 *CLASS ARTICULATA* •

디라포라 *Diraphora*

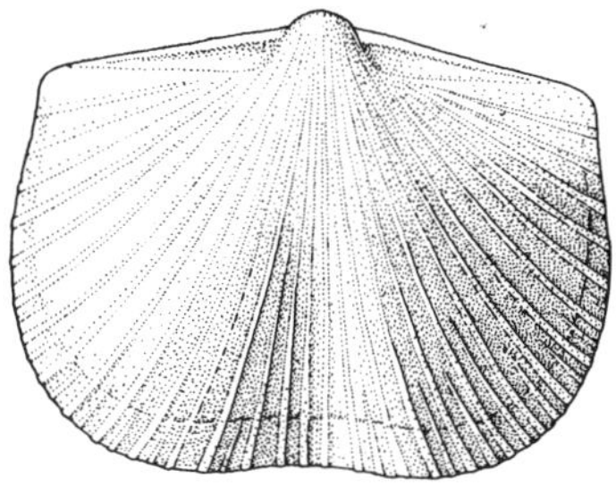

57

유관절 강 완족동물은 사촌관계인 무관절 강 완족동물이 번성하던 캄브리아기에는 그 수가 상대적으로 적었다. 디라포라는 버제스 셰일에서 발견되는 두 종류의 유관절 강 완족동물 중 하나이다〔다른 하나는 니수시아(*Nisusia*) 이다〕. 디라포라는 버제스 셰일의 석회화된(*calcified*) 생물군 중 하나로, 훌륭하게 보존된 연질부를 가진 동물이 발견되기 때문에 디라포라는 가끔 소홀히 여겨진다. 이 유관절 강 완족동물의 각은 점토광물로 대체되었다(내부구조 흔적들이 다른 표본에서 발견되었다). 코스티(*costae*) 로 불리는 가느다란 선들은 완족동물의 접번[13] 부근부터 방사상으로 퍼져 있다. 디라포라는 병부를 기층[14] (*substratum*) 에 부착하면서, 물속에 포함된 먹이 입자들을 걸러내서 섭취하는 여과섭식자이다. 마이크로미트라(*Micromitra*) 와 니수시아(*Nisusia*) 처럼, 디라포라도 해면동물에 붙어살았을지 모른다는 증거들이 있지만, 그 증거는 다른 두 경우들(그림 27, 28) 처럼 확실하지 않다. 버제스 셰일의 유관절 강 완족동물들은 왈콧이 최초로 기재한 이후로는 다시 연구되지 않았다.

---

13) 옮긴이 주 — 접번(接翻, *hinge*) : 완족동물에서 2개의 껍질이 만나는 부분으로 치아구조를 갖는 유관절 강인 경우에는 복각(*ventral valve*) 에 있는 2개의 치아가 배각(*dorsal valve*) 에 있는 2개의 홈과 맞물려서 붙어 있으며, 치아구조를 갖지 않는 무관절 강인 경우 근육으로 붙어 있다.

14) 옮긴이 주 — 기층(基層, *substratum*) : 화학적으로는 다소 풍화가 되어 있으나 물리적 풍화가 낮은 부분으로, 본문에서는 병부가 부착될 수 있을 정도로 단단한 층을 의미한다.

58 (×4)

Nisusia burgessensis Walcott, 1924a. USNM 69696. 크기: 가로 22㎜. 복원도: Isham. 전체 버제스 셰일 화석군 중 개체수 비율: <1%. 산출: 중부 캄브리아기 스티븐 층의 버제스 셰일. 기재: Walcott(1924a).

니수시아 *Nisusia*

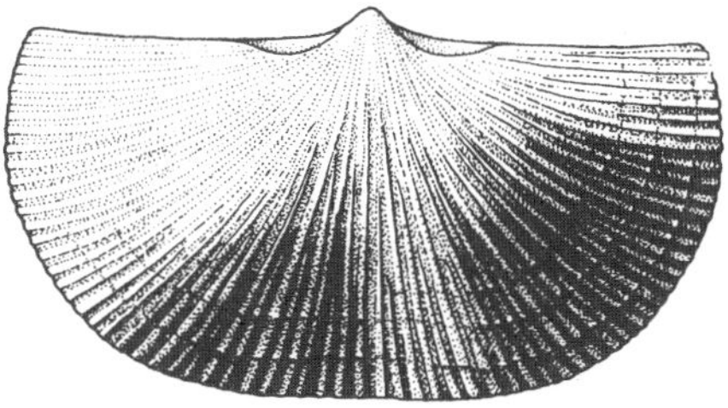

59

니수시아의 단단한 각은 점토광물로 대체되어 있다. 연질부는 전혀 발견되지 않았다. 방사상으로 뻗은 가느다란 구조(*rib*)들이 이 표본에서 분명하게 관찰된다. 디라포라처럼, 니수시아도 퇴적물 바닥에 서식하며 2개의 껍질로 둘러싸인 외투강(外套腔, *mantle cavity*)을 통하여 물을 이동시킨 뒤, 완의 술으로 유기물질을 걸러먹는 여과섭식자이다. 크기가 작은 니수시아 표본에는 껍질의 바깥 가장자리로부터 뻗어 나온 몇 개의 가느다랗고 긴 휘어진 가시(*spine*)들을 볼 수 있다. 큰 표본들에는 같은 위치에 작은 융기들을 볼 수 있는데, 이것은 성체에 남아 있는 가시로 보인다. 일부 니수시아 표본들은 해면동물인 피라니아(*Pirania*, 그림 27)와 함께 발견되는데, 니수시아가 가시를 이용해 해면동물의 골편에 몸을 지탱했을지 모른다는 것을 나타낸다.

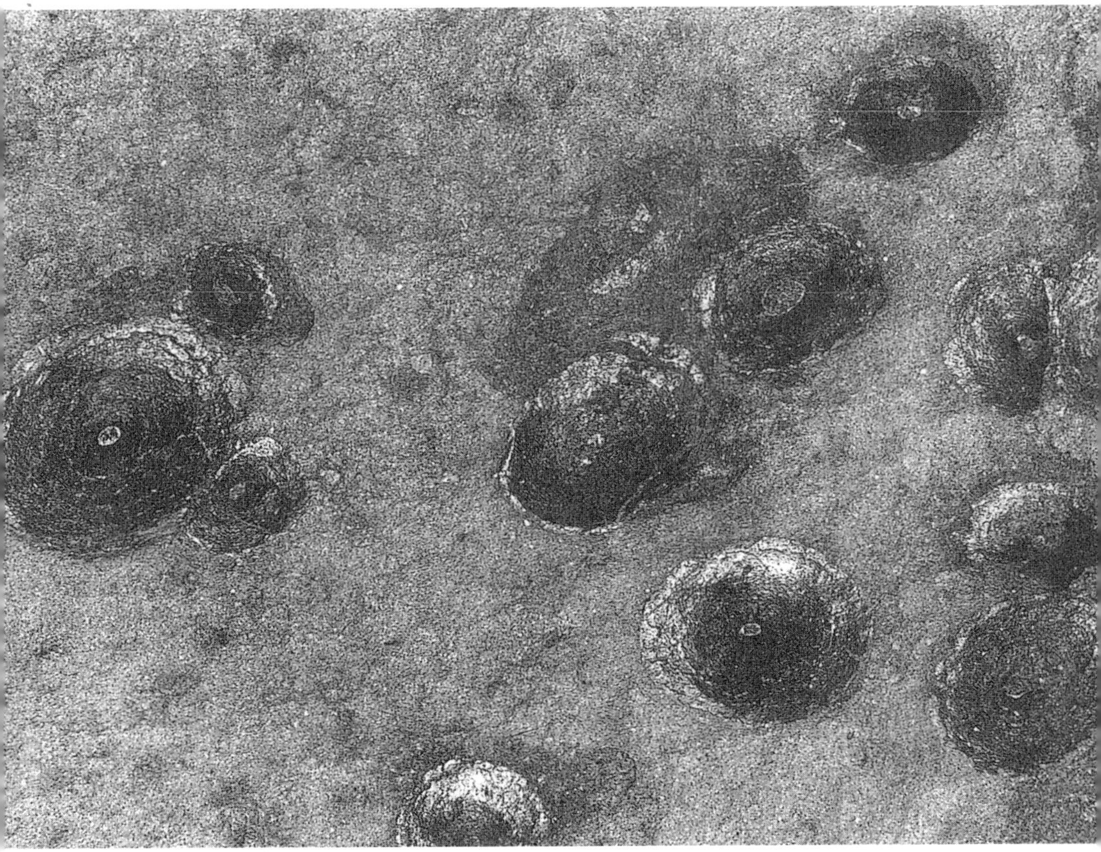

60 (×2)

Scenella amii Matthew, 1902. USNM 277100. 크기: 8㎜. 복원도: Isham. 전체 버제스 셰일 화석군 중 개체수 비율: <1%. 산출: 중부 캄브리아기 스티븐 층의 버제스 셰일. 기재: Babcock and Robison(1988). 기타 주요 참고문헌: Knight(1941), Rasetti (1954). 메모: Yochelson and Gil Cid(1984)는 Babcock and Robison(1988)이 주장한 콘드로포린(*chondrophorine*) 가설을 고찰했다. Peel(1991)은 쎄넬라로 기재된 단판류 연체동물을 재검토하였다.

연체동물 문? ?*Phylum Mollusca*

• 헬시오네로이다 강 *CLASS HELCIONELLOIDA* •

(단판강 *Monoplacophora*)

쎄넬라 *Scenella*

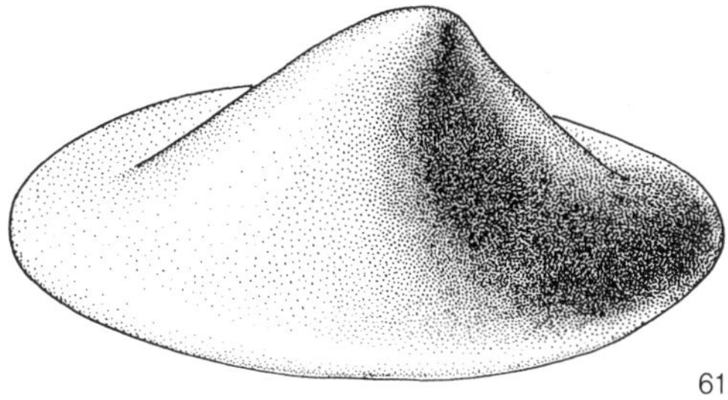

61

쎄넬라는 버제스 셰일에서 가장 많이 발견되는 화석 중 하나이다. 왈콧은 작은 모자모양의 이 화석들이 10～100개 또는 더 많이 보존된 암석표본들을 많이 채집했다. 그는 이 표본들을 단판류(*monoplacophoran*)에 속하는 쎄넬라 속으로 동정했지만, 이 화석들을 기술하지는 않았다. 연질부는 발견되지 않았다. 단판류는 하나의 껍질 속에 쌍을 이루는 일련의 기관(아가미, 근육)과 근육질 발(*muscular foot*)을 가지며, 복족류와 유연관계가 있는 연체동물이다. 그러나 버제스 셰일에서 발견되는 형태의 유연관계는 불분명하다. 버제스 셰일에서 발견되는 화석의 껍질에는 전형적인 쎄넬라의 특징들이 대부분 관찰되지 않는다. 예를 들어, 안쪽 면에 발달하는 여러 쌍의 근육 자국들이 관찰되지 않는다. 최근 어떤 쎄넬라들은 콘드로포린(*chondrophorine*: 히드라충류의 일종, *a by-the-wind sailor*) 또는 부유성 강장동물로 재해석되었다.

쎄넬라는 예전에는 꽃양산조개 모양의 트리블리디드(*tryblidid*) 단판류(*Monoplacophora*)로 분류되었다. 최근에 단판 강은 2개의 강, 테르고미야 강(*Class Tergomya*)과 헬시오넬로이다 강(*Class Helcionelloida*)으로 나누어졌다. 쎄넬라는 헬시오넬로이다 강에 속하며 쎄넬라만을 포함하는 쎄넬리대 과(*Family Scenellidae*)에 속한다.

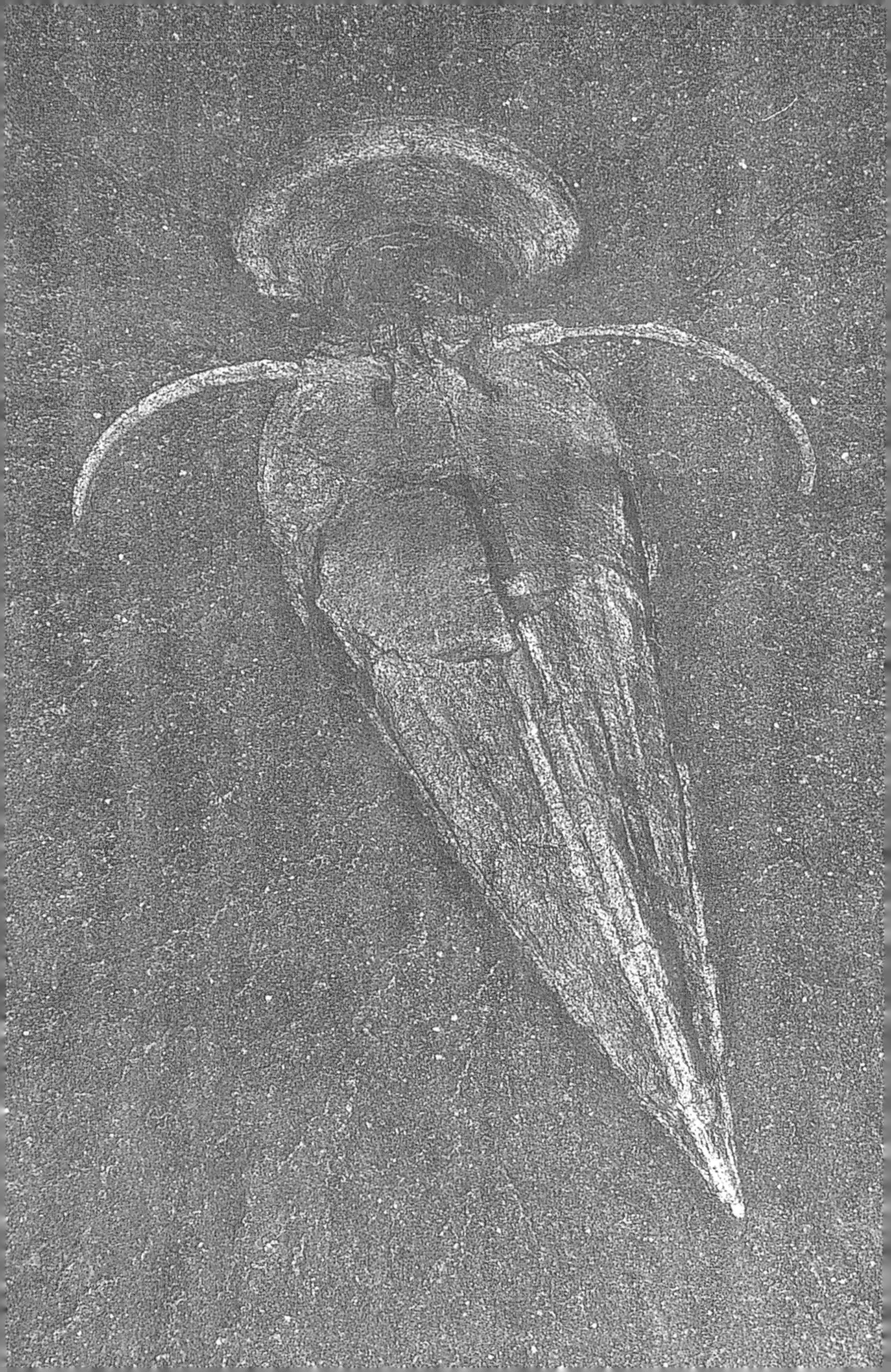

하이올리사 문 *Phylum Hyolitha*; *Hyoliths*

하플롭렌티스 *Haplophrentis*

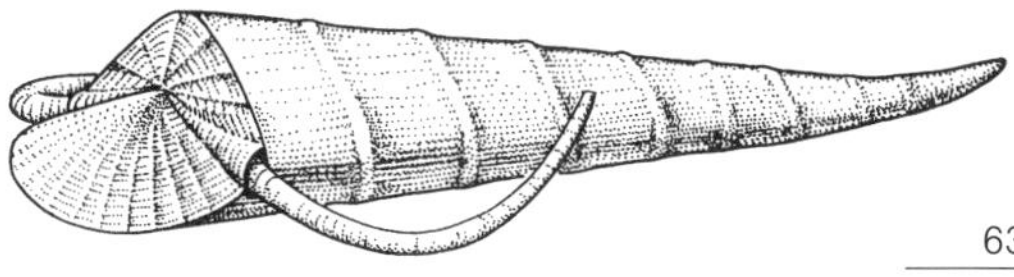

63

광물화된 하플롭렌티스의 골격은 세 부분으로 이루어져 있다. 몸은 원뿔형이며, 바닥이 평평한 길고 뾰족한 끝을 가진 껍질 속에 들어 있다. 이 원뿔모양의 껍질은 덮개판(*operculum*)으로 닫혀 있다. 일반적으로 잘 관찰되지 않는, 휘어진 부속지 1쌍이 개구[15]로부터 뻗어나와 있다. 이 부속지들은 '헬렌스'(helens)로 알려졌다(찰스 왈콧이 그의 딸 이름을 따서 명명했다). 하플롭렌티스는 본래 해저에서 고착생활을 했다. 헬렌스는 아마 부드러운 진흙 속에서 껍질이 움직이지 않게 고정시키는 역할을 했을 것이며, 노처럼 다소 비효과적으로 움직여 하플롭렌티스가 표면에서 천천히 움직이게 했을 것이다. 이 표본사진은 다양한 골격부분들이 함께 보존되어 있는 점에서 주목할 만하다. 연질부가 부패된 뒤, 퇴적물에서 경질부는 쉽게 흩어져 버렸다. 다른 화석산지들에서 하플롭렌티스와 유연관계가 있는 화석에서는, 퇴적물로 채워진 소화관의 흔적이 발견되었지만, 아직까지 하플롭렌티스의 연질부는 알려지지 않았다. 하플롭렌티스는 퇴적물 속의 유기물질을 먹었을지 모른다. 또한 하플롭렌티스는 다른 생물의 먹이가 됐다. 하플롭렌티스 표본들이 새예동물인 오토이아의 소화관 내부와 절지동물인 시드네이아의 소화관 내부에서 다른 껍질 조각들 사이에서 일렬로 배열된 채 발견된다.

하이올리쓰(*Hyolithids*)의 특이한 형태 때문에 이들의 유연관계를 밝히기는 어렵다. 어떤 학자들은 이 동물을 연체동물로 생각하며 다른 학자들은 이들을 독립된 문(*phylum*)의 일원으로 여긴다.

62 (×10)

Haplophrentis carinatus Matthew, 1899. USNM 57625. 크기: 3~30㎜. 복원도: Isham. 전체 버제스 셰일 화석군 중 개체수 비율: 0.13%. 산출: 중부 캄브리아기 스티븐 층의 버제스 셰일과 다른 산지들. 기재: Babcock and Robison(1988). 기타 주요 참고문헌: Yochelson(1961), Marek and Yochelson(1976), Runnegar(1980).

15) 옮긴이 주 — 개구(開口, *aperture*): 구멍이 나거나 열려있는 것.

64 (×2)

Ancalagon minor Walcott, 1911d. USNM83939f.
크기:3~11㎝. 복원도: Isham.
전체 버제스 셰일 화석군 중 개체수 비율: <0.1%.
산출: 중부 캄브리아기 스티븐 층의 버제스 셰일과 다른 산지들.
기재: Conway Morris(1977d).

새예동물[16] 문 鰓曳動物 門, *Phylum Priapulida*

안칼라곤 *Ancalagon*

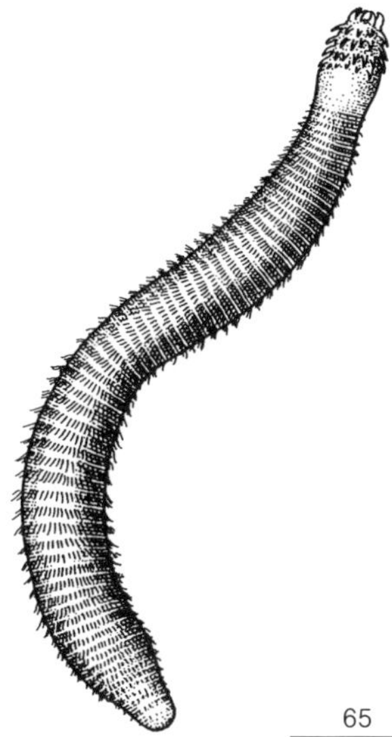

65

새예동물은 짧고 뚱뚱한 육식벌레로, 뒤집어 밖으로 뻗어 낼 수 있는 구문(*probescis*)과 입에 달린 가시들을 이용하여 먹이를 붙잡는다. 현생종은 10종 이하로 오늘날 해양 동물군의 아주 작은 부분을 이루고 있다. 그러나 버제스 셰일과 예외적으로 잘 보존된 캄브리아기의 다른 생물상에서 새예동물은 상대적으로 더 중요한 부분을 이룬다. 20개 이하의 안칼라곤 표본이 알려져 있는데 이에 반해 버제스 셰일에서 가장 풍부한 새예동물류인 오토이아는 50배 이상 많이 산출된다. 잘 보존된 표본에서는 구문의 가시와 갈고리를 볼 수 있다. 빛에 반짝반짝 반사되어 뚜렷하게 관찰되는 넓은 동부(*trunk*)의 흔적이 몸통전체에 뻗어 있다. 몸통의 표피는 여러 개의 고리가 겹쳐진 형태이지만(새예동물은 내부분할을 이루지 않음에도 불구하고), 사진에서는 잘 관찰되지 않는다. 그러나 몸 뒷부분의 표피에서는 작은 강모의 흔적이 잘 관찰된다. 안칼라곤은 퇴적물을 파서 먹이를 잡는(*burrowing*) 육식동물이다. 표본을 관찰해 보면 안칼라곤은 버제스 셰일에서 산출되는 다른 새예동물처럼 주둥이를 뒤집어 앞으로 뻗을 수는 없었을 것 같다.

안칼라곤은 버제스 셰일에서 산출되는 다른 새예동물과 다르며 오늘날의 다른 어떤 과(*family*)와도 분명히 연관되어 있지 않다. 안킬라곤만으로 이루어진 안칼라고니대 과(*Family Ancalagonidae*)에 속한다.

---

16) 옮긴이 주 — 새예동물: 후생동물의 한 종류로 좌우대칭 의체강(擬體腔)을 갖는 구구동물(舊口動物).

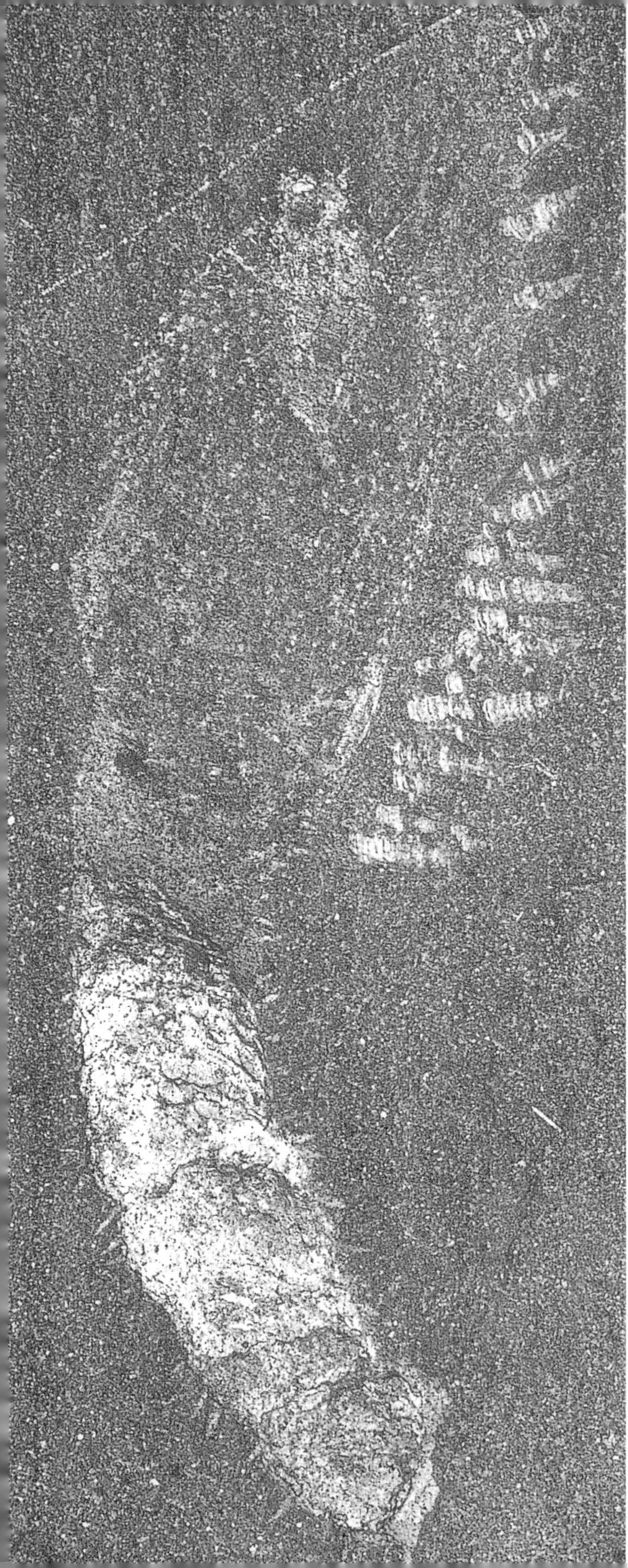

66 (×5)

Fieldia lanceolata Walcott, 1912a. USNM 198605.
크기: 2.5~5㎝. 복원도: Isham.
전체 버제스 셰일 화석군 중
개체수 비율: <0.1%.
산출: 중부 캄브리아기 스티븐 층의
버제스 셰일.
기재: Conway Morris(1977d).

피엘디아 *Fieldia*

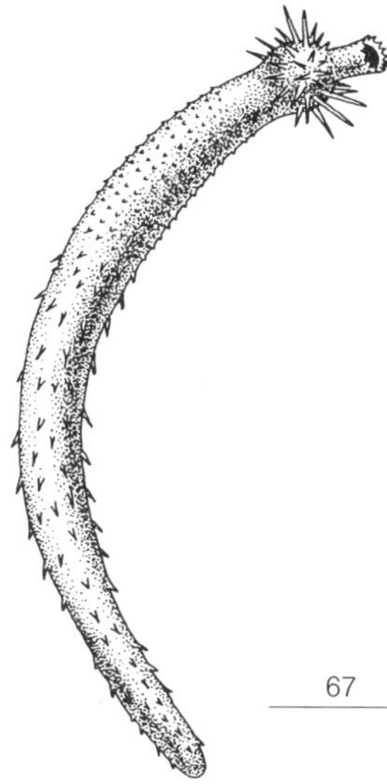

67

피엘디아는 버제스 셰일에서 드물게 산출되는 새예동물 중 하나이다. 동부(*trunk*)는 앞부분, 가운데 부분, 뒷부분으로 나누어진다. 이 표본에는 구문이 보존되어 있으며, 구문 뒤쪽에 인두[17]인 듯한 소화관 부분의 흔적이 보인다. 동부는 짧은 가시로 덮여 있다. 화석에서 관찰해 보면 부풀어 오른 앞부분이 가운데 부분보다 덜 빛나 보인다. 사진에서 뒷부분은 잘려져서 관찰되지 않는다. 중앙부의 가운데부분은 보통 퇴적물로 채워져 있는데, 빛을 반사하는 형태로 보존된 것으로 보아 피엘디아가 아마도 진흙 안에 있던 물질을 소화하기 위해 특화된 방법을 사용했던 것 같다. 중앙부의 가운데 부분은 피엘디아의 다른 부분들보다 부패에 대한 내성이 강했다. 피엘디아는 굴착동물(*burrower*)이지만, 버제스 셰일에서 발견되는 다른 새예동물과는 달리 아마도 피엘디아는 육식동물이라기보다는 퇴적물 섭취자(*sediment feeder*)였을 것이다.

피엘디아는 버제스 셰일에서 산출되는 다른 새예동물과 다르며 오늘날의 다른 어떤 과(*family*)와도 분명히 연관되지 않는다. 피엘디아는 피엘디아만으로 이루어진 피엘디대 과(*Family Fieldiidae*)에 속한다.

---

17) 옮긴이 주 — 인두(咽頭, *pharynx*) : 입과 식도 사이에 있는 소화기관의 하나이다. 공기와 음식물을 구분하여 섭취하게 한다.

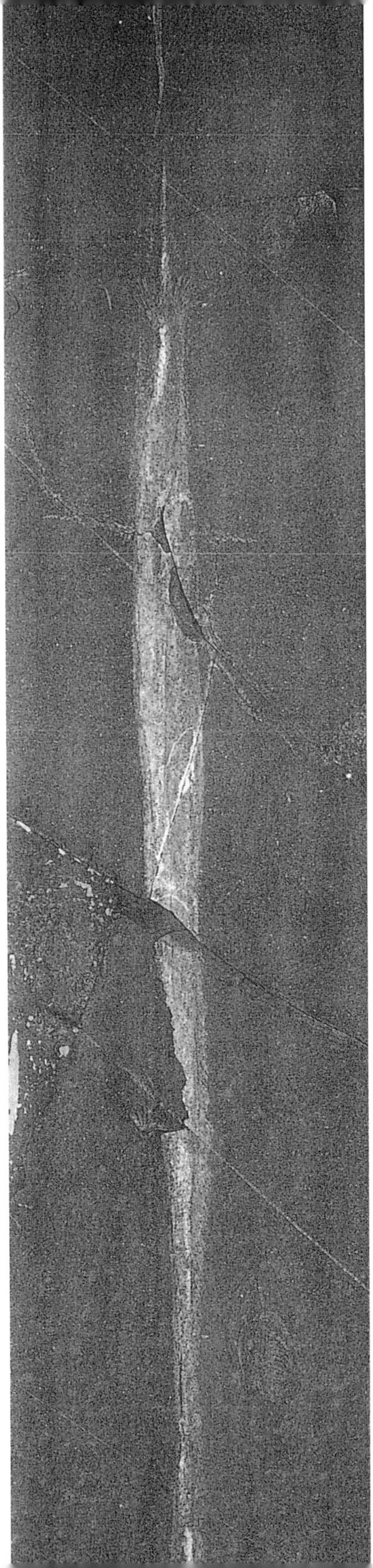

68 (×0.5)

Louisella pedunculata Walcott, 1911d. USNM 57616.
크기: 주둥이를 제외하고 15~26㎝.
복원도: Isham.
전체 버제스 셰일 화석군 중
개체수 비율: <0.5%.
산출: 중부 캄브리아기 스티븐 층의
버제스 셰일.
기재: Conway Morris(1977d).

루이젤라 *Louisella*

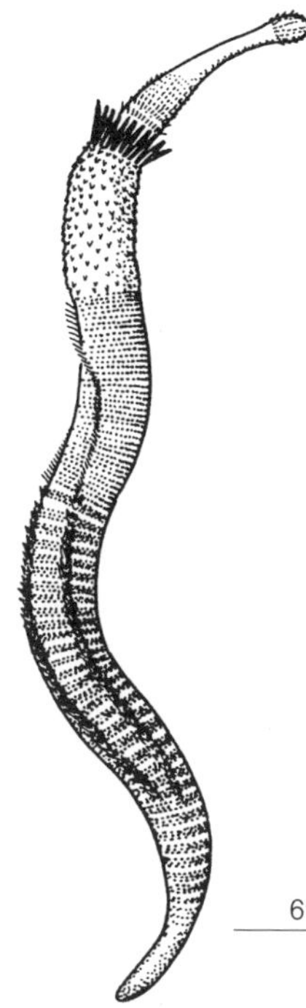

69

루이젤라는 버제스 셰일에서 발견되는 새예동물 중 가장 크다. 성체의 경우 길이가 15~26㎝에 달한다. 이 표본은 주둥이가 완전히 뒤집어진 구문과, 몸 전체에 뻗어 있는 소화관의 흔적을 보여준다. 입이 있는 구문 끝부분은 부풀어 있으며 작은 가시로 덮여 있다. 이를 잇고 있는 좁고 부드러운 부분 뒤쪽으로는 구문이 다시 부풀어 오르고 훨씬 커다란 가시가 발달해 있다. 기다란 가시 뒤쪽에서, 표피는 원뿔모양의 돌기(*papillae*)로 덮여 있다. 구문 뒷부분의 동부는 여러 개의 고리가 겹친 구조로 되어 있다는 것이 관찰된다. 루이젤라의 동부에는 원뿔모양의 돌기가 세로로 두 줄이 발달해 있다. 루이젤라는 굴착동물(*burrower*)이며, 아마도 오늘날의 새예동물처럼, 육식동물이었을 것이다. 동부에 발달한 원뿔형의 돌기(*papillae*)는 산소교환의 역할을 했을 것이다. 이 새예동물은 크기가 컸기 때문에 이처럼 특화된 호흡기관이 필요했을지도 모른다.

루이젤라는 버제스 셰일에서 발견되는 다른 새예동물과 다르며 오늘날의 다른 어떤 과(*family*)와도 분명히 연관되어 있지 않다. 루이젤라는 미스코이대 과(*Family Miskoiidae*)에 속한다.

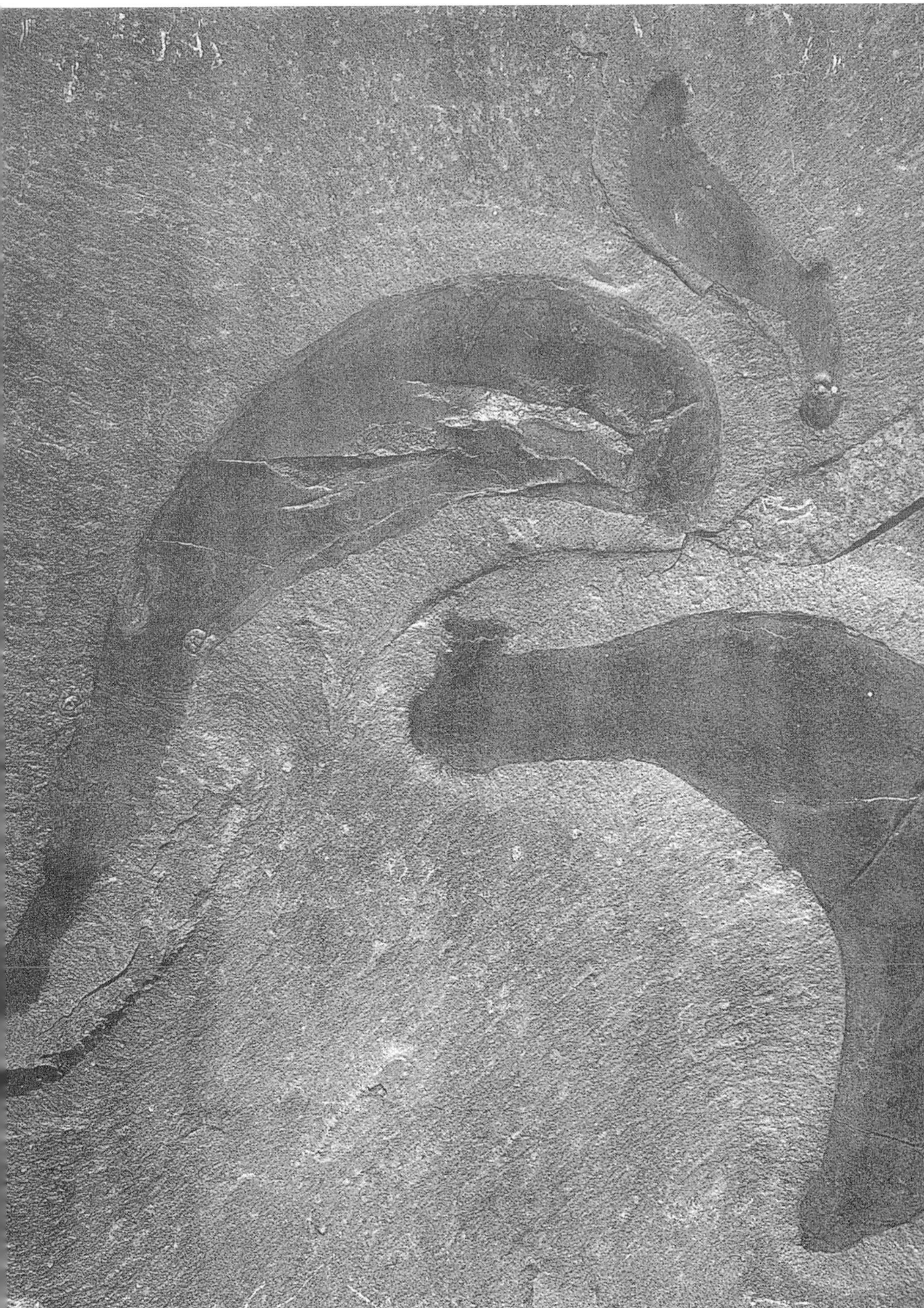

오토이아 *Ottoia*

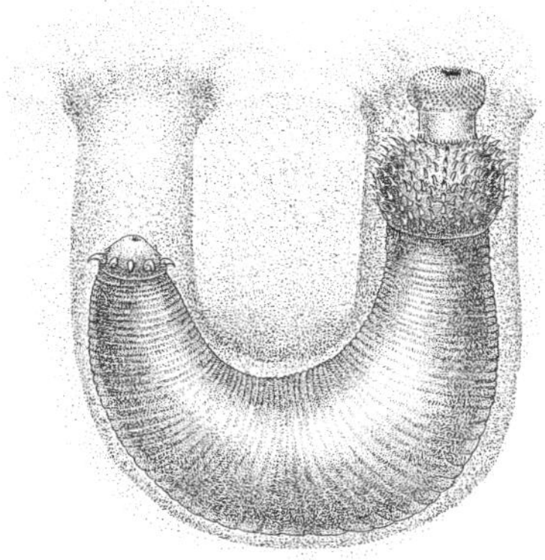

71

오토이아는 버제스 셰일에서 발견되는 새예동물 중 가장 흔하며 레이몬드 채석장에서도 매우 풍부하게 발견된다. 오늘날의 새예동물처럼, 몸은 앞부분의 구문부와 뒷부분의 동부(*trunk*)로 구분된다. 사진 72의 표본에서는 구문이 단지 부분적으로 뒤집어져 있다. 끝부분의 뚜렷한 작은 가시들은 실제적으로는 구문이 완전히 뻗어 나왔을 때 바깥 면에서 명확하게 관찰된다. 훨씬 넓은 구문의 기부에는 줄지어 배열된 갈고리들이 발달해 있다. 동부의 나머지 부분은 여러 개의 고리가 겹쳐져 있는 구조를 이루지만, 이 표본에서는 단지 뒷부분에서만 분명하게 관찰된다. 내부기관들은 빛을 반사하는 형태로 보존된 몸의 내벽(*body wall*) 때문에 불분명하다. 가장자리를 따라서, 내벽(*body wall*)이 위에 있는 각피와 떨어져 있는 것이 뚜렷이 관찰된다. 오토

72 (×1)

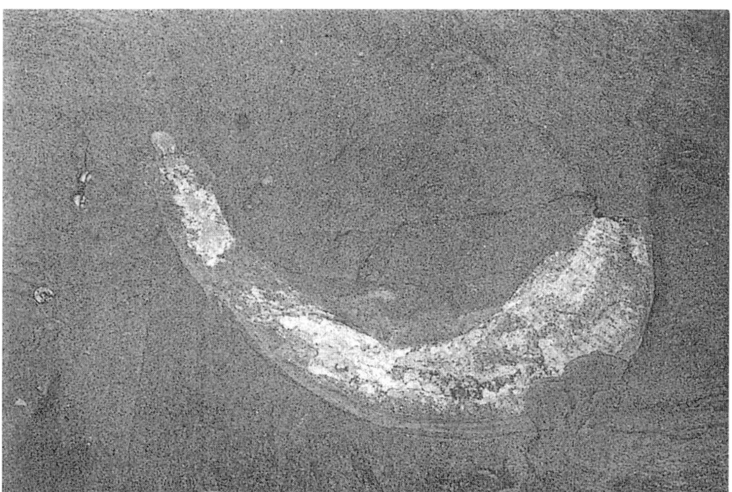

70 (×1)

이아는 퇴적물 속에서 살았는데, 굴을 파기 위해 구문부와 내벽의 근육을 이용했다. 오토이아는 일반적으로 휘어져 있는데 이것은 오토이아가 진흙 속에서 U자 모양으로 생활했을지도 모른다는 것을 의미한다. 아마도 구문은 먹이를 먹기 위해 퇴적물 밖으로 뻗어 나왔을 것이며, 뒤쪽 끝부분에 위치한 밖으로 뒤집을 수 있는 관(*tube*)은 항문을 퇴적물 바깥으로 나오게 했을 것이다.

사진 70에서는 하나의 암석표본에서 3개의 오토이아가 관찰되는데, 때때로 여러 개체가 군집 형태로 발견된다. 오른쪽 오토이아의 경우, 구문이 완전히 뒤집어져서 부풀어 오른 끝부분을 보여준다. 반면 왼쪽 오토이아의 구문은 완전히 움츠러들어 있다. 가장 작은 표본의 머리부분에서는 작은 껍질이 관찰된다(그러나 이것은 우연히 다른 껍질이 포개져 있는 것 같다).

오늘날의 새예동물처럼, 오토이아는 육식동물이다. 30개 이상의 오토이아 표본의 소화관에서 하플롭렌티스가 발견됐다. 사진 73의 표본에서는 3개의 껍질들이 관찰되는데, 그 중 하나는 항문을 통해 배출되려고 하고 있다. 하플롭렌티스가 일정한 방향으로 놓인 것으로 보아, 오토이아가 활발히 사냥했으며 보통 정점(*apex*)을 맨 나중에 삼켰음을 알 수 있다. 오토이아 한 표본에서 최대 6개의 하플롭렌티스가 발견되었다. 어떤 오토이아 표본의 소화관에서는 다른 오토이아의 주둥이 자국이 관찰되기도 한다. 오늘날의 새예동물처럼, 이 캄브리아기의 새예동물은 동족끼리 서로 잡아먹는 동물(*cannibal*)인 것 같다.

오토이아는 버제스 셰일에서 발견되는 다른 새예동물과 다르며 오늘날의 다른 어떤 과(*family*)와도 명확한 유연관계를 알 수 없다. 오토이아만으로 이루어진 오토이대 과(*Family Ottoiidae*)로 분류된다.

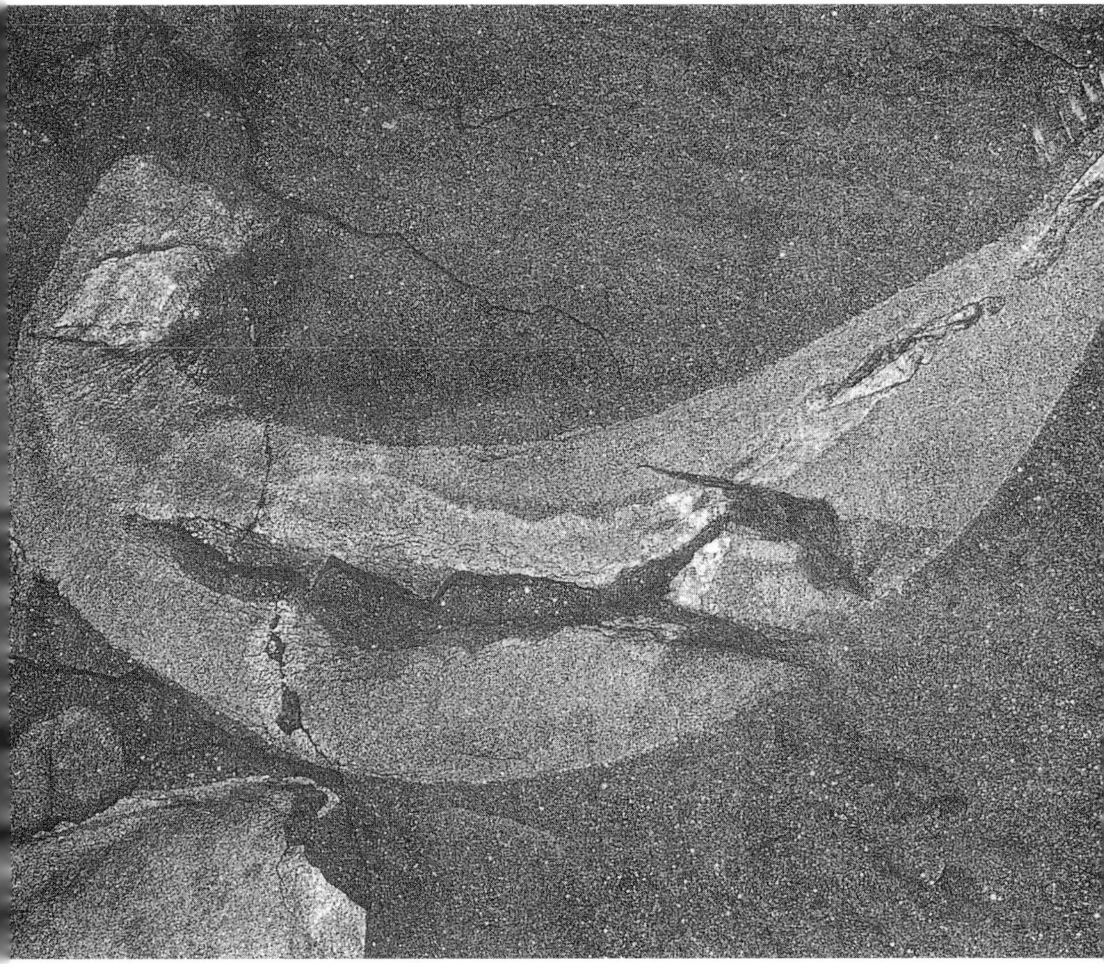

73 (×2.5)

Ottoia prolifica Walcott, 1911d. USNM 188609, 138288, 188604. 크기: 2~16㎝. 복원도: Marianne Collins. 전체 버제스 셰일 화석군 중 개체수 비율: 3.7%. 산출: 중부 캄브리아기 스티븐 층의 버제스 셰일과 다른 산지들; 유타 주의 마줌 층(Marjum Formation). 중국의 하부 캄브리아기 징강 화석군에서 산출된 새예동물은 오토이아일지도 모른다[Conway and Moris(1989b) 참조]. 기재: Conway Morris(1977d).

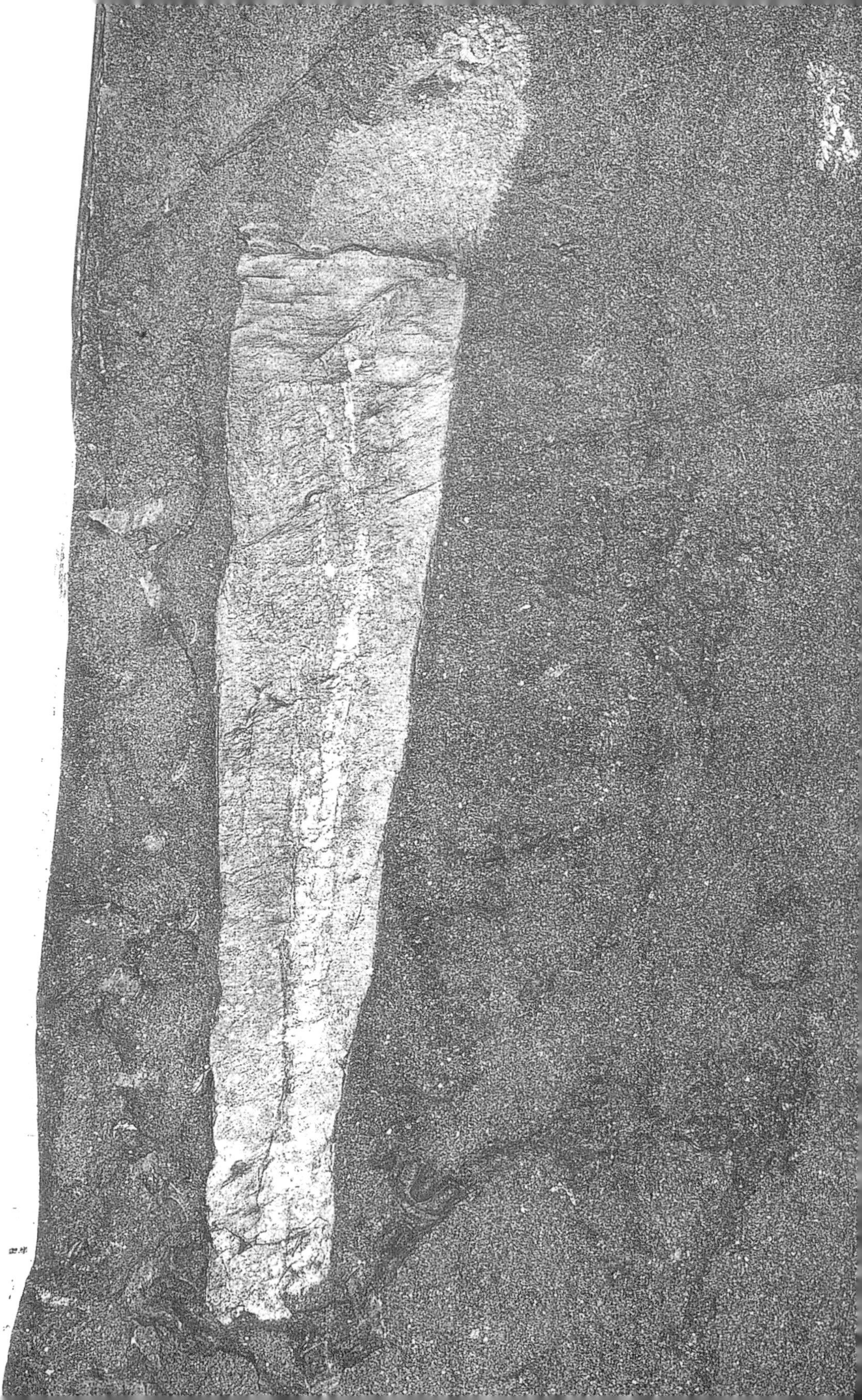

셀키키아 *Selkirkia*

75

이 새예동물 화석은 물질을 분비해 가늘고 긴 단단한 바깥 관을 만든다는 점에서 버제스 셰일에서 발견되는 새예동물들 중에서도 특이하다. 관의 넓은 쪽으로부터 구문이 튀어나오는데, 이 구문은 관 안으로 완전히 움츠려 들어갈 수 있었을 것이다. 사진의 표본은 구문이 부분적으로 뒤집혀진 모습을 보여준다. 오토이아의 구문처럼 셀키키아의 구문은 줄지어 배열된 가시로 덮여 있다. 몸통이 관 안에 들어 있지만 빛에 반사되어 빛나는 소화관의 흔적이 관을 통해 뚜렷이 관찰된다. 관이 좁아지는 끝은 열려 있다. 셀키키아는 굴착동물(*burrower*)로 퇴적물 속에서 자신의 (아마도 수직 자세로) 관 안에서 생활한다. 셀키키아는 육식동물이지만 오토이아와는 대조적으로 소화관 속에서 알아볼 수 있을 정도의 먹이는 관찰되지 않는다. 셀키키아 표본의 약 80%가 단지 관만이 보존되어 있는데, 관은 나머지 세포조직보다 부패에 잘 견디는 강한 유기물질로 이루어져 있었음이 틀림없다. 이렇게 속이 비어있는 관 중 일부는 완족동물, 해면동물 그리고 해백합 에크마토크리누스(*Echmatocrinus*) 등의 다른 생물체가 붙어사는 물질로 이용되었다.

셀키키아는 버제스 셰일에서 산출되는 다른 새예동물과 다르며 오늘날의 다른 어떤 과(*family*)와도 명확한 유연관계가 없다. 셀키키아로만 이루어진 셀키키대 과(*Family Selkirkiidae*)로 분류되고 있다.

74(×5.5)

Selkirkia columbia Conway Morris, 1977d. USNM 83941a. 튜브의 크기: 3㎜~7.5㎝. 복원도: Isham. 전체 버제스 셰일 화석군 중 개체수 비율: 0.47%. 산출: 하부 캄브리아기; 중부 캄브리아기 스티븐 층의 버제스 셰일과 다른 산지들; 펜실베니아 주 킨저 층(*Kinzers Formation*) [Conway and Morris(1989b) 참조]. 기재 : Conway Morris(1977d).

환형동물 문 *Phylum Annelida*

• 다모 강 *CLASS POLYCHAETA* • (강모를 갖는 벌레와 그 동족)

버지소키타 *Burgessochaeta*

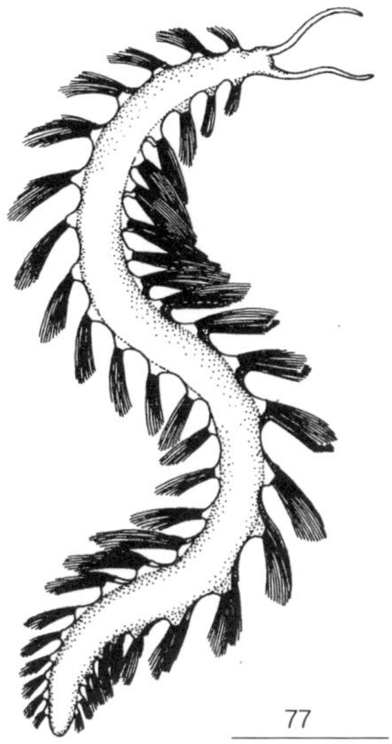

77

이 화석은 버제스 셰일에서 가장 많이 발견되는 갯지렁이류 중 하나이다. 머리끝에는 1쌍의 긴 촉수가 있는데, 늘어나거나 수축될 수 있어 보인다. 사진표본에서 촉수는 아마도 전방의 퇴적물 속으로 뻗어있거나 머리 아래에 접혀있을 것이다. 버지소키타는 최소 24개의 몸통 마디를 가지며, 각각의 마디는 1쌍의 부속지를 가지고 있다. 첫 번째 부속지는 하나의 지엽[18] 으로 이루어져 있지만, 나머지 부속지들은 이지형[19] 이다. 2개의 지엽(복측각[20] 과 배측각[21]) 들은 크기와 형태가 동일하며, 11~17개의 강모를 가지고 있다. 사진의 표본에서 반사되는 부분은 소화관의 흔적을 보여준다. 다른 표본들에서는 소화관이 앞으로 뻗어 나와 구문이 될 수 있다는 것을 관찰할 수 있다. 버지소키타는 퇴적물 속에서 굴을 뚫으며 이동하기 위해 강모를 사용했을 것으로 여겨진다. 구문은 굴을 파는 것을 도와주었고, 촉수는 먹는 것을 도와주었다.

76 (×8)

Burgessochaeta setigera Walcott, 1911d. USNM 83930b. 크기: 2~5㎝. 복원도: Isham. 전체 버제스 셰일 화석군 중 개체수 비율: 0.94%. 산출: 중부 캄브리아기 스티븐 층의 버제스 셰일. 기재: Conway Morris (1979a).

18) 옮긴이 주 — 지엽(枝葉, *branch*): 부속지를 이루는 가지. 가지가 2개인 것을 이지형이라고 한다.

19) 옮긴이 주 — 이지형(二枝型, *biramous*): 개별 체절의 양쪽에 하나씩 달린 부속지가 2개의 지엽, 즉 복측각과 배측각으로 이루어지는 형태.

20) 옮긴이 주 — 복측각(*neuropodium*): 갯지렁이류에서 복부 쪽에 달린 지엽.

21) 옮긴이 주 — 배측각(*notopodium*): 갯지렁이류에서 등 쪽에 달린 지엽.

소화관 속에서 퇴적물이 채워져 있지 않은 것은 버지소키타가 퇴적물 섭식자가 아니었다는 것을 의미한다. 버지소키타는 퇴적물로부터 선별적으로 먹이입자를 골라 먹었다.

버지소키타는 버제스 셰일에서 발견되는 다른 갯지렁이류와 다르며 오늘날의 다른 어떤 과(*family*)와도 분명한 유연관계를 보이지 않는다. 버지소키타만으로 이루어진 버지소키티대 과(*Family Burgessochaetidae*)로 분류된다.

카나디아 *Canadia*

78

빛을 받으면 무수히 많은 강모가 빛나고 윤곽이 뚜렷하기 때문에 카나디아 표본은 버제스 셰일에서 발견되는 화석 중 가장 멋진 사진을 촬영할 수 있는 표본들 중 하나이다. 이 책에서 관찰할 수 있는 표본들 중 하나(사진 79)는 부패 때문에 강모가 몸에 단단히 붙어있지 않고 일부 떨어져 나와 화석표본 주위에 흩어져 있다. 머리(전구엽)[22]에는 1쌍의 길고 가느다라며 뒤로 굽은 촉수가 있다. 소화관은 주둥이의 형태로 앞으로 뒤집어져 뻗어 나왔을 수 있다. 몸통은 20~22개의 마디로 이루어져 있는데, 뒤쪽으로 가면서 아주 작아진다. 첫 번째 측각[23] 1쌍은 하나의 지엽으로 이루어져 있지만, 나머지 다리들은 이지형이다. 2개의 지엽들은 아주 다른 형태를 보인다.

일반적으로 배측각은 뒤로 뻗어 있고 몸통을 덮는, 평평하게 눌려진 강모를 30~35개 지니고 있다. 복측각은 30개의 단순한 강모를 가지고 있는데, 이것은 몸 바깥으로 길게 옆으로 뻗어있다. 이렇게 옆으로 뻗어 있는 강모가 겹쳐져 있는 묶음은 사진을 촬영한 표본들 양쪽에서 분명히 관찰된다. 몸의 뒤쪽에 있는 강모 중 어떤 것들은 특징적으로 길다. 두 지엽의 중간쯤에 돌출해 있는, 작은 엽상구조(아가미로 불림)는 아마도 호흡에 사용되었을 것이다. 이 구조는 보통 강모로 덮여 있어 잘 보이지 않지만, 부분적으로 부패된 표본의 바닥을 따라 강모가 떨어져 나간 곳에서, 하나 또는 2개의 아가미는 확실히 관찰된다(작은 크리스마스 나무처럼 보인다). 카나디아는 퇴적물 위에서 걷거나 바로 그 위에서 헤엄치

22) 옮긴이 주 — 전구엽(前口葉, *prostomium*) : 환형동물에서처럼 앞을 향해 나와 입 위로 쑥 내미는 머리의 일부분.

23) 옮긴이 주 — 측각(側脚, *parapodia*) : ① 운동기관과 호흡기관의 기능을 하는 다모류의 체벽 옆으로 나온 부속지. ② 연체동물의 다리에 있는 지느러미 같은 돌기.

기 위해 다리를 사용했다. 촉수는 감각기관이었을지도 모른다. 소화관 속에는 퇴적물이 채워져 있지 않은데, 이것은 이 벌레가 육식동물이거나 또는 썩은 고기를 먹는 동물이었음을 나타낸다. 주둥이는 먹이를 모으는 데 쓰였을 것이다.

카나디아는 버제스 셰일에서 산출되는 다른 갯지렁이류와 다르지만, 이 동물은 오늘날의 팜리드(*palmyrid*) 갯지렁이류와 어느 정도 유사성을 보여준다. 그러나 왈콧이 최초로 제안한 것처럼 카나디아를 독립된 과(*family*) 인 카나디대(*Canadiidae*) 로 분류할 수 있을 정도로 팜리드 갯지렁이류와는 많은 차이점을 갖는다.

79 (×2.5)

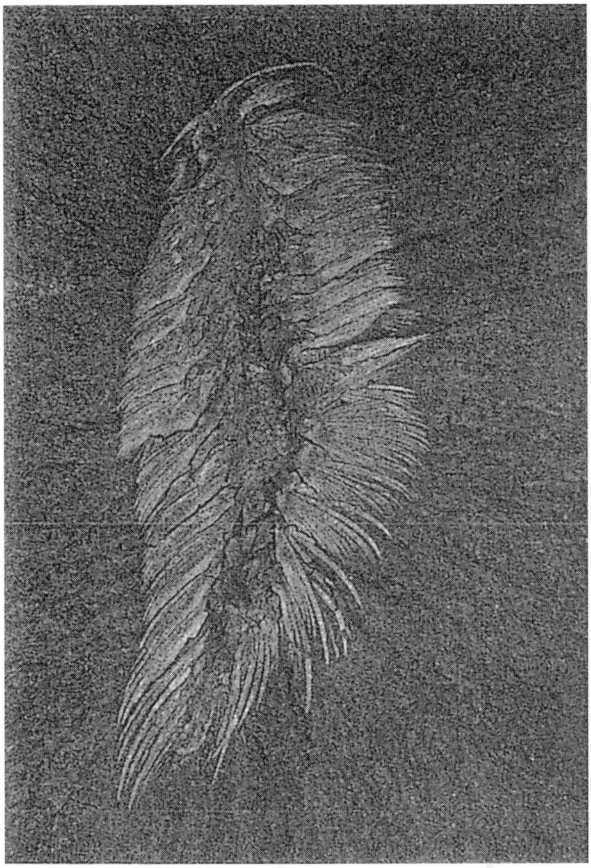

80 (×3)

Canadia spinosa Walcott, 1911d. USNM 275517,
USNM 83929c. 크기: 2~4.5㎝. 복원도: Marianne Collins.
전체 버제스 셰일 화석군 중 개체수 비율: 0.47%.
산출: 중부 캄브리아기 스티븐 층의 버제스 셰일.
기재: Conway Morris(1979a).

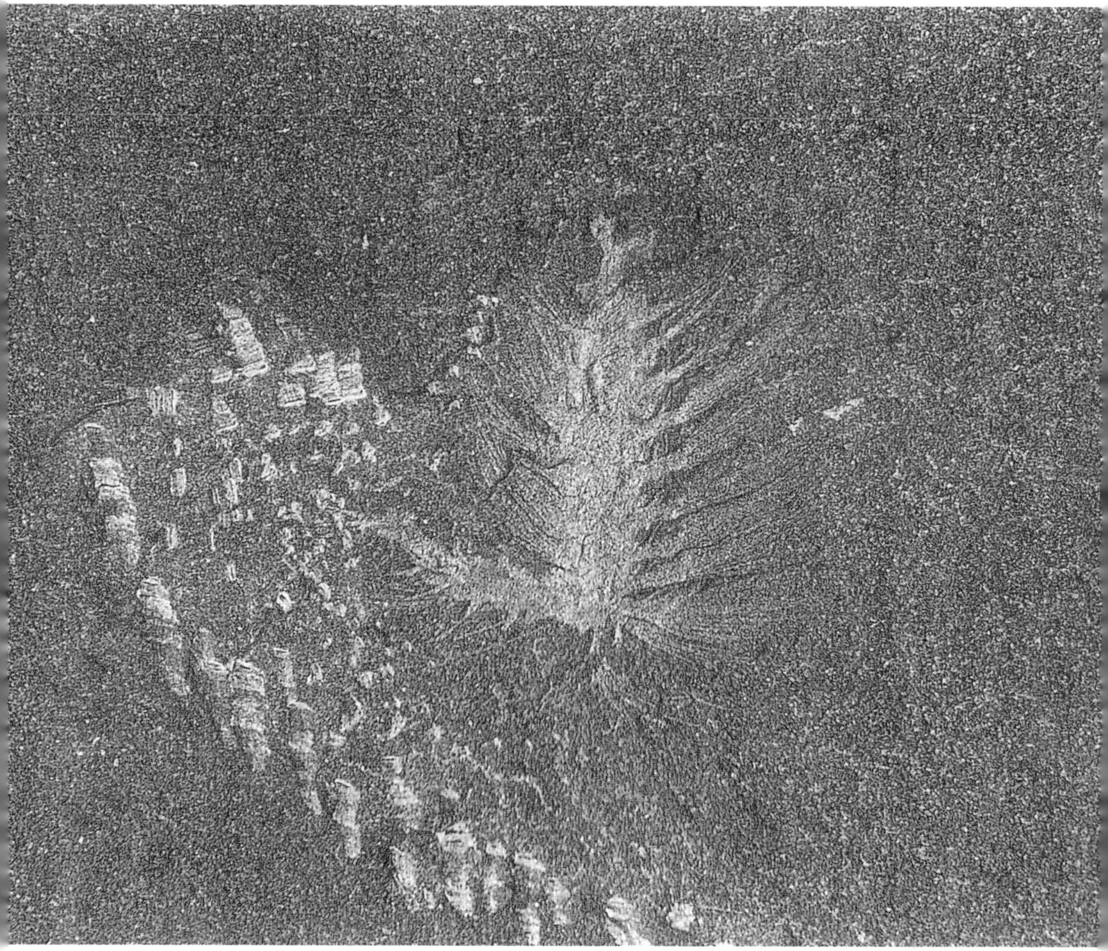

81 (×5)

Insolicorypha psygma Conway Morris, 1979a. USNM 198712. 크기: 9㎜. 복원도: Isham. 전체 버제스 셰일 화석군 중 개체수 비율: <0.01%. 산출: 중부 캄브리아기 스티븐층의 버제스 셰일. 기재: Conway Morris(1979a).

인솔리코리파 *Insolicorypha*

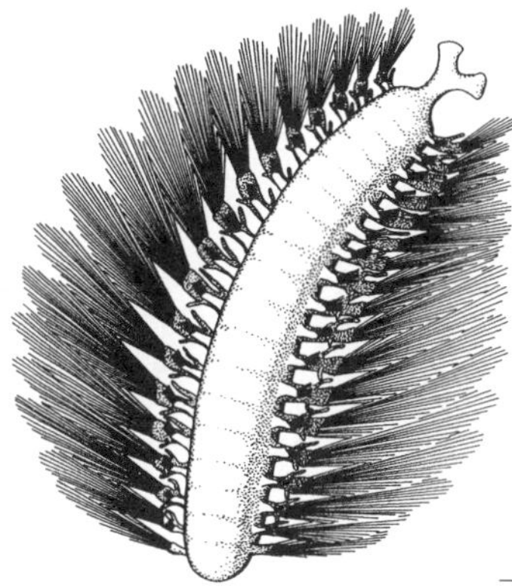

82

버제스 셰일에서 발견되는 화석 중 가장 희귀한 것 중의 하나이다. 단 1개의 표본만이 알려져 있다. 이 동물은 크기가 작음에도 불구하고, 세부적인 형태가 매우 잘 보존되어 있다. 머리로 여겨지는 끝부분은 특이한 형태를 보이는데, 머리가 두 부분으로 나누어져 있기 때문이다. 머리의 각 돌출부마다 1개의 감각 부속지가 있었을 것으로 여겨진다. 몸통은 약 19개의 마디로 이루어져 있지만, 몸의 뒷부분이 약간 부패됐기 때문에 뒷부분의 마디는 분명하지 않다. 측각(첫 번째 또는 두 번째 체절의 측각과 분리된)은 2개의 지엽을 가지고 있다(즉, 이들은 이지형이다). 큰 지엽(복측각)은 부채 형태로 바깥쪽으로 뻗어나간 30~40개의 단순한 강모를 가지고 있다. 촉수형태의 촉모 3개가 큰 지엽의 기부 근처에서 뻗어 나와 있다. 매우 작은 두 번째 지엽(배측각)은 보통 불명확하지만 1개 또는 2개는 명확하게 관찰되고 약 10개의 강모로 이루어져 있는 것을 볼 수 있다. 커다란 부채 모양으로 배열된 강모가 있다는 것은 인솔리코리파가 활발히 헤엄치는 동물이었을지도 모른다는 것을 나타낸다. 이 때문에 이 화석이 잘 산출되지 않을 수도 있다. 바닥 위의 물에서 헤엄치는 원양성(遠洋性, *pelagic*) 동물은 바닥에서 서식하는 동물들보다, 생물군을 묻어버렸던 빠르게 움직이는 진흙탕에 의해 묻힐 가능성이 적다. 인솔리코리파는 버제스 셰일에서 발견되는 다른 갯지렁이류와 다르며 오늘날의 다른 어떤 과(*family*)와도 분명히 연관되어 있지 않다. 인솔리코리파만으로 이루어진 인솔리코리피대 과(*Family Insolicoryphidae*)로 분류된다.

83(×10)

Peronochaeta dubia Walcott, 1911d. USNM 198718. 크기: 10~20㎜. 복원도: Isham. 전체 버제스 셰일 화석군 중 개체수 비율: <0.1%. 산출: 중부 캄브리아기 스티븐 층의 버제스 셰일. 기재: Conway Morris(1979a).

페로노키타 *Peronochaeta*

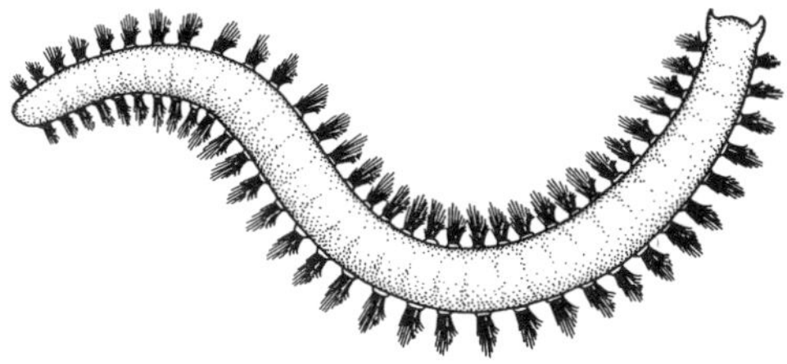

84

이 화석은 드물게 발견되는 갯지렁이류로 20개 이하의 표본이 알려져 있다. 머리(전구엽) 앞부분 가장자리에 1쌍의 작은 원뿔모양의 돌기(*papillae*)가 있다. 몸통은 최대 34개의 마디로 이루어져 있고, 마디마다 비슷한 형태의 1개의 지엽으로 된 측각이 있다. 각 측각에는 두 종류의 강모, 즉 15~20개의 길고 얇은 강모와 2~4개의 구부러진 강모가 발달해 있다. 페로노키타는 소화관을 채우고 있는 물질이 없어 퇴적물에서 먹이 입자를 걸러서 먹는 대신 썩은 고기를 먹었을 것이다. 페로노키타는 진흙의 퇴적물 속에서 또는 퇴적물 위에서 이동하기 위해서 기다란 강모를 이용했다. 작고 구부러진 강모를 이용해 굴착 이동(*burrowing movement*) 과정 중에 퇴적물 알갱이를 잡았을 것이다.

페로노키타는 화석 또는 현생 갯지렁이류 중 어떤 종류와도 연관되지 않는다. 페로노키타로만 이루어진 페로노키티대 과(*Family Peronochaetidae*)에 소속되어 있다.

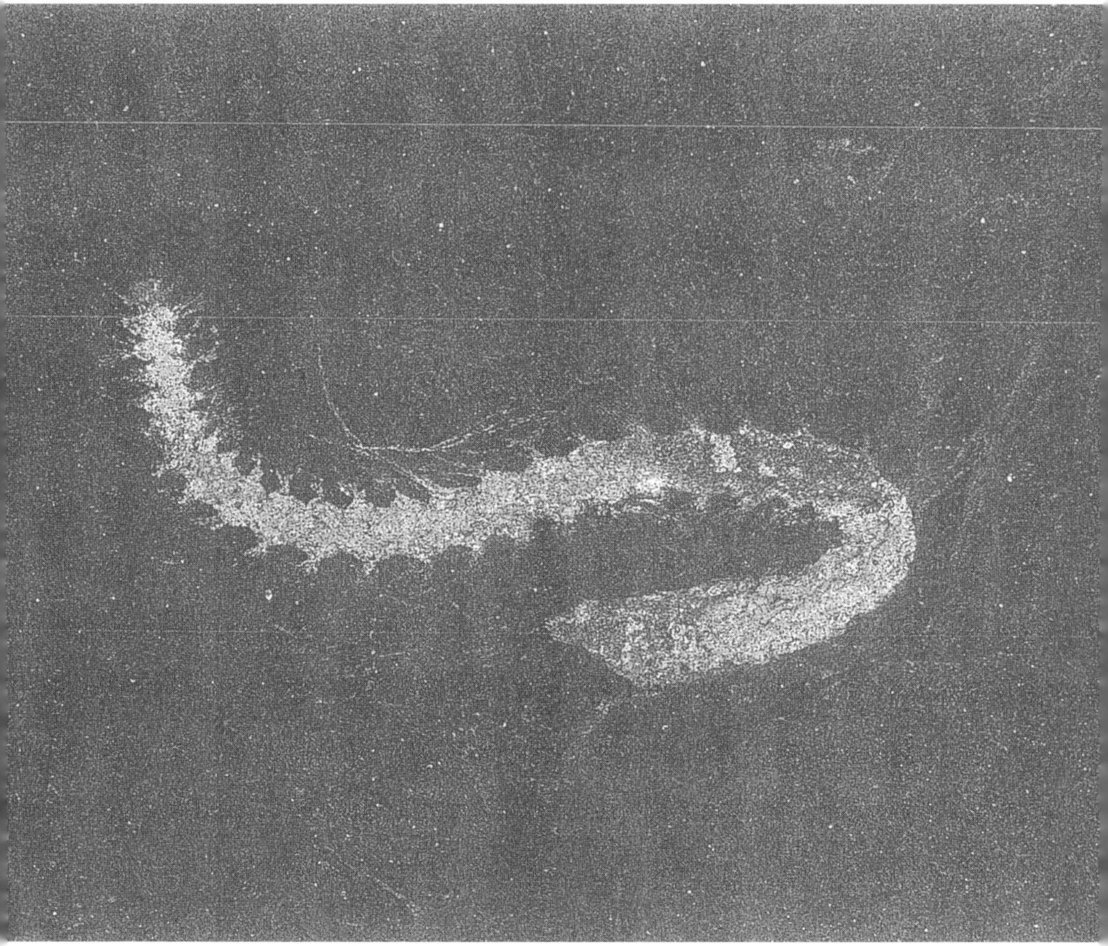

85 (×6)

Stephenoscolex argutus Conway Morris, 1979a. USNM 83936b. 크기: 32㎝. 복원도: Isham. 전체 버제스 셰일 화석군 중 개체수 비율: <0.01%. 산출: 중부 캄브리아기 스티븐 층의 버제스 셰일; 유타 주 스펜스(Spence) 셰일에서 확실치 않은 기록. 기재: Conway Morris (1979a).

스테페노스콜렉스 *Stephenoscolex*

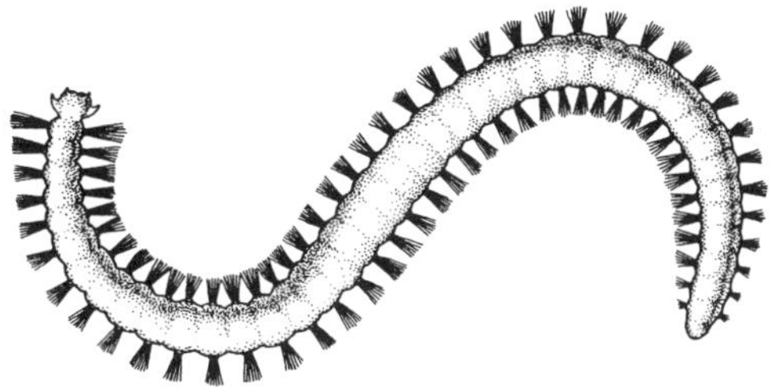

86

버제스 셰일에서 발견되는 화석 중 가장 드문 것 중의 하나이다. 단지 2개의 표본만이 발견됐다. 이 2개의 표본은 빛을 아주 잘 반사하는 보호막으로 보존되어 있다(그러므로 종의 이름인 아쿠투스(*argutus*)는 "빛나는, 번쩍이는"을 의미한다). 머리(전구엽)에는 작은 원뿔형 돌기(*papillae*)가 많이 발달해 있다. 몸통의 측각은 단지 하나의 지엽으로 이루어져 있고 끝은 10~15개의 곧은 강모 다발로 이루어져 있다. 다리는 21쌍은 뚜렷이 관찰되지만 그 뒷부분에 발달한 다리들은 분명치 않다. 몸통의 뒷부분은 뒤틀린 것처럼 보이며 층리(*bedding*)와 다른 방향으로 놓여있다. 측각은 몸통 위로 압축되었을 수 있고 반사면 때문에 불분명하게 관찰된다. 스테페노스콜렉스의 생활방식에 대해 알 수 있는 실마리는 거의 없지만 아마도 진흙 퇴적물 속이나 표면에서 움직였을 것이다.

스테페노스콜렉스는 버제스 셰일에서 발견되는 다른 갯지렁이류와 다르며, 현생의 다른 어떤 과(*family*)와도 분명한 유연관계를 보이지 않는다. 스테페노스콜렉스로만 이루어진 스테페노스콜레시대 과(*Family Stephenoscolecidae*)에 속한다.

유조동물[24] 문 *Phylum Onychophora* (*Velvet Worms*)

아이쉐아이아 *Aysheaia*

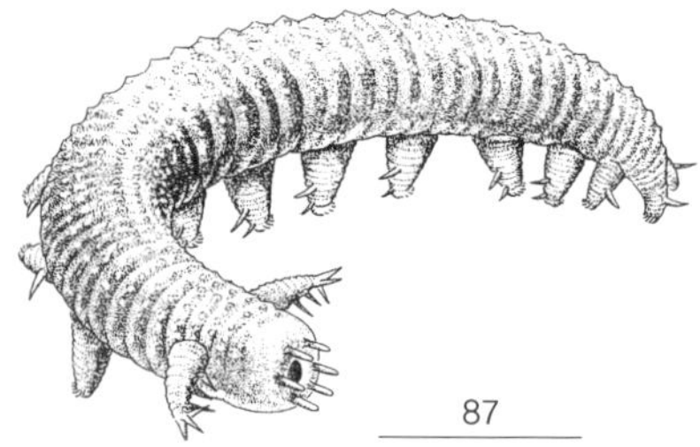

87

아이쉐아이아는 돌출된 둥근모양의 다리를 가진 동물이다. 사진의 두 표본들은 오른쪽에서 본 모습이다. 사진 88의 표본은 오른 발들을 몸 바깥으로 뻗어서 걷는 것처럼 보인다. 두 곳에서 몸통을 제거해, 층리에 비스듬한 방향으로 표본이 평평하게 눌려지면서 왼쪽 다리가 어떻게 몸 아래쪽으로 숨겨졌는지가 알려졌다. 사진 89의 표본은 구부러져 있다. 머리에는 손가락 같은 3개의 돌기(*papillae*)가 입 주위에 솟아 있다. 여러 개의 긴 가시가 있는, 가늘어지는 1쌍의 다리가 머리의 옆에서 바깥쪽으로 뻗어나 있다. 2개의 표본에서 왼쪽 다리가 특히

88 (×2)

24) 옮긴이 주 — 유조동물(有爪動物, *Onychophora*) : 환형동물과 절지동물의 특징을 모두 가지는 지렁이모양의 동물로 캄브리아기에 출현한 이후 현재까지 거의 변화가 없는 '살아있는 화석'이다.

잘 보인다. 아이쉐아이아의 몸통은 여러 개의 고리가 연결된 형태이며, 10쌍의 둥근 돌기형태의 부속지는 걷는데 사용된다. 부속지의 끝에는 빛을 잘 반사하는 경향이 있는 작고, 휘어진 발톱이 달려 있다. 또한 구부러진 표본에서는 반사되어 보이는 소화관의 흔적도 관찰할 수 있다.

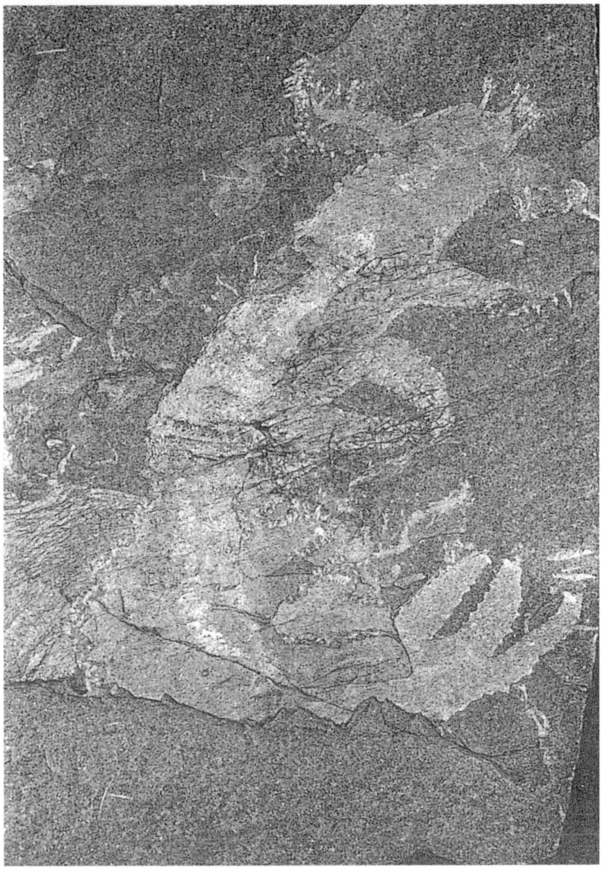

89 (×1.6)

구부러진 표본(사진 89)의 오른편 일부에서 관찰되는 열십자 무늬는 압축된 해면동물의 골편으로 만들어진 것이다. 아이쉐아이아와 해면동물의 골편이 함께 산출되는 것은 드물지 않으며 이것은 아이쉐아이아가 해면동물을 잡아먹었을지도 모른다는 것을 뜻한다. 아이쉐아이아는 머리의 뾰족한 부속지들과 몸통 다리들의 발톱을 이용하여 해면동물에 붙은 채로 해면동물의 부드러운 조직을 뚫기 위해 입 주변의 돌기(*papillae*)들을 이용했을 수 있다.

아이쉐아이아는 오늘날 남반구의 삼림 부엽토(*litter*)에서 사는 유조동물(*onychophorans*) 또는 벨벳벌레(*velvet worms*)와 비교된다. 비슷한 형태의 동물들이 중국의 하부 캄브리아기와 다른 지역에서 기재되었다. 이들은 절지동물의 원시 자매 분류군(*sister group*)이다.

Aysheaia pedunculata Walcott, 1911d. USNM 235880, 83942a. 크기: 1~6㎝. 복원도: Marianne Collins. 전체 버제스 셰일 화석군 중 개체수 비율: 0.05%. 산출: 중부 캄브리아기 스티븐 층의 버제스 셰일과 Collins et al.(1983)의 산지 9; 휠러 층(Wheeler Formation; Conway Morris 1989b 참조). 기재: Whittington(1978). 기타 주요 참고문헌: Robison (1985).

할루시게니아 *Hallucigenia*

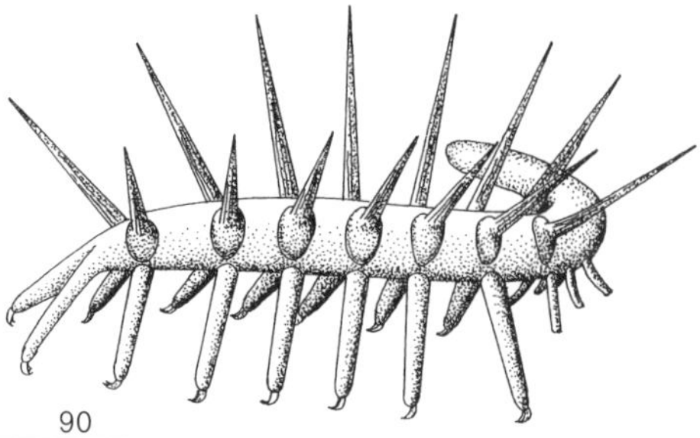

90

할루시게니아는 가장 유명한 버제스 셰일 화석 중의 하나가 되었다. 원래 할루시게니아는 왈콧에 의해 갯지렁이류 환형동물(*polychaete annelid*)로 기재되었다. 그러나 콘웨이 모리스는 몸통의 양쪽 면에 강모 다발이 규칙적으로 있는 갯지렁이류와는 달리, 이 표본에는 단지 몸통의 한쪽 면만을 따라 가시들이 있는 것을 관찰했다. 그는 "기상천외하고 꿈같은 특성"을 인정하여 이 동물을 할루시게니아라고 명명했다. 그가 1977년에 그린 복원도에는 할루시게니아가 물속에서 흔들리는 7개의 촉수들을 등에 지닌 채 장다리물떼새처럼 가시를 이용하여 걷는 것으로 묘사했다. 머리는 어두운 얼룩 때문에 불명확하다. 각각의 촉수는 개개의 입에서 끝나는 것처럼 보이는데, 입은 각기 다른 좁은 관을 통해 몸통에 뻗어있는 소화관과 연결된다. 이상한 형태의 캄브리아기의 생명체와 오늘날의 생명체가 어떻게 비교될 수 있는지에 대한 논쟁에서 할루시게니아가 그 중심에 있었다는 것은 크게 놀랄 일이 아니다.

중국의 하부 캄브리아기 징강화석군에서 예외적으로 잘 보존된 화석군이 발견됨으로써 할루시게니아에 대한 다른 해석이 제안됐다. 징강화석군에는 다수의 "방어기관을 갖는 엽족", 즉 둥근 돌출부 모양의 부속지, 등 쪽에 독립된 판들 그리고 이따금 가시들을 갖는 모충(毛蟲) 같은 동물이 산출된다. 이 엽족동물(*Lobopodia*)들은 할루시게니아의 가시들이 실제로는 자신의 등 쪽을 보호하기 위하여, 그리고 촉수들은 끝부분에 발톱을 가진 기다란 다리로 설계되었음을 알려준다. 이전에 그린 이 동물의 복원도는 이 동물의 위아래가 거꾸로 되었음을 보여준다. 그러나 표본들을 보면 가시들이 쌍으로 이루어져 있음을 분명히 보여줌에도 불구하고 촉수를 닮은 다리들 중 단지 1쌍만이 뚜렷하다. 만약 이것들이 다리라면 이들 또한 쌍을 이루어야만 한다. 1992년에 램스퀼드(*Ramsköld*)

91 (×3)

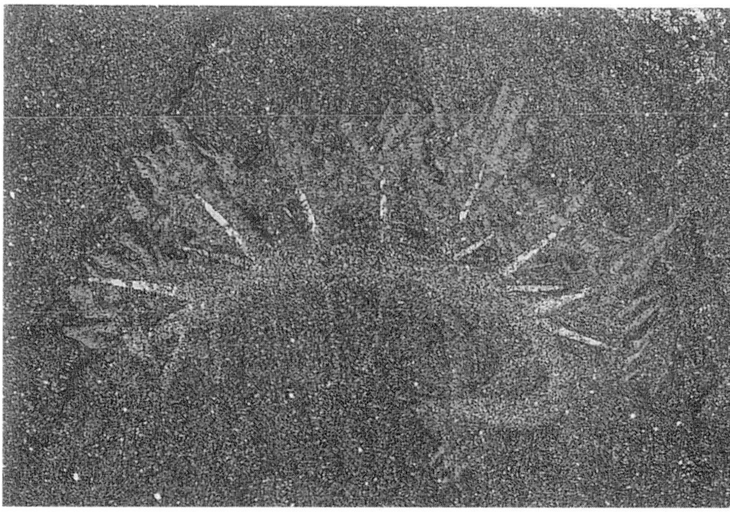

92 (×3)

Hallucigenia sparsa Walcott, 1911d. USNM 83935, 198658.
크기: 길이 0.5~3㎝. 복원도: Baldaro.
전체 버제스 셰일 화석군 중 개체수 비율: 0.1%.
산출: 중부 캄브리아기 스티븐 층의 버제스 셰일.
기재: Conway Morris(1977a).
기타 주요 참고문헌: Ramsköld and Hou(1991), Ramsköld(1992).

는 가장 보존이 좋은 할루시게니아 표본 중의 하나를 섬세하게 표본처리(*preparation*) 하여 두 번째 열(*row*) 다리의 흔적을 발견했음을 보고했다.

버제스 셰일 화석군의 기묘함을 알려주는 아이콘(*icon*)이 된 할루시게니아의 이미지는 그의 연구에 의해 위와 아래가 거꾸로 되고 앞뒤가 바뀌게 되었다!

할루시게니아와 방어기관을 갖는 다른 엽족동물은 유조동물 문에 속하는 아이쉐아이아와 함께 분류될 수 있는데, 유조동물 문은 오늘날 육지에서 서식하는 페리파투스(*Peripatus*) 같은 벨벳벌레로 대표되는 무리이다. 캄브리아기 엽족동물 집단 내에서의 관계 그리고 이 집단과 현생 유조동물 사이의 관계는 아직 완전히 해결되지 않았다.

절지동물 문 *Phylum Arthropoda*

(원시형태 *primitive*)

브란키오카리스 *Branchiocaris*

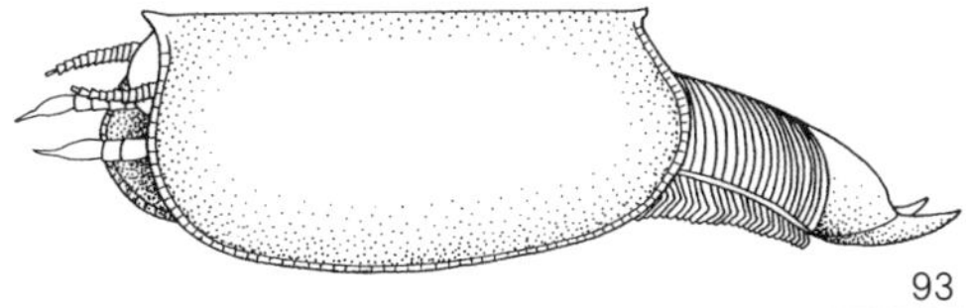

93

브란키오카리스는 왈콧 채석장에서 발견되는 절지동물화석 중 가장 드문 것 중 하나이다. 왈콧에 의해 4개의 표본이 채집되었으며, 1930년에 하버드대 연구팀에 의해 추가적으로 1개가 더 채집됐다. 마지막으로 채집된 이 표본의 반대쪽 짝은 45년 뒤인 1975년 로얄 온타리오 박물관 연구진에 의해 채석장 아래 돌무더기에서 발견됐다. 현재 브란키오카리스는 브리티시컬럼비아 주의 몇몇 산지들 및 다른 곳에서도 발견되는 것으로 알려졌다.

브란키오카리스는 몸체의 앞쪽을 덮는 커다란 갑피[25]를 가지고 있는데, 갑피를 이루는 2개의 각편(殼片, *valve*)은 직선상의 접번으로 연결되어 있다. 각편의 가장자리에는 좁은 폭의 테두리가 있는데, 테두리에는 일련의 작고 길쭉한 구멍들이 불규칙하게 배열되어 있다. 사진 94의 표본은 머리부분은 거의 대부분이 불명확함에도 불구하고 갑피의 많은 부분이 제거되어 각편 아래에 있는 몸통이 드러나 있다. 이 표본은 비스듬하게 눌려져 평평해져 있다. 왼쪽 각편의 형태는 표본처리 이전에는 완전했다. 오른쪽 각편은 일부분이 밑으로 포개져 있다. 몸통은 40개 이상의 마디로 이루어져 있고 체환[26]에 의해 구분된다. 부속지는 거대한 플랩(*flap*) 모양이다. 부속지가 몸통과 연결되는 곳에서 부속지가 분절된 융기(*ridge*)에 의해 강화되었다는 몇몇 증거가 있다. 몸통 마디의 수보다

25) 옮긴이 주 — 갑피(甲皮, *carapace*) : 갑각류의 체표를 싸고 있는 외골격. 키틴질의 두꺼운 각피에 탄산칼슘이 포함된 단단한 구조로 되어 있다. 갑각 또는 피갑이라고도 한다.

26) 옮긴이 주 — 체환(體環, *annulation*) : 거머리류 등의 몸 표면에서 볼 수 있는 고리 모양의 줄. 체절(體節)과는 직접적인 관계가 없다

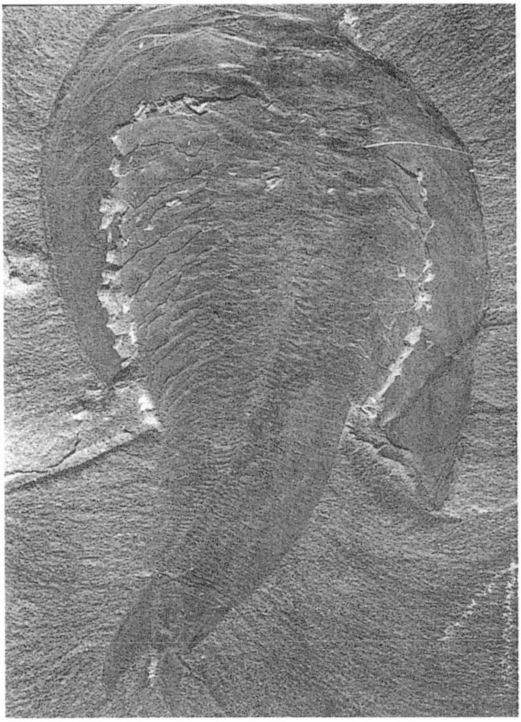

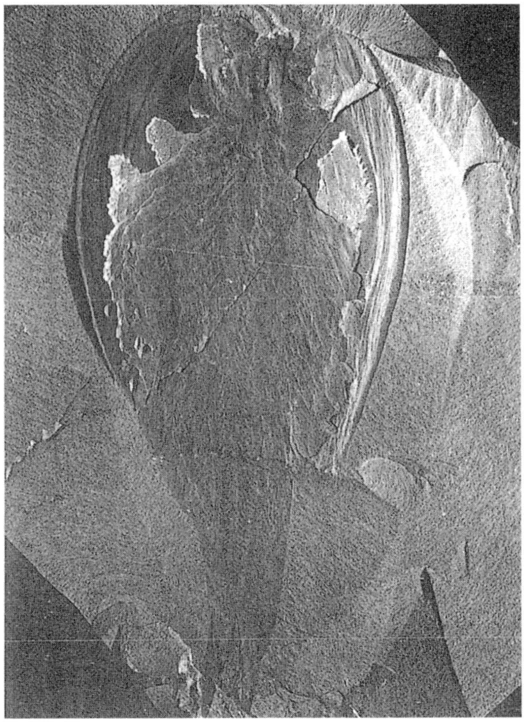

94(×1.5) 95(×1.5)

Branchiocaris pretiosa Resser, 1929. USNM 80483. 크기: 길이 약 7㎝~9㎝ 이상. 복원도: Baldaro. 전체 버제스 셰일 화석군 중 개체수 비율: 0.01%. 산출: 중국 하부 캄브리아기 징강화석군; 중부 캄브리아기 스티븐 층의 버제스 셰일과 Collins et al.(1983)의 산지 9; 유타 주의 마줌(Marjum) 층; 산출될지 모르는 다른 산지들〔Conway and Morris (1989b) 참조〕. 기재: Briggs(1976). 기타 주요 참고문헌: Briggs and Robins(1984), Hou(1987).

더 많은 수의 다리가 있는 것처럼 보인다. 따라서 이 마디들은 실제 마디가 아닐지도 모른다. 꼬리마디에는 1쌍의 넓은 잎 모양의 돌기가 발달해 있다. 사진 94의 표본에서, 몸통의 뒷부분에서 분명하게 관찰되는 약간 어두운 기다란 띠는 소화관이다.

사진 95의 브란키오카리스 표본은 머리 부속지를 보여준다. 1쌍의 짧고 튼튼한 촉각이 전방으로 구부러져 있다. 왼편 촉각이 매우 뚜렷하다. 1쌍의 거대한 부속지가 촉각 옆에 있으며, 끝이 집게발(*claw*) 모양이다.

눈이 있었다는 증거는 없다. 일련의 길고 얇은 판(*lamellate*)으로 된 몸통 부속지들이 분명하게 관찰되며, 이 부속지들이 붙어 있는 곳 근처에는 마디로 된 구조의 흔적이 있다. 덮고 있던 갑피의 일부를 제거해 얇은 판 2~3개의 가장자리가 드러나게 했다. 사진 94의 표본과는 대조적으로 이 표본은 등과 배 쪽으로 평평하게 눌러져 있으며, 거의 좌우 대칭이다. 미절[27]의 기다란 잎 모양 구조는 뒤쪽을 가리킨다. 아마도 브란키오카리스는 진흙 위, 해저 근처를 헤엄치고 다녔을지도 모른다. 브란키오카리스는 눈이 없었기 때문에 활발한 포식자이었을 것 같지는 않다. 아마도 시체를 먹거나 고착성 동물을 잡아먹었을 것이며, 집게발을 이용하여 먹이를 직접 입으로 옮겼다.

브란키오카리스는 갑각류를 닮은 동물로 2개의 각편과 플랩(*flap*) 모양의 부속지를 가지고 있지만, 대부분의 형태는 원시적이어서 캄브리아기 절지동물이 기원한 분류군으로 분류된다.

27) 옮긴이 주 — 미절(尾節, *Telson*): 꼬리마디.

마렐라 *Marrella*

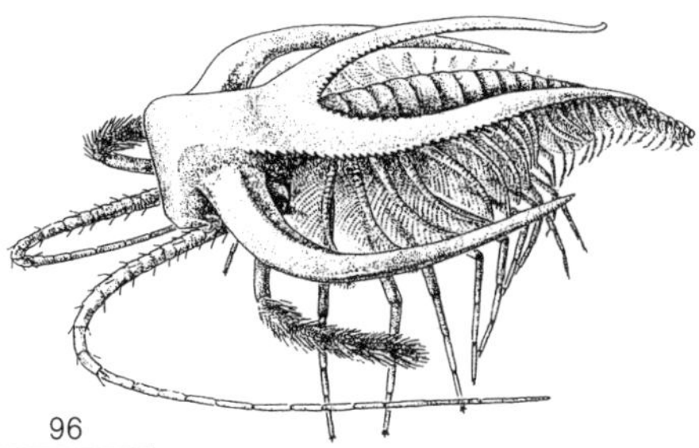
96

왈콧에 의해 "레이스 달린 게"로 불린 마렐라는 버제스 셰일에서 발견되는 모든 동물들 중 가장 흔히 발견된다. 총 1만 5천 개 이상의 표본이 왈콧 채석장에서 채집됐다. 마렐라는 1960년대에 해리 휘팅턴이 버제스 셰일에 대해 다시 연구를 시작하는 과정에서 첫 번째로 기재된 동물이다. 그는 이 동물을 이용해 표본들이 거친 퇴적물의 흐름에 의해 이동되고 다양한 각도로 진흙 속에 묻혔다는 것을 증명했다. 다른 자세로 보존된 표본 증거들을 모아 버제스 셰일 동물들을 3차원적으로 복원할 수 있었다. 이상한 모양인 마렐라의 머리판에는 2쌍의 커다란 구부러진 뿔이 있는데, 뒤에 있는 쌍은 몸의 뒤쪽 끝까지 뻗어 있다. 2쌍의 촉각이 있는데, 첫 번째 쌍은 일정한 간격의 짧은 마디로 이루어졌고, 두 번째 쌍은 끝부분이 붓 같은 모양이다. 뒤로 갈수록 몸통 마디의 크기가 작아지고, 각 체절들은 이지형[28] 다리를 갖고 있다. 많은 표본들에서 관찰되듯이 뒷부분을 둘러싼 어두운 얼룩은 초기 부패과정에서 몸에서 스며 나온 체액 때문에 생긴 것이다. 아마 마렐라는 퇴적물 표면 위를 이동하면서 작은 동물들과 유기물질을 먹었을 것이다. 붓 모양의 촉각은 먹이입자들을 입 쪽으로 옮기는 데 사용됐을지 모른다. 다리의 바깥 지엽에 있는 깃털 같은 가는 실들은 호흡하는 데 이용됐다.

마렐라는 여러 개의 몸통마디에 동일한 모양의 다리가 있는 원시적 형태이다. 마렐라는 절지동물의 한 종류로 3개의 큰 해양 절지동물 분류군 — 갑각류(甲殼類, *crustaceans*), 협각류(鋏角類, *chelicerates*), 삼엽충(*trilobite*) — 중 하나로 번성하게 되었다.

---

28) 옮긴이 주 — 이지형(二枝型, *biramous*) : 개별 체절의 양쪽에 하나씩 달린 부속지가 2개의 분지, 즉 내분지와 외분지로 이루어진 형태이다. 내분지는 이동에 사용하며 다리분지라고도 한다. 외분지는 아가미가 달려있으며 아가미분지라고도 한다.

97 (×4.5)

Marrella splendens Walcott, 1912a. USNM 83486j. 크기: 길이 약 2.5~19㎜.
복원도: Marianne Collins. 전체 버제스 셰일 화석군 중 개체수 비율: 37.4%.
산출: 중부 캄브리아기 스티븐 층의 오자이곱시스 셰일[Conway and Morris(1989b) 참조].
기재: Whittington(1971b). 기타 주요 참고문헌: Briggs and Whittington(1985a).

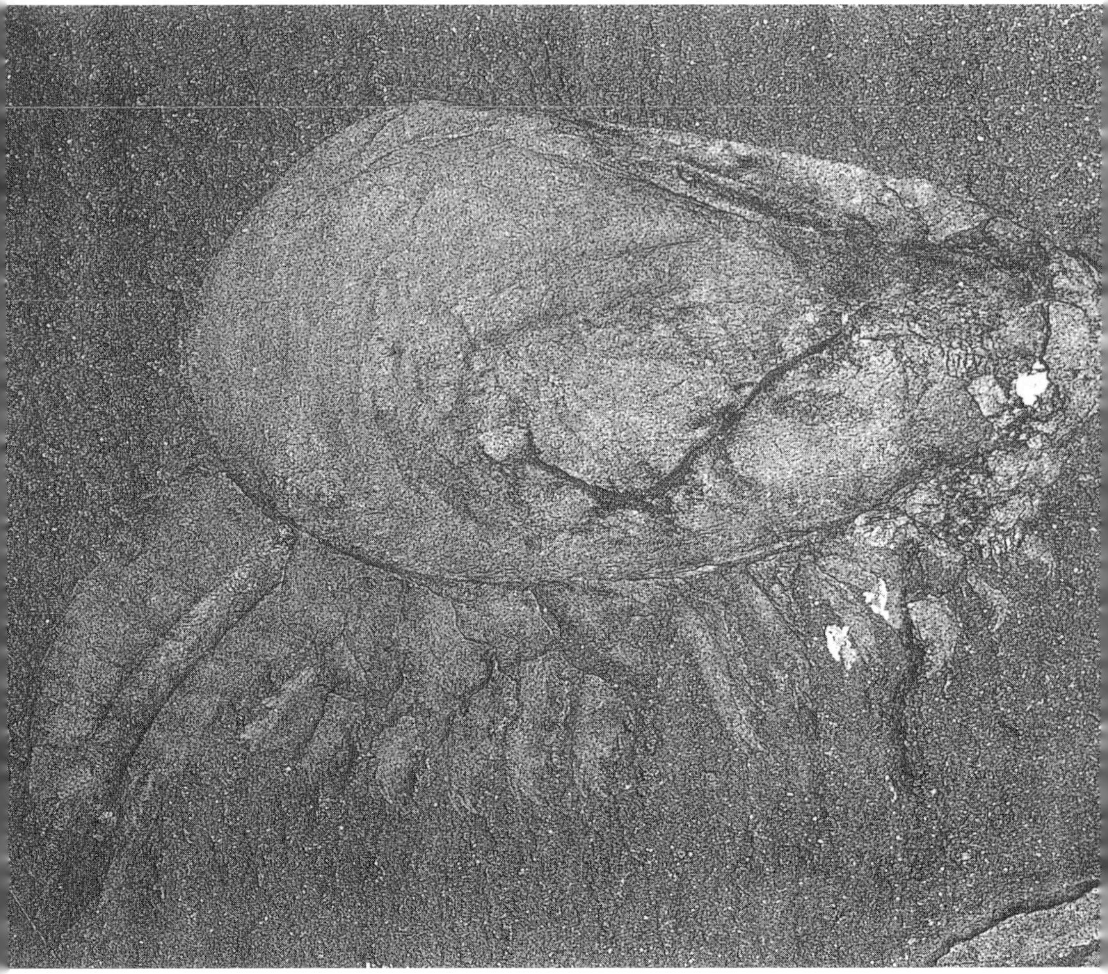

98 (×4)

Canadaspis perfecta Walcott, 1912a. USNM 57703, 213856. 크기: 갑각의 길이는 10㎜보다 작은 것부터 50㎜ 이상. 복원도: Marianne Collins. 전체 버제스 셰일 화석군 중 개체수 비율: 11.69%. 산출: 유타 주 중부 캄브리아기 스펜스(Spence) 셰일; 스티븐 층의 오자이곱시스 셰일, 버제스 셰일[Conway and Morris(1989b) 참조]. 기재: Briggs(1978a, 1992). 기타 주요 참고문헌: Dahl(1983, 1984).

갑각 아문 *Subphylum Crustacea and Crustaceanomorphs*
(게와 그들의 동족들)

카나다스피스 *Canadaspis*

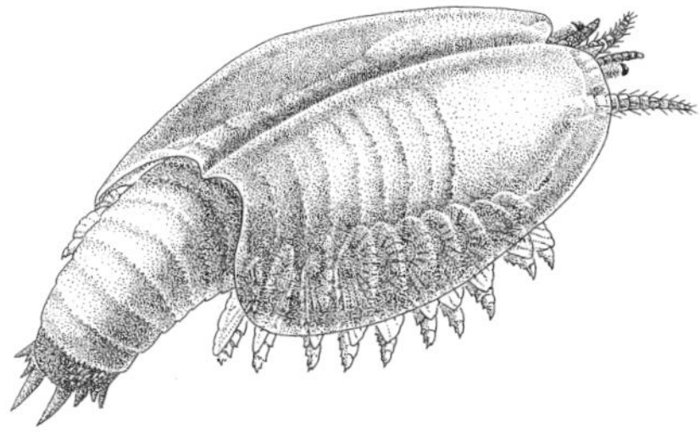

99

카나다스피스는 버제스 셰일에서 발견되는 갑각류 중 가장 완벽하게 알려져 있다. 갑피는 직선상의 접번으로 연결된 2장의 각편으로 이루어져 있다. 사진 98의 표본은 오른쪽 각편으로 흉부의 부속지를 보여준다. 소화관의 흔적이 뚜렷하게 보인다. 카나다스피스의 다리는 이지형이다. 마디로 이루어졌으며, 걸을 때 사용하는 안쪽 지엽(*inner branch*)은 이 표본에서 분명하게 관찰되고, 끝에 약간 굽은 집게발이 발달해 있다. 플랩(*flap*) 형태의 바깥쪽 아가미 지엽 중 몇 개는 각편 사이로 복부(*abdomen*)가 드러나는 곳의 앞쪽에서 서로 겹쳐져 있다. 배 자체에는 미절의 가시를 제외하고는 다리가 없는데, 미절의 가시는 소화관 흔적의 끝부분을 지나서 튀어나온 것이 관찰되며 항문의 위치를 알려준다. 카나다스피스는 자신의 다리로 퇴적물을 휘저어 작은 동물과 유기물을 찾아 먹었을 것으로 생각된다.

사진 100과 101에서 보여주는 카나다스피스의 표본은 압축된 것으로 오른쪽에서 내려다보고 있는 것이다. 갑피를 이루는 2장의 각편 사이로 복부가 돌출해 나와 있다. 많은 체절들이 발달해 있는 것이 뚜렷하고, 뒤쪽 끝부분에는 미절의 가시들이 관찰된다. 사진 100은 표본처리 이전의 표본을 보여준다. 사진 101은 오른쪽 각편의 대부분이 제거된 이후의 표본을 보여주는 것으로, 아래쪽에 있는 플랩형태의 아가미 지엽이 앞에

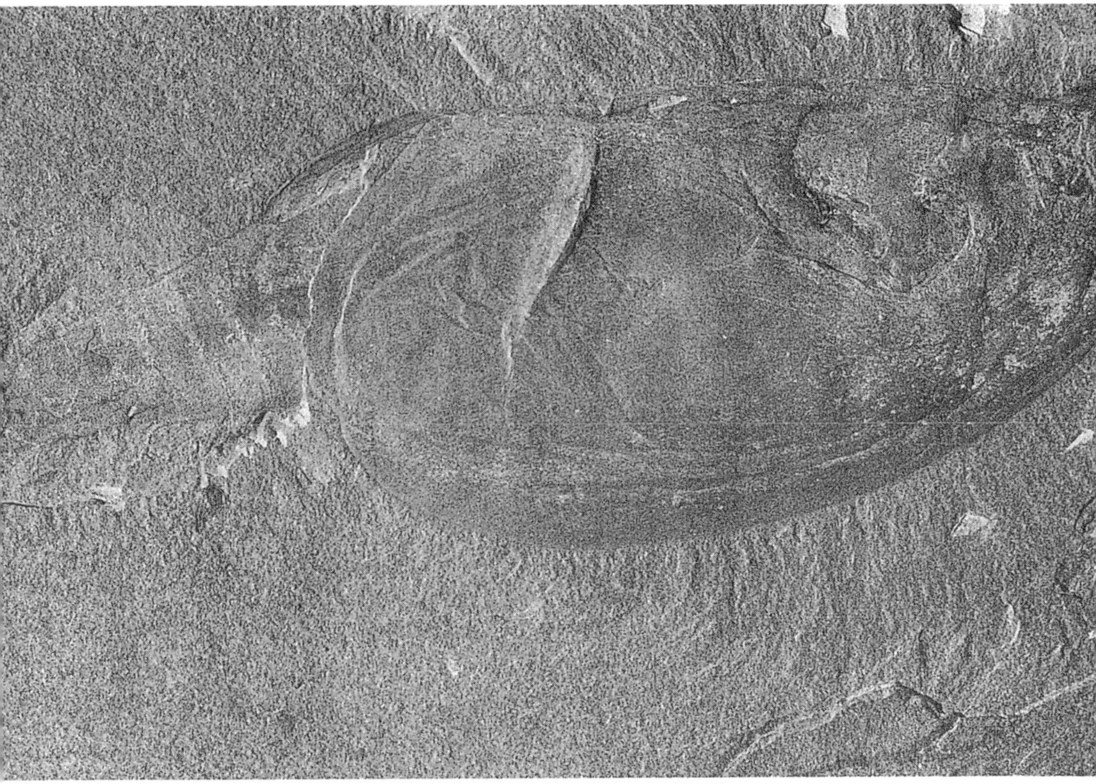

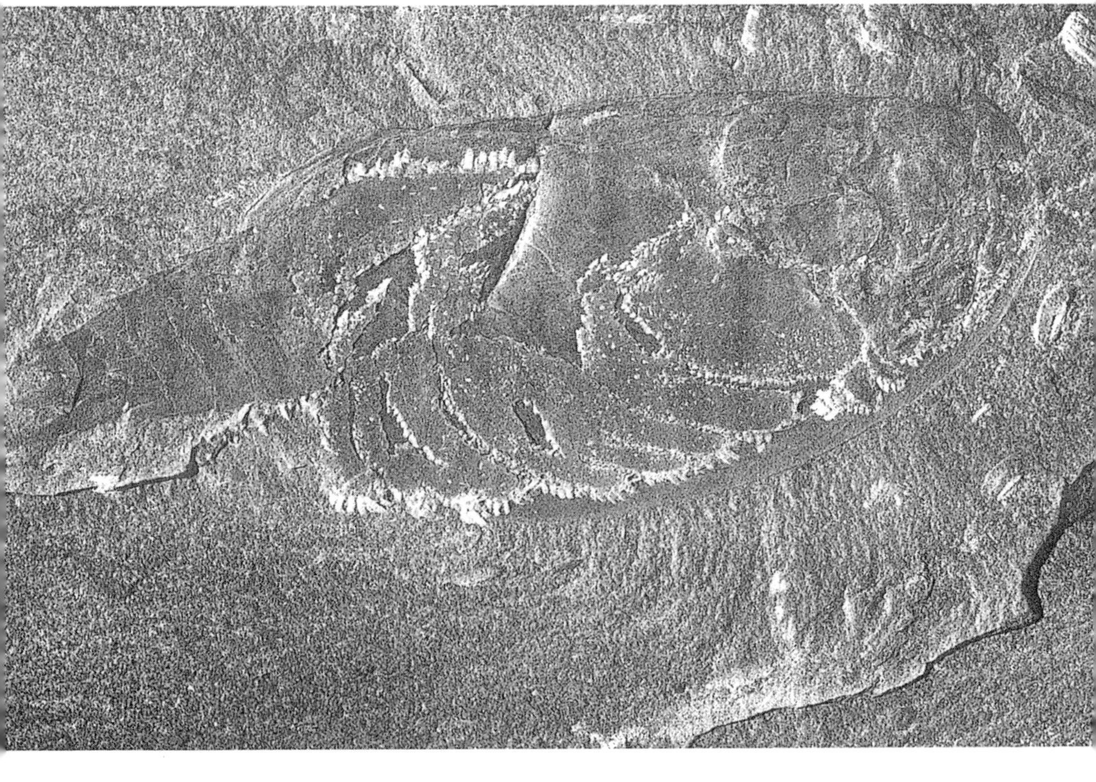

서 뒤로 연속해 겹쳐져 있는 것을 보여준다. 의심의 여지없이 카나다스피스는 이 플랩형태의 아가미 지엽을 이용하여 헤엄치고 호흡을 위해 산소를 교환하는 데 사용했을 것이다. 이 표본은 다리의 움직임이 헤엄치는 그대로 보존되어 다리 각각의 펄럭임이 흉부의 길이 방향으로 물결처럼 움직였을, 헤엄치는 동작을 따라 약간씩 멀어지는 것을 볼 수 있다.

확실히 카나다스피스는 갑각류처럼 보인다. — 현생갑각류 중에는 2개의 각편으로 된 갑피를 가지고 있으며 부속지가 비슷하게 배열된 종류가 있다. 그러나 카나다스피스가 갑각류와 유연관계가 있다는 결정적인 증거는 머리에 달린 부속지에 있다. 4천 개 이상의 표본들에서 갑각류의 특징인 2쌍의 촉각, 턱, 그리고 소악(小顎, *maxilla*, 대부분의 절지동물의 하악 뒤에 위치한 1쌍의 부속물)이 관찰된다. 보통 작은 부속지들은 갑피 아래에 숨겨져 있고, 압축되어 머리의 윤곽을 이룬다.

100(×4)

101(×4)

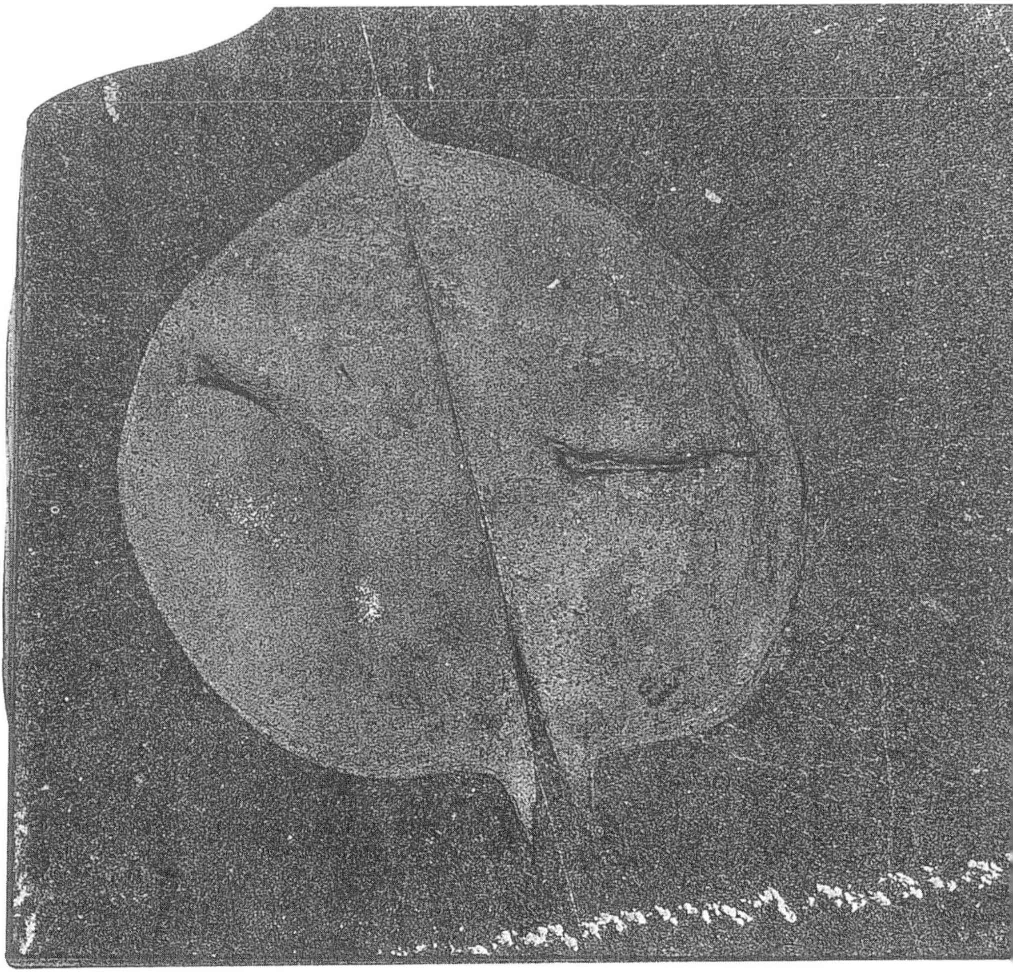

102 (×4)

Isoxys acutangulus Walcott, 1908a. USNM 189181. 크기: 각편의 길이는 약 1~3㎝ 이상이다. 전체 버제스 셰일 화석군 중 개체수 비율: 살아 있는 상태에서 퇴적물에 묻힌 개체는 없음. 산출: 중부 캄브리아기 스티븐 층의 버제스 셰일과 다른 산지들[Collins et al.(1983) 참조], Conway Morris(1989b). 기재: Walcott(1908a). 기타 주요 참고문헌: Simonetta and Delle Cave(1975).

아이소식스 *Isoxys*

투조이아처럼 아이소식스도 단지 각편을 통해서만 알려져 있다. 사진 102의 표본은 직선상의 접번을 따라 2개의 각편이 붙어 있는 모습을 보여준다. 층리에 대해 표본이 약간만 다른 위치로 보존되더라도 윤곽이 다르게 보이게 된다는 것을 유념해야 한다. 아이소식스의 연질부는 아직 확실하게 발견되지 않았다. 버제스 셰일에서 산출되는 종인 아이소식스 아쿠탄굴루스(*I. acutangulus*)는 스티븐 산의 오자이곱시스 셰일에서 산출되는 표본에 근거하여 1908년(왈콧이 버제스 셰일을 발견하기 이전)에 왈콧에 의해 기재되었다. 그 당시 왈콧은 임시적으로 아쿠탄굴루스를 아노말로카리스로 여겼는데, 이것은 오늘날 우리가 아노말로카리스의 먹이 섭취 부속지로 알고 있는 기관을 아이소식스를 포함하는 다양한 갑피 동물의 몸으로 추정한 것이다. 1975년에 시모네타와 델 케이브는 버제스 셰일에서 두 번째 종인 아이소식스 롱기시무스(*I. longissimus*)를 기재했는데 이 종은 접번의 앞과 뒤로부터 돌출된 엄청나게 긴 가시가 있는 것이 특징이다. 만약 이 가시가 없었다면 버제스 셰일에서 발견된 이 종은 별로 주목받지 못했을 것이다. 아이소식스는 물속에서 헤엄치며 살았을 것이므로 버제스 셰일 생물군을 덮친 퇴적물 사태를 피할 수 있었다. 그러므로 버제스 셰일에서 발견되는 표본은 주로 죽거나 탈피한 개체의 각편이다. 아이소식스는 버제스 셰일 생물군 중 오랜 기간에 걸쳐 발견되는 생물 중 하나로, 중국의 하부 캄브리아기부터 유타 주의 중부 캄브리아기까지 적어도 열두 곳의 산지에서 발견된다.

오다라이아 *Odaraia*

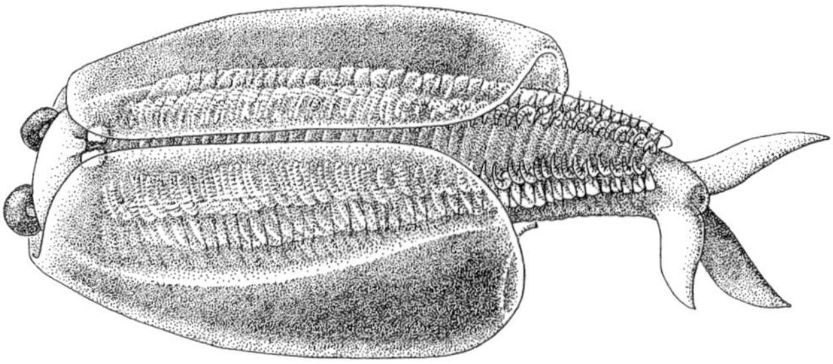

103

오다라이아는 기능적인 디자인 측면에서 볼 때 버제스 셰일에서 발견되는 절지동물 중 가장 주목할 만한 생물 중 하나이다. 오다라이아는 1쌍의 매우 큰 눈을 가지고 있다. 2개의 각편은 복부 가장자리(*ventral margin*)를 따라 만나기 때문에 갑피는 앞과 뒤가 열려있는 튜브형태를 이룬다. 미절에는 3개의 노깃(*blade*) 또는 꼬리(*fluke*)가 있는데, 측면의 노깃들은 수평으로 뻗어 있으며, 중앙의 노깃은 수직으로 뻗어있다. 사진 105의 표본은 아래쪽과 앞쪽으로 기울어져 있어서, 갑피가 눈 너머까지 뻗어 있고, 전체적으로 볼 때 앞쪽으로 짧아져 있다. 각편은 부서져서 그 아래의 눈을 보여주고 있다. 갑피는 뒷부분이 넓으며, 그 뒤로 몸통의 일부와 미절이 뻗어 있다. 사진 104의 표본에서는 갑피가 부서져 그 아래의 몸통을 보여주고 있다. 몸통에는 비슷한 형태의 긴 이지형 부속지가 일련으로 발달해 있다. 오다라이아 부속지의 대부분은 갑피 내에 둘러싸여 있어서 퇴적물 표면에 직접 닿지 않았다. 이 절지동물은 커다란 눈을 이용해 작은 부유성 또는 헤엄치는 생물 무리를 찾아 활발히 헤엄치는 동물로 여겨진다. 먹이는 튜브모양의 갑피를 통과하는 물에서 먹이를 걸러내는 부속지에 의해 포획되었다. 이 절지동물은 각편이 만나는 곳에 있는 약간의 틈 때문에 물에 대한 저항이 일정하지 않았고 이를 최소화하기 위해 뒤집어진 채로 헤엄쳤던 것 같다. 미절은 몸이 돌아가지 못하도록 적응한 형태인데 미절이 없었다면 물속에서의 움직임이 다소 불안정했을

104 (×2)

것이다. 미절은 또한 몸의 움직임을 조정하는 것을 도왔을 것이다. 부속지를 이용해 헤엄쳤다. 오다라이아 두부의 부속지는 작고 갑피에 의해 숨겨져 있다. 그러나 작은 촉각과 강화된 턱이 있었다는 증거도 몇 가지 발견됐다. 오다라이아는 갑각류와 유연관계가 있다.

106 (×7)

Perspicaris dictynna Simonetta and Delle Cave, 1975. USNM 189245. 크기: 평균 길이 2.24㎝. 복원도: Baldaro. 전체 버제스 셰일 화석군 중 개체수 비율: <0.1%. 산출: 중부 캄브리아기 스티븐 층의 버제스 셰일과 오자이곱시스 셰일 그리고 하부 캄브리아기 징강화석군을 포함하는 다수의 확실치 않은 기록들 [Conway Morris (1989b) 참고]. 기재: Briggs (1977).

105 (×2.5)

Odaraia alata Walcott, 1912a. USNM 213809, 189232. 크기: 6~15㎝. 복원도: Marianne Collins. 전체 버제스 셰일 화석군 중 개체수 비율: 0.06%. 산출: 중부 캄브리아기 스티븐 층의 버제스 셰일; 비슷한 종류가 중국의 하부 캄브리아기 징강화석군으로부터 보고되었다. 기재: Briggs (1981a). 기타 주요 참고문헌: Briggs and Williams (1981), Hou and Sun (1988).

페르스피카리스 *Perspicaris*

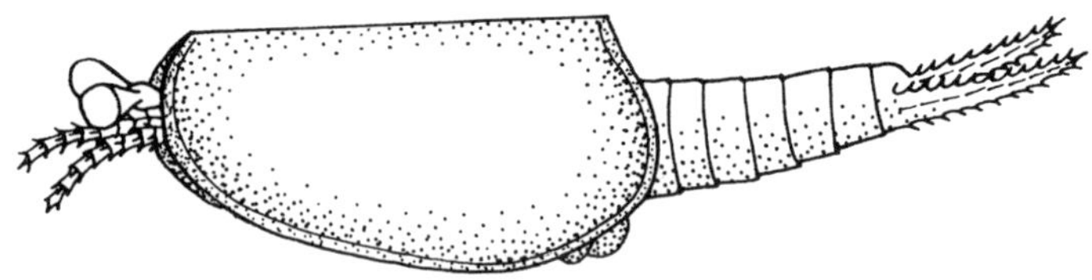

107

페르스피카리스는 2개의 각편을 갖는 절지동물이다. 사진 106의 표본은 약간 비스듬하게 보존된 것이다. 오른쪽 각편의 윤곽이 완벽하게 관찰되고, 직선상의 접번이 왼쪽 각편과 오른쪽 각편을 분리하고 있으며 왼쪽 각편은 아래쪽으로 접혀 있다. 두부는 불명료하지만 "Perspicaris" 라는 이름("perspicax" "날카로운 눈"을 의미한다) 을 붙여준 눈은 분명하게 관찰된다. 복부는 갑피를 넘어서까지 뻗어 있다. 복부의 끝에는 미절이 있으며, 미절에는 1쌍의 기다란 잎모양의 부속지가 달려 있고 부속지의 가장자리에는 작은 가시들이 달려 있다. 이 표본의 경우 페르스피카리스의 몸통 부속지는 관찰되지 않지만 다른 표본을 보면 몸통 부속지에 크고 편평한 얇은 판들이 발달해 있는 것을 보여준다. 귀 모양의 부속지와 큰 눈을 가지고 있으며, 드물게 발견된다는 사실은 이 동물이 물속에서 헤엄치는 동물이었음을 지시한다. 단지 몇몇 표본만이 다른 버제스 셰일 화석을 묻어버린, 구름같이 밀려오는 퇴적물에 묻혔다.

페르스피카리스는 카나다스피스와 많은 유사점을 보여주며, 카나다스피스처럼 갑각 아문(*subphylum*) 에 속한다.

투조이아 *Tuzoia*

투조이아의 각편은 버제스 셰일의 수수께끼 중 하나로 남아있다. 수십 개의 표본들이 알려졌음에도 불구하고 이 커다란 절지동물의 연질부에 대한 결정적 증거는 아직 발견되지 않았다. 아노말로카리스 카나덴시스(*Anomalocaris canadensis*)가 먹이를 섭취하는 데 사용하는 커다란 부속지가 아직도 절지동물의 몸체라고 잘못 여겨졌음에도 불구하고 많은 과학자들은 투조이아가 동일한 동물의 갑피라고 생각하고 있다. 그래서 1942년에 〈내셔널 지오그래픽〉(*National Geographic Magazine*)에 출판된 유명한 미술가인 찰스 나이트(Charles R. Knight)가 그린 버제스 셰일 화석군의 복원도에는 투조이아가 몸통의 각편에서 뻗어나온 아노말로카리스의 부속지를 가지고 헤엄치고 있다. 사진 108의 투조이아 표본은 옆에서 본 하나의 각편이다. 사진 109의 표본은 서로 연결된 2개의 각편이다. 각편의 특징은 직선상의 접번, 표면에 다양하게 발달한 그물모양의 무늬, 그리고 가장자리에 발달한 가시들이다. 투조이아는 물속에서 헤엄치며 살았으며, 따라서 살아있는 개체들은 버제스 셰일 생물군을 묻어버린 퇴적물에 의해 쉽게 묻히지 않았을 것이다. 투조이아는 오랜 기간 생존한 버제스 셰일 생물들 중 하나로 중국의 하부 캄브리아기부터 유타 주의 중부 캄브리아기까지 적어도 12곳의 산지에서 발견된다.

투조이아에 대한 상세한 분류학적 재검토가 필요하다. 1912년에 왈콧은 단 1개의 종, 투조이아 레티페라(*Tuzoia retifera*)에 근거하여 이 속을 기재했다. 그러나 1929년에 레서는 버제스 셰일에서 3개의 종, 투조이아 버게센시스(*T. burgessensis*), 투조이아 카나덴시스(*T. canadensis*) 그리고 투조이아 프레모사(*T. praemorsa*)를 추가로 기재했을 뿐만 아니라, 다른 산지들에서 다수의 표본을 발견했다. 표본이 어떻게 압축되었느냐에 따라 각편의 형태, 융기(*ridge*)의 분포, 그리고 각편의 다양한 부분에서 그물모양조직의 크기가 다르다. 1975년에 시모네타(*Simonetta*)와 델레 케이브(*Delle Cave*)는 투조이아 버게센시스와 투조이아 카나덴시스가 왈콧

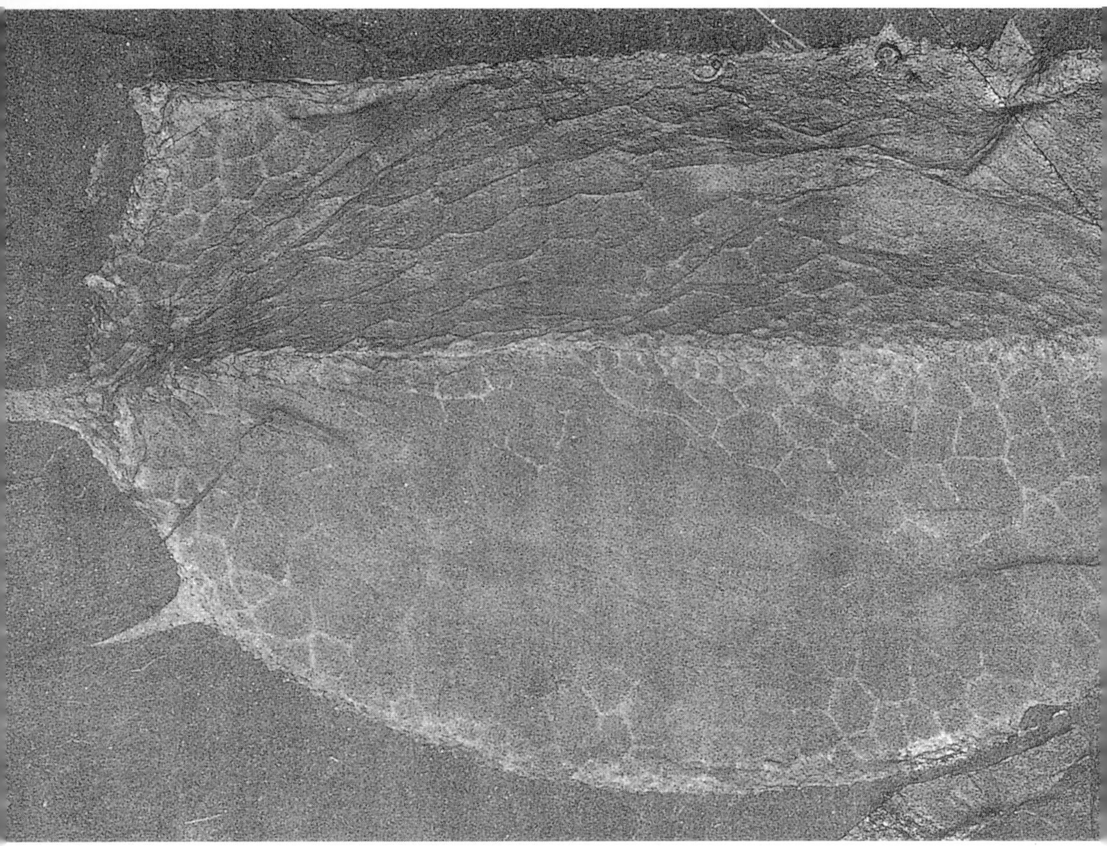

이 제안한 투조이아 레티페라와 같은 종에 속한다고 주장했다.

얼마나 많은 종이 있는지를 알기 위해 버제스 셰일에서 발견된 모든 투조이아 표본을 연구할 필요가 있다.

연질부의 증거가 발견되지 않았기 때문에 투조이아가 어떤 생물로 분류되는가는 불명확하다. 투조이아는 갑각류와 비슷한 동물일지 모른다.

108 (×1.5)

109 (×2)

Tuzoia burgessensis Resser, 1929. USNM 80477. *Tuzoia praemorsa* Resser, 1929. USNM 80488b. 크기: 각편의 길이는 약 5~16㎝. 전체 버제스 셰일 화석군 중 개체수 비율: 산채로 매장된 개체는 없음. 산출: 중부 캄브리아기 스티븐 층의 버제스 셰일과 다른 산지들 [Collins et al.(1983), Conway Morris(1989b) 참조]. 기재: Walcott(1912a), Resser(1929). 기타 주요 참고문헌: Simonetta and Delle Cave(1975).

왑티아 *Waptia*

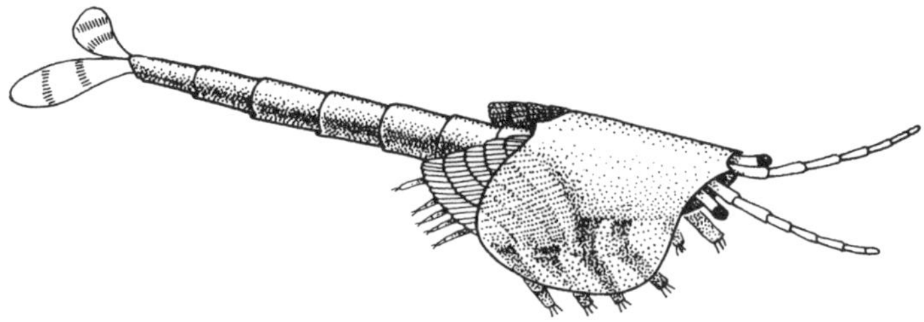

110

사진의 표본들 중 하나는 절지동물 왑티아의 등 쪽을 보여주고(사진 112) 다른 하나는 옆쪽을 보여준다(사진 111). 갑피의 앞쪽에 1쌍의 촉각과 눈이 돌출되어 있다. 두부에는 다른 작은 부속지들도 존재하지만 이들은 보통 두부 또는 갑피가 화석화 과정 중에 압축되면서 숨겨져 관찰되지 않는다. 갑피의 각편들은 쉽게 분리되지 않지만 접번으로 작용하는 중간선을 따라 포개어진다. 각편 아래쪽으로 일련의 짧은 체절에 몸통의 부속지가 붙어있다. 걷는 기능과 산소 교환기능은 분리되어 있다. 앞의

111(×1.5)

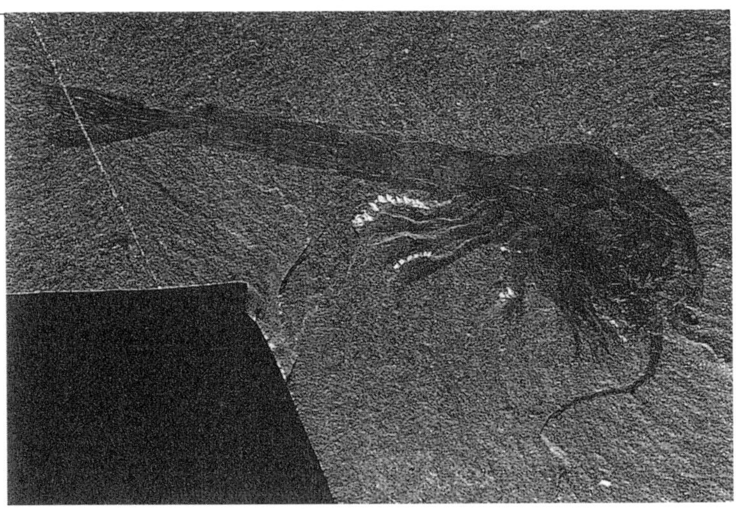

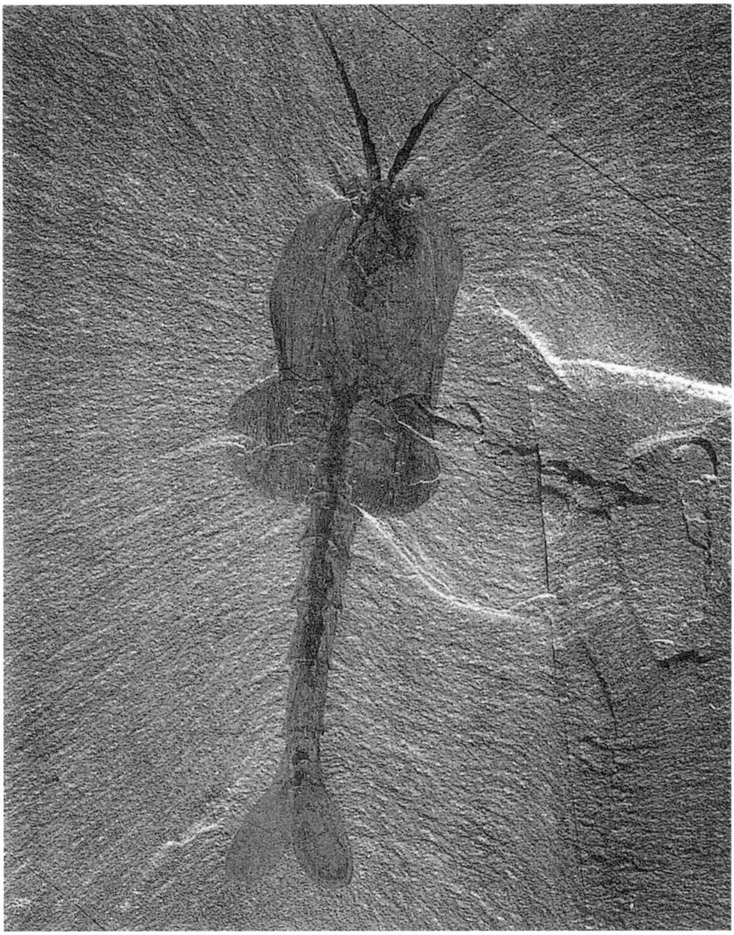

112 (×1.8)

Waptia fieldensis Walcott, 1912a. USNM 13823, 83948e.
크기: 보통 길이가 약 7.5㎝. 복원도: Isham.
전체 버제스 셰일 화석군 중 개체수 비율: 2.55%.
산출: 중부 캄브리아기 스티븐 층의 버제스 셰일.
기재: Conway Morris et al.(1982) 중 Hughes.
기타 주요 참고문헌: Briggs(1983).

4개의 부속지는 걷는 부속지로만 이루어져 있으며, 그 뒤에 기다란 잎 모양의 술을 갖는 6개의 아가미 지엽이 있다. 이러한 차이는 옆으로 눌러진 상태로 보존된 표본에서 분명하게 관찰된다. 또한 아가미 지엽 중 어떤 것은 등 쪽에서 볼 때 갑피 너머로 뻗어 있는 모습이 분명하게 관찰된다.

복부는 5개의 체절로 이루어져 있고, 제일 끝부분에 커다랗고 마디로 된 2개의 플랩 같은 구조를 제외하고는 다리는 없다. 이 2개의 구조는 기다란 미절에 붙어있는 꼬리 갈퀴나 꼬리 가지를 이루고 있다. 소화관의 흔적은 등 쪽에서 볼 때 분명하게 관찰된다. 왑티아는 해저에서 살았다. 왑티아는 아가미 지엽을 이용하여 헤엄쳤으며 미절의 플랩 같은 구조를 이용해 몸의 움직임을 안정시키고 조종했다. 왑티아는 걷는 부속지를 이용하여 해저에서 균형을 잡았을 것이다. 왑티아는 강하게 발달된 턱 부속지를 갖고 있지 않았다. 아마도 왑티아는 퇴적물 속의 유기물질을 먹었을 것이다.

아직 왑티아는 자세하게 다시 기재되지 않았다. 예비연구에 의하면 왑티아는 갑각류에 속하지만, 현생 갑각류 집단의 어느 종류로도 쉽게 분류되지 않는다.

삼엽충류 아문 *Subphylum Arachnomorpha*

• 삼엽충 강 *CLASS TRILOBITA* •

등 쪽의 딱딱한 외골격만이 방해석 성분으로 광물화되기 때문에 화석 기록상 대부분의 삼엽충은 단지 등 쪽 외골격만 알려져 있다. 그러나 버제스 셰일에서 부속지와 함께 연질부(단단한 외골격을 제외한, 동물의 몸을 이루는 부분) 같은 다른 특징들을 보존하고 있는 삼엽충이 발견된다는 것은 놀랄 만한 일이 아니다. 가장 유명한 것은 올레노이데스(*Olenoides*)인데, 아마도 가장 완벽하게 알려진 삼엽충일 것이다. 더 특이한 것은 나라오이아(*Naraoia*)인데, 이 삼엽충은 광물화된 외골격을 갖지 않고 유기물질로 이루어져 단단해진 외골격을 갖는다. 그러나 놀랍게도 버제스 셰일에서 발견되는 석회화된 외골격을 가진 13속의 삼엽충 중 올레노이데스 이외에 단지 쿠테니아(*Kootenia*)와 엘라씨나(*Elrathina*)만이 연질부의 증거를 보존하고 있다. 그리고 연질부가 보존되어 있는 올레노이데스 표본이 상대적으로 풍부함에도 불구하고 다른 두 속의 경우 부속지는 매우 드물게 보존되어 있다.

연질부의 보존이 단지 몇몇 버제스 셰일 삼엽충에 한정되는 이유는 무엇일까? 어떤 경우 간단히 설명이 된다. 삼엽충이 매우 드물기 때문이다. 단지 삼엽충의 몸의 일부분만이 보존된다면 퇴적물이 밀려와 묻히는 과정에서 또는 그 전에 마디가 분리되어 죽은 개체이거나 탈피를 하고 남겨진 껍질일 수 있다. 그러나 대부분의 경우, 완벽한 외골격을 갖는 개체가 상당한 비율로 발견된다. 이것은 삼엽충 중 일부는 살아있는 상태로 퇴적물에 의해 묻혔으며 연질부가 그 자리에서 부패됐음을 의미한다. 올레노이데스와 나라오이아처럼 부속지가 보존된 삼엽충의 크기가 가장 크고 그들의 다리가 가시로 무장되어 있다는 사실은 단순한 우연의 일치가 아닐 것이다. 이러한 포식자들의 다리는 다른 삼엽충의 부속지보다 더 두껍고 더 튼튼하기 때문에 보존될 가능성이 높다. 보존될 가능성이 이렇게 다르다는 것은 심지어 올레노이데스에서도 분명히 알 수 있는데, 다리는 보존되어 있지만 배 쪽을 이루는 얇은 표피층은 대부분 보존되어 있지 않다.

사진은 버제스 셰일에서 발견된 15속의 삼엽충 중 11속의 예이다. 한부리아(*Hanburia*), 페로놉시스(*Peronopsis*), 스펜셀라(*Spencella*) 및 테고펠테(*Tegopelte*)와 같은 흔하지 않은 삼엽충은 제외시켰다. 완벽하게 보존된 포식자인 올레노이데스와 나라오이아를 제외하곤 버제스 셰일 삼엽충의 생활양식은 거의 알려진 바 없다. 쿠테니아(*Kootenia*)와 엘라씨나(*Elrathina*)의 다리는 생활양식을 알아내기엔 불충분하게 보존되어 있다. 아그노스티드(*agnostid*) 삼엽충인 타이차그노스투스(*Ptychagnostus*)와 페로놉시스(*Peronopsis*), 그리고 에오디스코이드(*eodiscoid*) 삼엽충인 파게티아(*Pagetia*)는 물속을 떠다니거나 헤엄치던 원양성으로 추정된다. 나머지 삼엽충들은 아마도 해저에서 살았을 것이다. 이 중 대다수는 진흙의 퇴적물에서 생활하는 퇴적물 섭식자였지만, 이것도 단지 가설에 불과하다.

버제스 셰일 삼엽충에 대한 중요한 참고문헌은 라세티의 저서(Rasetti, 1951)이다. 라세티(1963)는 그가 1951년에 임시로 솔레노플루렐라(*Solenopleurella*)로 분류한 표본을 스펜셀라(*Spencella*)로 재동정했다. 휘팅턴(Whittington, 1975b; 1980a)은 올레노이데스를 재기재하고 해석했다. 콘웨이 모리스(Conway Morris, 1986)는 살아 있는 상태에서 묻힌 표본과 죽은 채로 묻힌 표본의 상대적인 양을 고찰했다. 휘팅턴(Whittington, 1977; 1985a)은 연질부를 갖는 삼엽충인 나라오이아(*Naraoia*)와 테고펠테(*Tegopelte*)를 기재했으며, 발견된 전체 삼엽충 생물군의 목록을 작성했다(1985b).

113 (×2)

Chancia palliseri Walcott, 1908b (Ptychopariida). USNM 116236c. 길이: 30~36㎜. 산출: 중부 캄브리아기 스티븐 층의 버제스 셰일과 오자이곱시스 셰일. 기재 : Rasetti(1951).

114 (×3)

Ehmaniella burgessensis Rasetti, 1951 (Ptychopariida). USNM 116246a. 크기: 최대 27.5㎜. 산출: 중부 캄브리아기 스티븐 층의 버제스 셰일과 다수의 인근산지들 [Rasetti(1951), Collins et al.(1983) 참조]. 기재 : Rasetti(1951).

115 (×8)

Ehmaniella waptaensis Rasetti, 1951 (Ptychopariida).USNM 116244b. 크기: 최대 12㎜. 산출: 중부 캄브리아기 스티븐 층의 버제스 셰일. 기재: Rasetti(1951).

	113
114	115

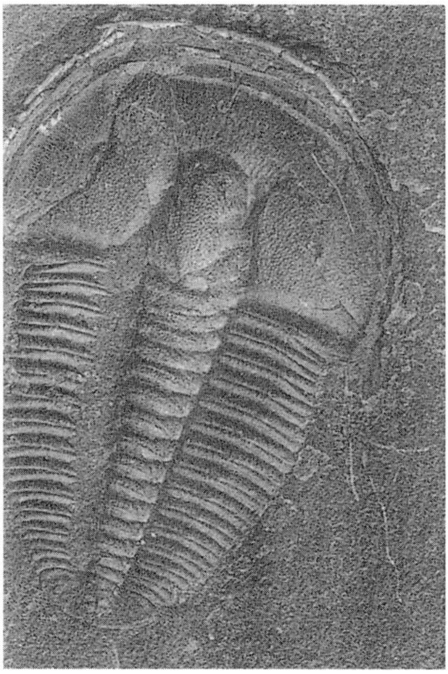

116 (×3)
Elrathia permulta Walcott, 1918b (Ptychopariida). USNM 116240a.
매우 드물게 산출된다. 크기: 적어도 21㎜까지. 산출: 중부 캄브리아기 스티븐 층의 버제스 셰일. 기재: Rasetti (1951).

117 (×4)
Elrathia cordillerae Rominger, 1887 (Ptychopariida). USNM 116225.
크기: 적어도 20㎜까지. 산출: 중부 캄브리아기 스티븐 층의 버제스 셰일과 오자이곱시스 셰일. 기재: Rasetti (1951).

118 (×1.5)
Kootenia burgessensis Resser, 1942 (Corynexochida). USNM 65511.
크기: 최소 40㎜까지. 산출: 중부 캄브리아기 스티븐 층의 버제스 셰일과 필드(Field) 산. 기재: Resser (1942).

116	
117	118

나라오이아 *Naraoia*

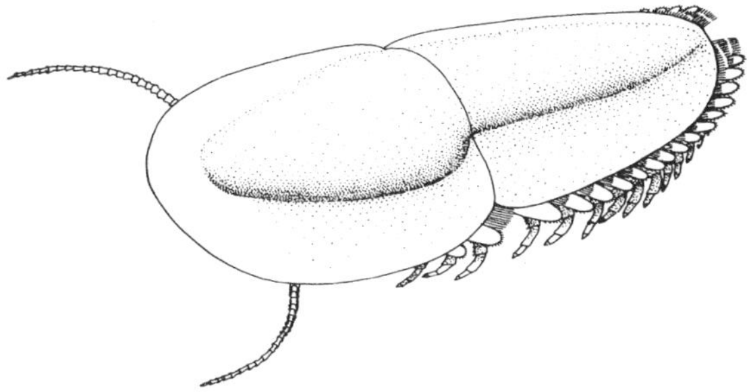

119

나라오이아는 두 가지 면에서 주목할 만한 삼엽충이다. 대부분의 다른 삼엽충과는 달리 배판(背板, *dorsal skeleton*)이 석회화되지 않았으며 단지 유기물질로 단단하게 이루어져 있다. 그리고 외골격은 올레노이데스(*Olenoides*)나 다른 삼엽충들처럼 두부, 흉부 및 미부의 세 부분으로 구분되지 않고 단지 두 부분으로 구분되어 있다.

사진 120의 나라오이아 표본은 비스듬하게 압축되었기 때문에 오른편(특히 두부 부분)이 비틀어져 있는 반면 왼쪽의 다리는 모두 보존되어 있다. 이 삼엽충의 다리는 2개의 지엽으로 이루어져 있는데(즉, 이지형이다), 하나는 여러 마디가 관절처럼 연결되어 있고 주로 걷는 데 사용되며, 다른 하나는 일련의 술들로 이루어져 있으며 산소를 교환하는 데 사용된다. 이 아가미 지엽(*gill branch*)에는 긴 술들이 일렬로 발달해 있다. 해리 휘팅턴은 이 표본의 머리부분 일부와 아가미 술을 걷어내어 아래에 있던 걷는 데 사용하는 다리들을 몇 개 보이게 했다. 이 나라오이아 표본과 다른 나라오이아 표본들을 보면 걷는 데 사용하는 다리에 굉장히 큰 가시들이 배열되어 있음을 보여준다. 나라오이아는 포식자로써 적합한 형태를 지닌 것처럼 보인다. 나라오이아는 벌레들과 다른 연질부로만 이루어진 생물(*soft-bodies*)들을 먹고 살았다.

삼엽충이 고생대 말에 멸종했기 때문에 이러한 절지동물의 연질부의 형태와 생활양식을 어렴풋이나마 알아내기 위해서는, 버제스 셰일에서 발견되는 표본들처럼 매우 잘 보존된 화석의 증거에 의존해야 한다.

그러나 나라오이아가 삼엽충과 같은 분류군에 속한다는 것을 어떻게 알 수 있을까? 나라오이아는 올레노이데스와 전혀 닮은 것 같지 않아 보인다. 나라오이아의 다리는 2개의 지엽을 가진 다른 삼엽충들의 다리와 매우 유사해 보인다. 각각의 다리가 비슷할 뿐 아니라, 배열도 같다. 나라오이아와 올레노이데스는 1쌍의 촉각을 갖고 있으며(사진 120의 표본을 보면 왼쪽 촉각이 뚜렷한 것을 볼 수 있다), 두부에 3쌍의 이지형 부속지가 있고, 이 부속지들은 본질적으로 몸통의 부속지와 동일하다. 나라오이아의 미부는 올레노이데스나 다른 삼엽충의 흉부와 미부를 합친 것에 해당한다. 외골격이 탄산칼슘으로 단단해지기 이전 단계에 나라오이아는 원시 삼엽충으로부터 진화하였다. 크고 가시로 뒤덮인 부속지에 필요한 근육이 붙기 위해 흉부와 미부가 하나로 합쳐져 추가적으로 근육을 지탱할 필요가 있었을지도 모른다. 사진 121의 표본을 보면 외골격에 소화관이 은색 흔적으로 남아 뚜렷이 관찰할 수 있다. 두부에서 2개의, 복잡하게 분지하는 소화선(消化腺,

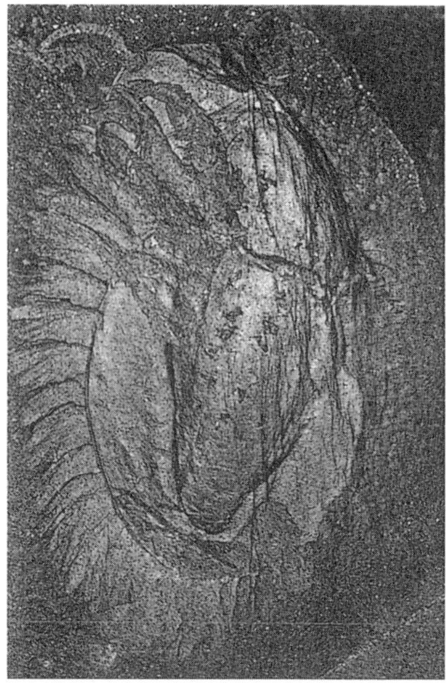

120(×2)

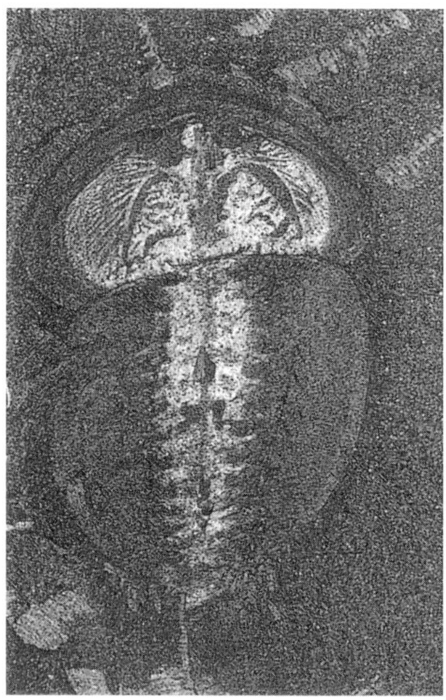

121(×2.5)

digestive gland), 소화관 측실〔側室, *gut diverticula*, 강(腔)에서 갈라나온 출구 없는 관상(管狀)의 주머니〕들이 위와 연결되어 있다. 표본의 뒤쪽에는 소화관의 흔적이 발달해 있고, 옆으로 뻗어 있는 일련의 돌기가 발달해 있다.

Naraoia compacta Walcott, 1912a(Nektaspida, Naraoiidae 과). USNM 83945b, 83945c. 크기: 9~40㎜. 복원도: Isham. 전체 버제스 셰일 화석군 중 개체 수 비율: 0.32%. 산출: 중국 하부 캄브리아기 징강화석군; 중부 캄브리아기 스티븐 층의 버제스 셰일과 Collins et al.(1983)의 산지 9; 유타주 마줌(Marjum) 층; 다른 산지들[Conway and Morris(1989b) 참조]. 기재: Whittington(1977). 기타 주요 참고문헌: Zhang and Hou(1985).

올레노이데스 *Olenoides*

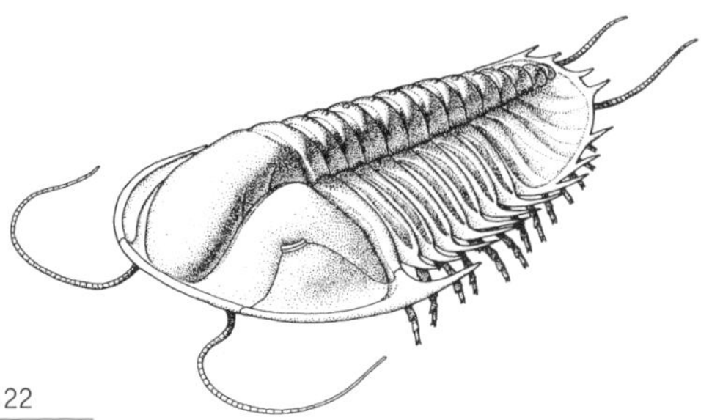

122

사진 124의 올레노이데스 표본은 보편적인 석회화된 삼엽충 외골격의 형태, 즉, 폭이 넓은 두부(*cephalon*), 여러 마디로 이루어진 흉부(*thorax*: 7개의 마디), 반원형의 미부(*pygidium*)를 보여준다. 그러나 버제스 셰일에서 발견되는 표본들은 또한 다리의 흔적을 보존하고 있기 때문에 특별하다. 머리로부터 긴 구부러진 촉수가 튀어나와 있으며, 삼엽충 중에서는 독특하게도 미부 아래에 다리(*cerci*: 절지동물의 뒤쪽에 발달한 1쌍의 부속지로 미각이라 함) 1쌍이 뻗어 있다. 삼엽충의 다른 다리는 2개의 지엽으로 되어 있는데, 하나는 걷는 데 사용하는 지엽이고 다른 하나는 아가미 지엽이다. 이 표본에서 걷는 데 사용하는 지엽은 몸의 뒤로 밀려 내려와 있는 것을 보여준다. 표본의 오른쪽 뒷부분에서 몇 개의 아가미 지엽들이 분명히 관찰된다. 사진 123의 표본에서는, 걷는 데 사용하는 다리들이 외골격의 왼쪽으로 뻗어있는 것이 잘 보존되어 있다. 이 다리에는 가시가 다발의 형태로 연속적으로 나타나는데, 이 가시들은 다리가 흙에 묻히면서 회전되었기 때문에 뒤쪽을 향해 있다. 이 표본이 살아 있을 때, 가시다발들은 아래쪽과 안쪽을 향해 있었고, 맞은편 다리들이 삼엽충이 잡아먹었던 딱딱한 골격이 없는 벌레들(*soft bodied worm*)을 움켜쥘 수 있도록 도왔다. 사진 125 표본의 오른쪽 편에는 아가미 지엽이 걷는 데 사용하는 지엽 위에 놓여 있는 것이 관찰되고, 걷는 데 사용하는 지엽은 아가미 지엽보다 바깥쪽으로 뻗어 있다. 아가미 지엽은 뒤 가장자리를 따라 밀접하게 배열된 일련의 가느다란 술을 갖는 하나의 축(*axis*)으로 되어있다. 바깥쪽 끝에는 커다란, 타원형의 가느다란 술이 발달하여 있다. 이 삼엽충의 경우 몸통의 축이 구부러져 있는데, 퇴적물에 묻힌 뒤에 압축작용(*compaction*) 때문에 변형되었기 때문이다.

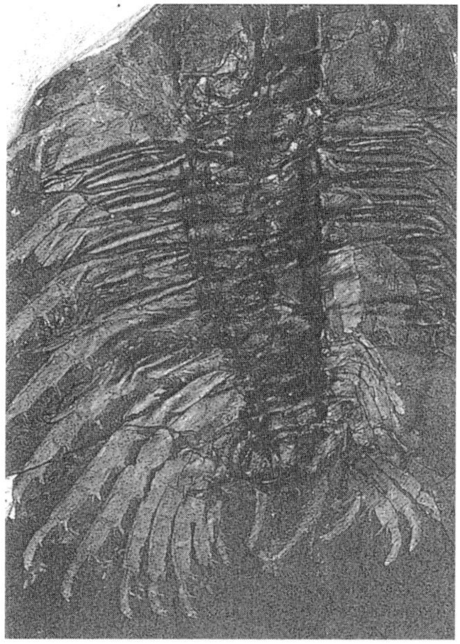

123(×0.5)

올레노이데스는 딱딱한 골격이 없는 벌레(*soft bodied worm*) 및 다른 먹이들을 찾기 위해 진흙으로 이루어진 해저를 돌아다니는 활발한 포식자이자 썩은 고기를 먹는 동물이었다. 다리, 소화관의 흔적, 그리고 다른 부드러운 세포조직이 보존되어 있어 올레노이데스는 모든 삼엽충 중 가장 완벽하게 알려진 삼엽충 중 하나이다.

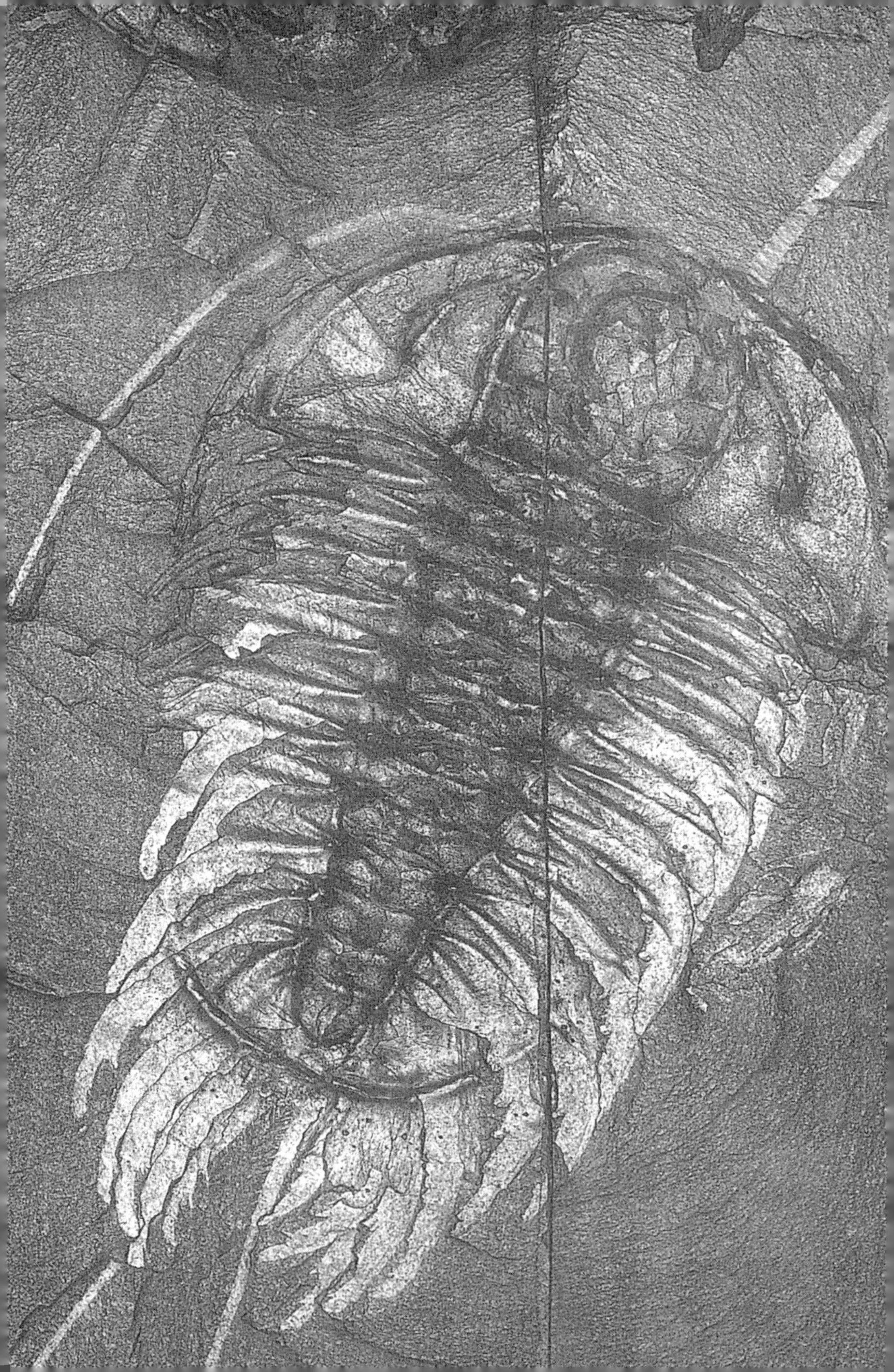

125 (×1)

Olenoides serratus Rominger, 1887 (Corynexochida).
USNM 58589, 58588, 65521.
크기: 약 50~ 85㎜. 복원도: Isham.
전체 버제스 셰일 화석군 중
개체 수 비율: 0.21%.
산출: 중부 캄브리아기 스티븐 층의
버제스 셰일과 오자이곱시스셰일
[Whittington(1975b) 참조].
기재: Whittington(1975b, 1980a).

126 (×4)

Oryctocephalus burgessensis
Resser, 1938(Corynexochida).
USNM 116220b. 크기: 약 16㎜.
산출: 중부 캄브리아기 스티븐 층의
버제스 셰일.
기재: Rasetti(1951).

124 (×1.9)

127 (×4.5)

Oryctocephalus burgessensis
Resser, 1938(Corynexochida).
USNM 116220b. 크기: 약 16㎜.
산출: 중부 캄브리아기 스티븐 층의 버제스 셰일.
기재: Rasetti(1951).

128 (×8)

Oryctocephalus matthewi
Resser, 1938(Corynexochida).
USNM 116222a.
크기: 최대 16㎜.
산출: 중부 캄브리아기 스티븐 층의 버제스 셰일과 오자이곱시스 셰일.
기재: Rasetti (1951).

129 (×3)

Parkaspis decamera Rasetti, 1951 (Corynexochida).
USNM 116231.
크기: 20㎜.
산출: 중부 캄브리아기 스티븐 층의 버제스 셰일.
기재: Rasetti (1951).
매우 드물게 산출됨.
유리볼 (*free cheeks*) 이 뒤를 향해 있는데, 이것은 이 표본이 탈피 후 남겨진 껍질임을 나타낸다.

130 (×5)

Ptychagnostus praecurrens Westergaard, 1936 (=*Triplagnostus burgessensis* Rasetti, 1951) (Agnostina).
USNM 112213.
크기: 최대 8㎜.
산출: 중부 캄브리아기 스티븐 층의 버제스 셰일.
기재: Rasetti (1951).

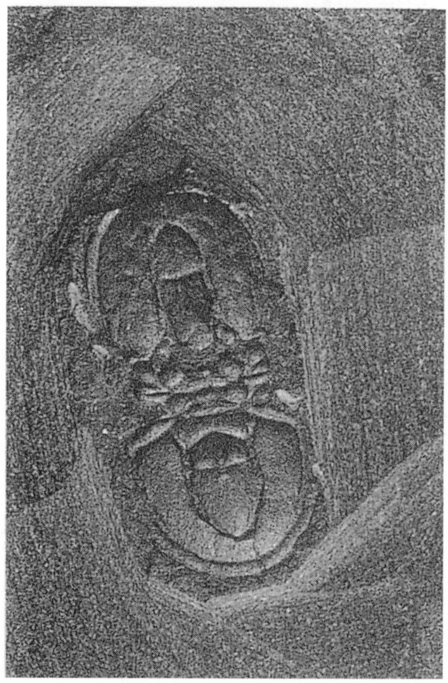

협각 강 鋏角綱, *CLASS CHELICERATA*

(협각류-전갈, 거미 그리고 이들의 친척들)

산타카리스 *Sanctacaris*

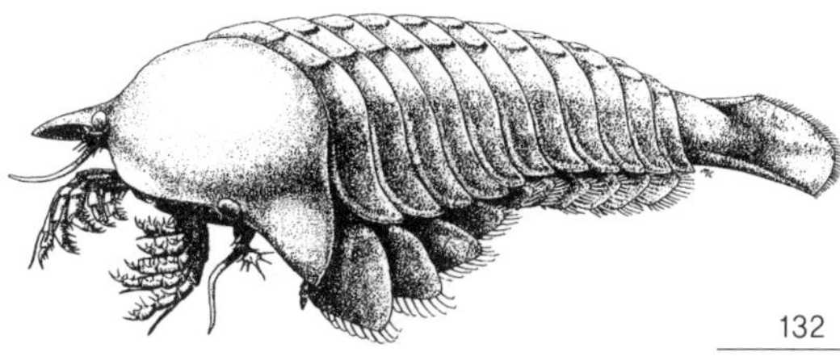

132

멋진 절지동물인 산타카리스는 데스몬드 콜린스의 지휘 아래 국립 온타리오 박물관이 1981년과 1982년에 발견한 새로운 화석산지들에서 발굴한 가장 중요한 표본들 중 하나이다. 버제스 셰일에서는 잘 보존된 삼엽충과 분명히 현대의 갑각류와 연관 있는 형태인 카나다스피스가 산출된다. 산타카리스는 가장 초기의 협각류(전갈과 거미를 포함하는 그룹)이다. 이 생물은 스티븐 층에서 3개의 중요한 수생절지동물 그룹들을 대표한다. 이 중요한 화석들은 캄브리아기 생명대폭발 시기에 현생 절지동물의 기원에 대한 해석의 기초를 제공한다. 산타카리스는 1개의 넓은 머리판을 갖는다. 사진 표본에서 두 가지로 갈라진 6쌍의 머리 부속지들이 앞으로 튀어나와 있는 것이 명확히 관찰된다. 앞쪽 5쌍의 부속지들은 먹이를 포획하는 데 사용하는 일련의 가시들을 가지고 있다. 복부는 11개의 마디로 분할되고, 넓고 편평한 꼬리마디로 끝난다. 산타카리스는 퇴적물 표면이나 그 바로 위에 서식하는 육식동물이었다. 머리에서 옆으로 튀어나온 돌기 그리고 노 모양의 꼬리마디는 이 생물의 균형을 잡고 조종하는 역할을 했을 것이다.

산타카리스는 가장 오랜 절지동물로 협각류로 동정될 수 있는 특징들을 보여준다. 머리 부속지의 수와 유형 그리고 복부의 분할을 살펴보면 나중에 출현하는 수생 협각류인 광익류(*eurypterids*)와 투구게에서 변화된 형태로 나타난다.

131(×2.7)

Sanctacaris uncata Briggs and Collins, 1988. ROM 43502. 크기: 길이는 46~93㎜. 복원도: Marianne Collins. 5개의 표본들이 발견됐다. 산출: 중부 캄브리아기 스티븐 층, 스티븐 산, Collins et al.(1983)의 산지. 9. 기재: Briggs and Collins(1988).

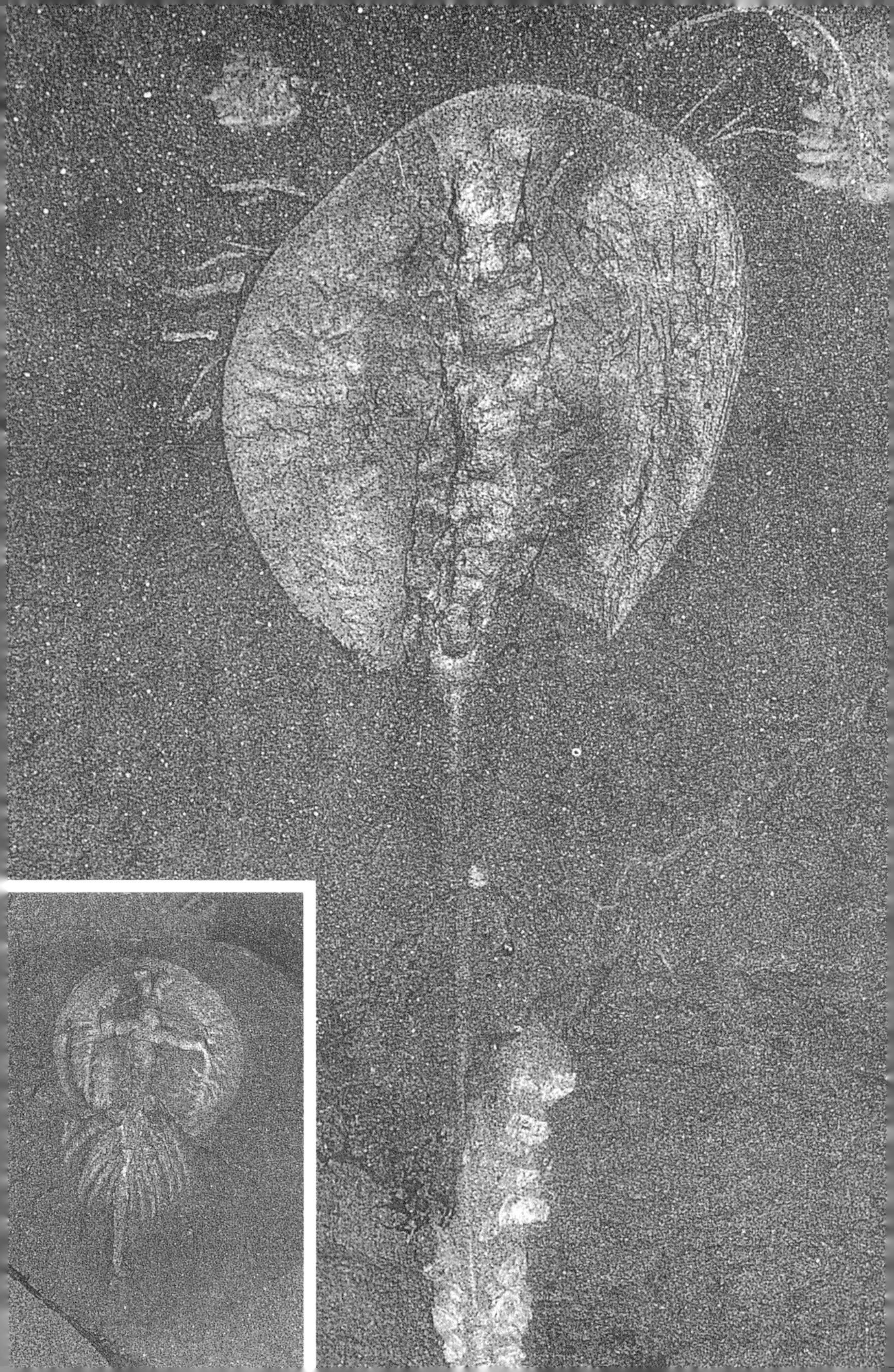

• 다른 절지동물들 *OTHER ARTHROPODS* •

버게씨아 *Burgessia*

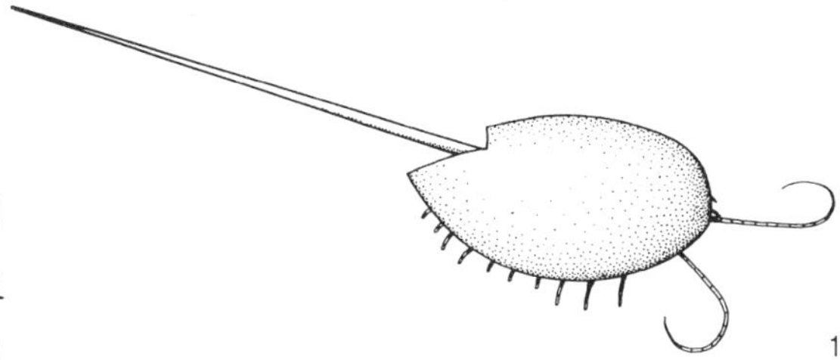

135

버게씨아의 갑피는 원형이며, 꼬리는 V자형으로 오목하게 들어갔다. 꼬리 뒤에 긴 미절이 뻗어 있다(사진 133). 버게씨아의 내장은 앞쪽 끝에 위치한 1쌍의 엽(*lobe*)까지 뻗어 있다. 내장은 측면에서 아마도 일종의 소화기관인, 복잡하며 분기하는 관계(*canal system*)와 연결되어 있을 것이다
133 (×7) (*diverticula*; 사진 134). 머리에는 1쌍의 길고, 유연성 있는 촉각이 달려 있다. 사진 133의 표본에서는 촉각을 덮었던 암석의 일부를 제거함으로써 오른편 촉각이 드러났다. 나머지 부속지들은 2개의 지엽으로 이루어진다(이들은 이지형이다). 사진 133에서 표본의 갑피 너머로 뻗어있는 두부의 부속지들은 가늘고 분절된 걷는 지엽과 길고 채찍 같은 바깥 지엽으로 이루어져 있다. 갑피로 가려졌거나 갑피 아래쪽으로 뻗어있는 몸통의 부속지들도 두부의 부속지와 비슷한 걷는 지엽을 가지고 있지만, 바깥 지엽은 작은 타원형의 아가미이다. 버게씨아는 아마도 먹이를 찾기 위해 진
134 (×3) 흙투성이 바닥 위를 기어 다녔을 것이다. 버게씨아가 어떻게 또는 무엇을 먹었는지를 알려주는 화석 증거는 거의 없다. 이 절지동물은 눈이 없었지만, 아마도 촉각이 감각기능 역할을 수행했을 것이다. 버게씨아는 퇴적물에 있는 작은 동물들과 유기물들을 먹었을 것이다.

버게씨아는 협각류와 삼엽충을 포함하는, 절지동물의 큰 집단인 삼엽충류 아문(*arachnomorph*)에 속한다.

Burgessia bella Walcott, 1912a. USNM 155624, 57676. 크기: 갑피의 너비는 4~16.5 ㎜. 복원도: Isham. 전체 버제스 셰일 화석군 중 개체 수 비율: 5.35%. 산출: 중부 캄브리아기 스티븐 층 버제스 셰일. 기재: Hughes(1975).

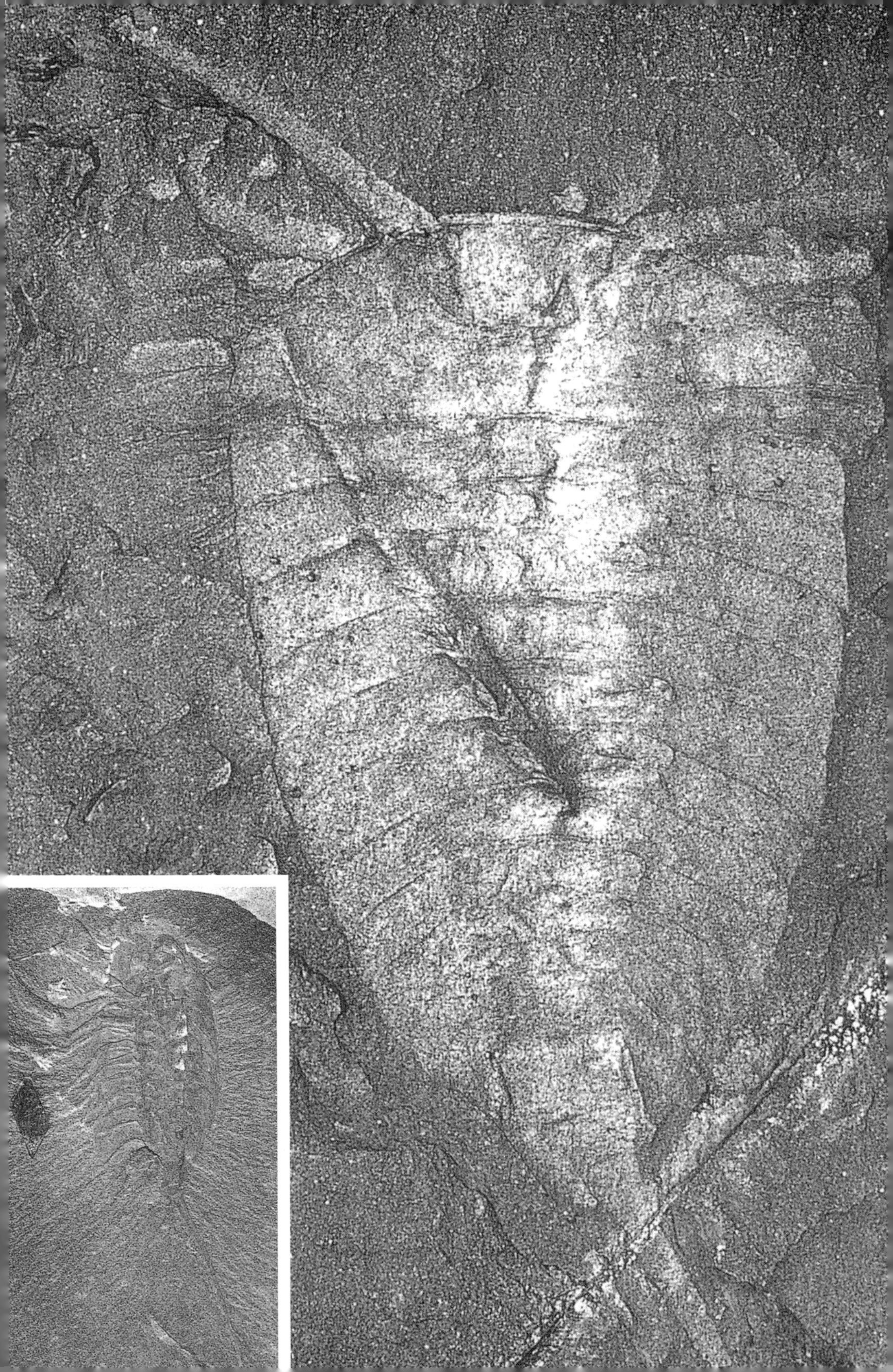

에메랄델라 *Emeraldella*

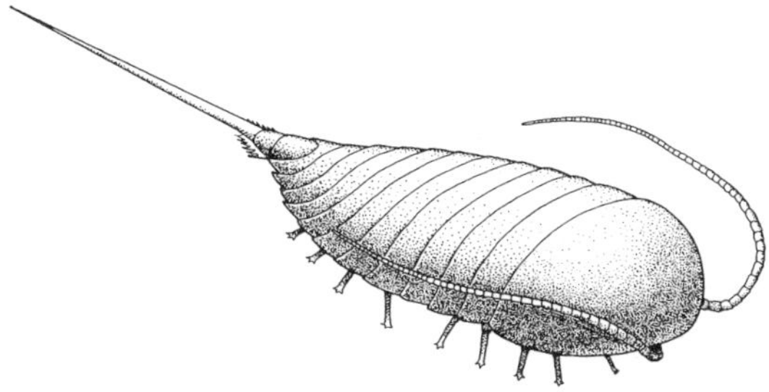

138

사진 136의 표본은 에메랄델라의 등을 보여준다. 사진 137의 표본은
납작해서, 우리가 왼쪽에서 표본을 약간 내려다볼 때 왼편 부속지들이 갑
피 바깥으로 돌출되어 있는 것처럼 관찰된다. 에메랄델라의 머리 껍질은
136(×4) 반원형이다. 몸통은 11개의 넓은 체절(*tergite*)로 이루어지며 뒤로 갈수
록 폭이 좁아지는데, 끝에 달린 2개의 실린더형 체절에는 기다란 꼬리 가
시 또는 미절이 달려 있다. 머리에는 1쌍의 기다란 촉각이 달려 있다. 나
머지 부속지들은 이지형으로, 몇 개의 엽(조각)으로 이루어진 바깥 지엽
과 분절된 안쪽 지엽으로 이루어진다. 걷는 데 사용되는 길고 분절된 지
엽의 끝은 부분적으로 겹쳐진 아가미 판(*gill flap*) 너머로 뻗어 있는 것이
관찰될 수 있다. 분절된 지엽을 따라 쭉 줄지은 가시들이 사진 136 표본
의 맨 앞 부속지에서 관찰된다. 이 가시들과 부속지(*limb*) 아랫부분의 다
137(×1) 른 가시들은 먹이를 포획하고 처리하는 데 사용됐다. 가시의 크기를 고려
해 보면 에메랄델라는 육식동물이고 썩은 고기를 먹는 동물이었으며, 진
흙퇴적물에서 부드러운 신체를 가진 생물을 먹었을 것으로 추정된다.

에메랄델라는 협각류와 삼엽충을 포함하는 절지동물의 큰 집단인 삼엽충류 아문에 속한다.

Emeraldella brocki Walcott, 1912a. USNM 136441, 57702. 크기: 후부의 가시(*spine*)를 제외한 길이는 11~65㎜. 복원도: Isham. 전체 버제스 셰일 화석군 중 개체 수 비율: <0.2%. 산출: 중부 캄브리아기 스티븐 층 버제스 셰일; 유타 주 마줌(Marjum) 층에서 확실치 않은 산출. 기재: Bruton and Whittington(1983). 기타 주요 참고문헌: Briggs and Robison(1984).

139 (×5)

Habelia optata Walcott, 1912a. USNM 139209. 크기: 후부의 가시(*spine*)를 제외한 길이는 8~25.5㎜. 복원도: Marianne Collins. 전체 버제스 셰일 화석군 중 개체 수 비율: <0.1%. 산출: 중부 캄브리아기 스티븐 층 버제스 셰일. 기재: Whittington(1981b). 기타 주요 참고문헌: Elliot and Martin(1987)은 하벨리아로 추정된 생물이 기어간 흔적을 기재했다.

하벨리아 *Habelia*

140

이 표본은 버제스 셰일에서 발견되는 절지동물들 중 드물게 발견되는 것 중 하나로 그림은 왼쪽 측면의 모습을 보여준다. 하벨리아는 갑피, 특히 두부와 몸통의 축 부분이 작은 돌기로 덮여 있다는 점이 특이하다. 몸통은 12체절[28]로 이루어져 있으며 맨 끝에 긴 꼬리 가시가 달려 있다. 사진 139에서는 꼬리 가시의 끝부분은 관찰되지 않는다. 다른 표본들에서는 꼬리 가시의 3분의 2되는 지점에서 접합부가 관찰되는데, 이것은 끝부분이 나머지 부분에 대해 상대적으로 비스듬히 구부러질 수 있다는 것을 의미한다. 그랜드캐니언의 중부 캄브리아기 암석에서 관찰되는 지그재그 모양의 이상한 생흔화석들은 이러한 절지동물들이 만들었을지도 모른다. 머리 부속지는 잘 알려져 있지 않다. 첫 번째 것은 촉수로 추정된다. 나머지 부속지들은 길고 단단하며 분절된 걷는 지엽을 가진 이지형으로 이 중 일부 부속지들이 이 표본의 앞부분에서 뚜렷하게 관찰된다. 하벨리아는 진흙퇴적물 위에서 살았으며 단단한 껍질을 가지고 있다. 부속지에 대해서는 거의 알려진 것이 없어서 이 생물이 먹이를 섭취하는 전략을 자세히 추론하기는 어렵다. 이 절지동물은 아마도 시체 및 퇴적물 속의 유기물을 먹는, 썩은 고기를 섭취하는 동물이었을 것이다.

하벨리아는 협각류와 삼엽충을 포함하는 절지동물의 큰 집단인 삼엽충류 아문에 속한다.

---

28) 옮긴이 주 — 체절(體節; *segment*): 동물의 몸에서 전·후축을 따라 반복적으로 배열되는 분절적(分節的)인 입체구조의 단위. 이와 같은 구조 중에는 하나의 기관 또는 몇 개의 기관이 반복해서 존재하는 경우도 있다. 환형동물이나 절지동물의 체절이 좋은 보기이다.

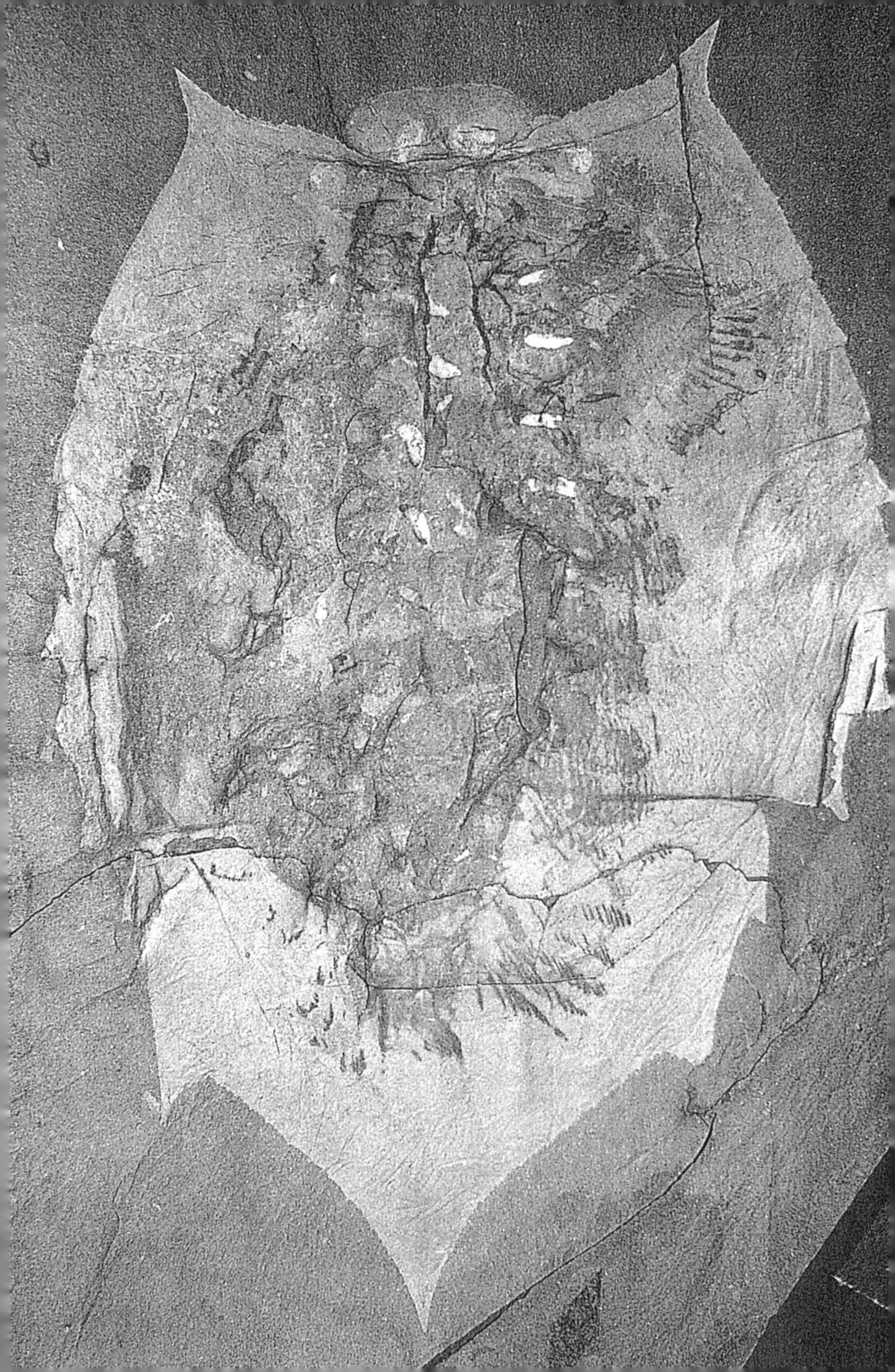

헬메티아 *Helmetia*

헬메티아는 버제스 셰일에서 발견되는 절지동물들 중 드물게 발견되는 것 중의 하나이다. 단지 12개의 표본만이 알려져 있다. 헬메티아는 넓고, 편평한 갑피와 매우 얇은 외피를 갖는다. 갑피는 머리, 6개의 마디로 이루어진 몸통 그리고 큰 꼬리로 이루어진다. 두부 앞 가장자리의 각 귀퉁이에는 가시가 뻗어 있다. 중앙부에서는 두부 너머로 타원형 구조물이 돌출되어 있다. 이 타원형 구조물 뒤쪽 가장자리 근처에 2개의 커다란 점이 명확히 관찰되지만, 그 정확한 내용은 알려져 있지 않다. 타원형 구조물 양쪽과 뒤에 놓여있는 1쌍의 원형 반사점은 눈으로 해석된다. 이 생물은 또한 몸통 축을 따라서 1쌍의 구조들이 관찰되는데, 이것은 근육이 부착된 자국들이다. 헬메티아의 부속지들은 거의 관찰되지 않는다. 사진 141 표본의 오른편 아래에는 일련의 가는 실들이 뚜렷이 관찰된다. 넓고, 얇으며, 편평한 갑피 그리고 실 같은 부속지들은 헬메티아가 헤엄쳤음을 알려준다. 걷는 데 사용됐을 것으로 여겨지는 부속지의 지엽의 증거는 없다. 헬메티아는 외형이 유선형처럼 보이지 않기 때문에 포식자일 수도 있으며 만약 포식자가 아니라면 다른 헤엄치는 먹이를 뒤쫓기 위해 적응했을 것이다. 이 생물은 아마도 먹이를 여과해서 먹는 생물이었을 것이다.

헬메티아는 협각류와 삼엽충을 포함하는 절지동물의 큰 집단인 삼엽충류 아문에 속한다.

141 (×1.2)

Helmetia expansa Walcott, 1918a. USNM 83952. 크기: 20㎝ 이상. 전체 버제스 셰일 화석군 중 개체 수 비율: = 0.03%. 산출: 중부 캄브리아기 스티븐 층 버제스 셰일. 기재: Briggs in Conway and Morris et al.(1982).

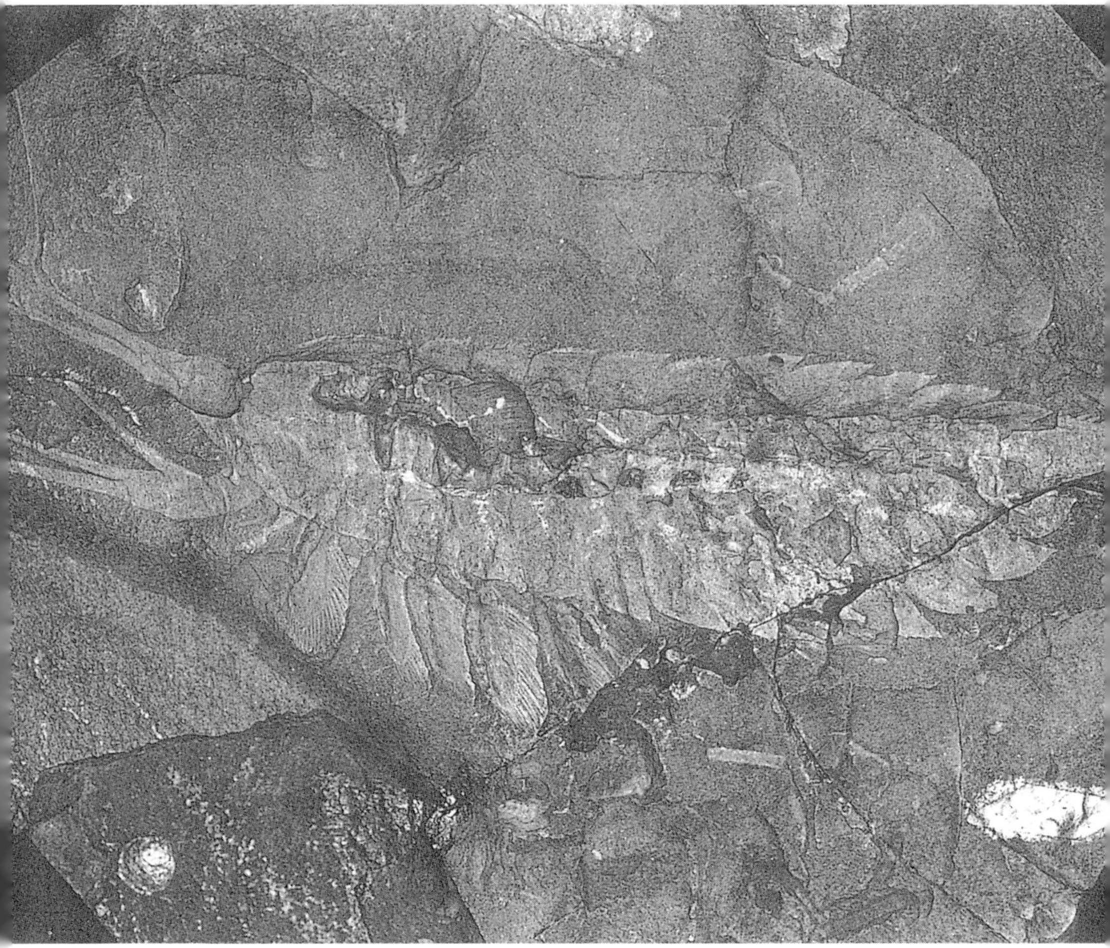

142 (×1.5)

Leanchoilia superlata Walcott, 1912a. USNM 83943b. 크기: 평균 길이 약 5.0㎝, 꼬리를 제외하고 최대 6.8㎝에 이름. 복원도: Marianne Collins. 전체 버제스 셰일 화석군 중 개체 수 비율: = 0.2%. 산출: 중부 캄브리아기 스티븐 층 버제스 셰일; 스펜스 셰일, 유타 그리고 그린란드 하부 캄브리아기 부엔(Buen) 층에서 확실치 않은 산출기록[Conway Morris(1989b)를 보시오]. 기재: Bruton and Whittington(1983). 기타 주요 참고문헌: Briggs and Robison (1984).

레안초일리아 *Leanchoilia*

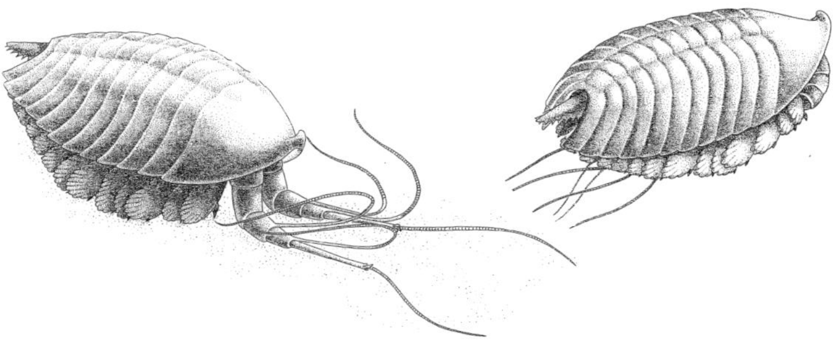

143

레안초일리아는 레이몬드 채석장에서는 매우 흔하게 발견된다. 사진 142는 표본을 왼쪽 측면 위에서 아래로 내려다본 것이다. 레안초일리아의 가장 인상적인 특징은 1쌍의 거대한 부속지이다. 이 부속지에 달린 3개의 각기 다른 가지에는 기다란 채찍 같은 것이 뻗어있는데, 이 중 하나가 이 표본의 오른쪽 측면에서 뚜렷이 관찰된다. 두부의 앞부분에는 위쪽으로 굽은 "돌출부"(*snout*)가 있는데, 사진 142 표본의 경우 돌출부는 부러져서 오른쪽 큰 부속지의 아랫부분이 드러나 있다. 몸통은 11개의 체절로 이루어지며, 끝에는 가장자리를 따라서 가시가 있는 뾰족한 삼각형 모양의 미절이 있다. 긴 가는 실 모양의 술 장식들을 갖는 이지형 부속지의 바깥 아가미 판(*gill flap*)이 앞면에서 관찰된다. 분절된 걷는 지엽은 아래에 가려져 있다. 장이 뚜렷이 관찰되며, 곳곳에서 어두운 인회석 광물로 채워져 있다. 레안초일리아는 눈이 멀었으며 아마도 가장 큰 부속지의 채찍 같은 구조물을 이용하여 환경을 느꼈을 것이다. 레안초일리아는 이지형 다리에 잘 발달된 가시들을 지니지 않으며, 아마도 퇴적물에 포함된 유기물질 조각을 먹었을 것이다.

레안초일리아는 협각류와 삼엽충을 포함하는 절지동물의 큰 집단인 삼엽충류 아문에 속한다.

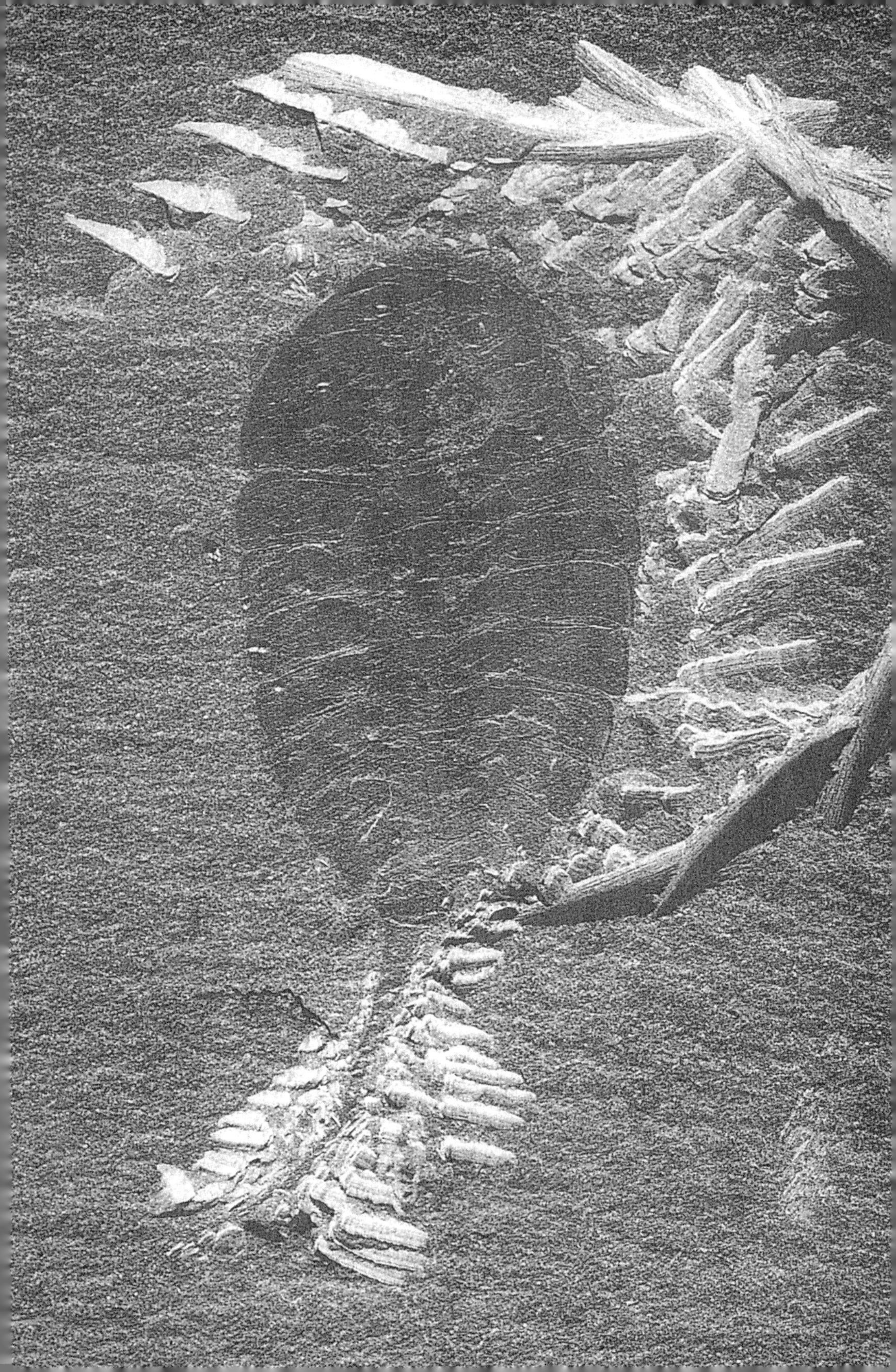

몰라리아 *Molaria*

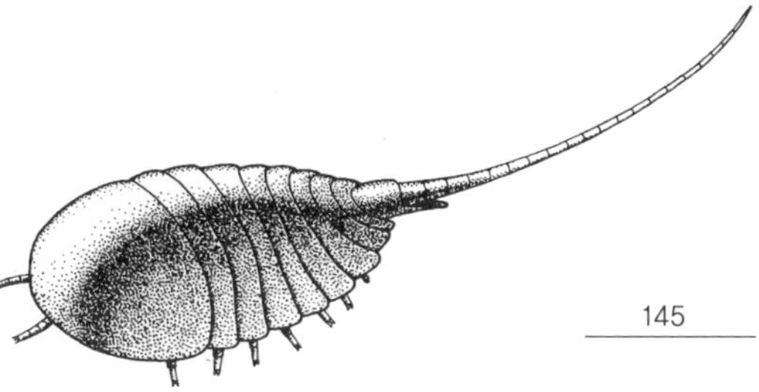

145

2개의 표본사진들은 몰라리아의 등(사진 144)과 왼쪽 면을 보여준다. 두부의 모양은 반원형이다. 몸체 외골격은 8개의 체절로 이루어져 있다. 꼬리마디는 길고 끝이 점점 가늘어지며 일련의 분절된 단편(*segment*)들로 나누어지는데, 이로 인해 몰라리아는 약간의 유연성을 갖는다. 측면을 보여주는 표본(사진 146)에서는 몸통 대부분에 걸쳐 뻗어있는 소화관의 흔적을 보여준다. 다리 또한 뚜렷하지만, 상세한 것은 분명하지 않다. 안쪽 지엽은 분절된 걷는 다리이다. 바깥 지엽은 플랩형태이며 강모로 에워싸여 있다. 몰라리아는 진흙의 퇴적물 위를 걸었으며, 두부의 가장자리를 이용하여 퇴적물 속으로 파고들었을 것이다. 몰라리아는 아마도 썩은 고기를 먹거나 진흙속의 유기물을 먹었을 것이다.

몰라리아는 협각류와 삼엽충을 포함하는 절지동물의 큰 집단인 삼엽충류 아문에 속한다.

144(×10)

146(×3)

Molaria spinifera Walcott, 1912a. USNM 272105, 57688. 크기: 7~26㎜. 복원도: Isham. 전체 버제스 셰일 화석군 중 개체 수 비율: = 0.3%. 산출: 중부 캄브리아기 스티븐 층 버제스 셰일. 기재: Whittington(1981b).

사로트로세쿠스 *Sarotrocercus*

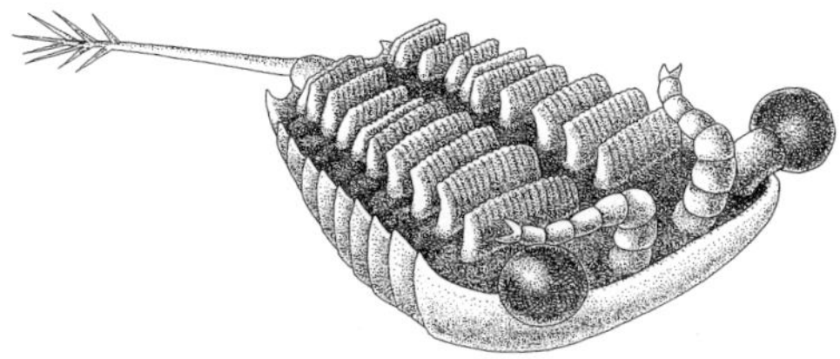

148

사로트로세쿠스는 버제스 셰일에서 발견되는 절지동물 중 드물고 가장 작은 동물 중 하나이다. 1쌍의 커다란 눈이 반원형 두부의 가장자리 너머로 뻗어있다. 9개의 몸통 체절은 어두운 밴드로 분리되는데 이것은 아마도 체절 사이의 관절일 것이다. 긴 미부 가시 끝에는 작은 가시다발이 달려있다. 사진 표본에서 다리들은 뚜렷하지 않지만, 커다란 관절을 갖는 두부와 일련의 엽(*lobe*) 모양의 몸통 다리들로 이루어지는데, 각각의 다리들은 얇은 판 술 장식을 갖는다. 사로트로세쿠스의 생활방식을 알려주는 증거는 거의 없다. 사로트로세쿠스는 진흙 퇴적물보다는 물속에서 살았을 것 같다. 사로트로세쿠스는 물속에서 앞으로 나아가기 위해서 반듯이 누워 몸통 다리들을 이용하여 헤엄쳤을 것이다.

사로트로세쿠스는 협각류와 삼엽충을 포함하는 절지동물의 큰 집단인 삼엽충류 아문에 속한다.

147 (×9)

Sarotrocercus oblita Walcott, 1981b. USNM 272171. 크기: 뒷부분의 가시를 제외한 길이 8.5~11㎜. 복원도: Marianne Collins. 전체 버제스 셰일 화석군 중 개체 수 비율: < 0.1%. 산출: 중부 캄브리아기 스티븐 층 버제스 셰일. 기재: Whittington(1981b).

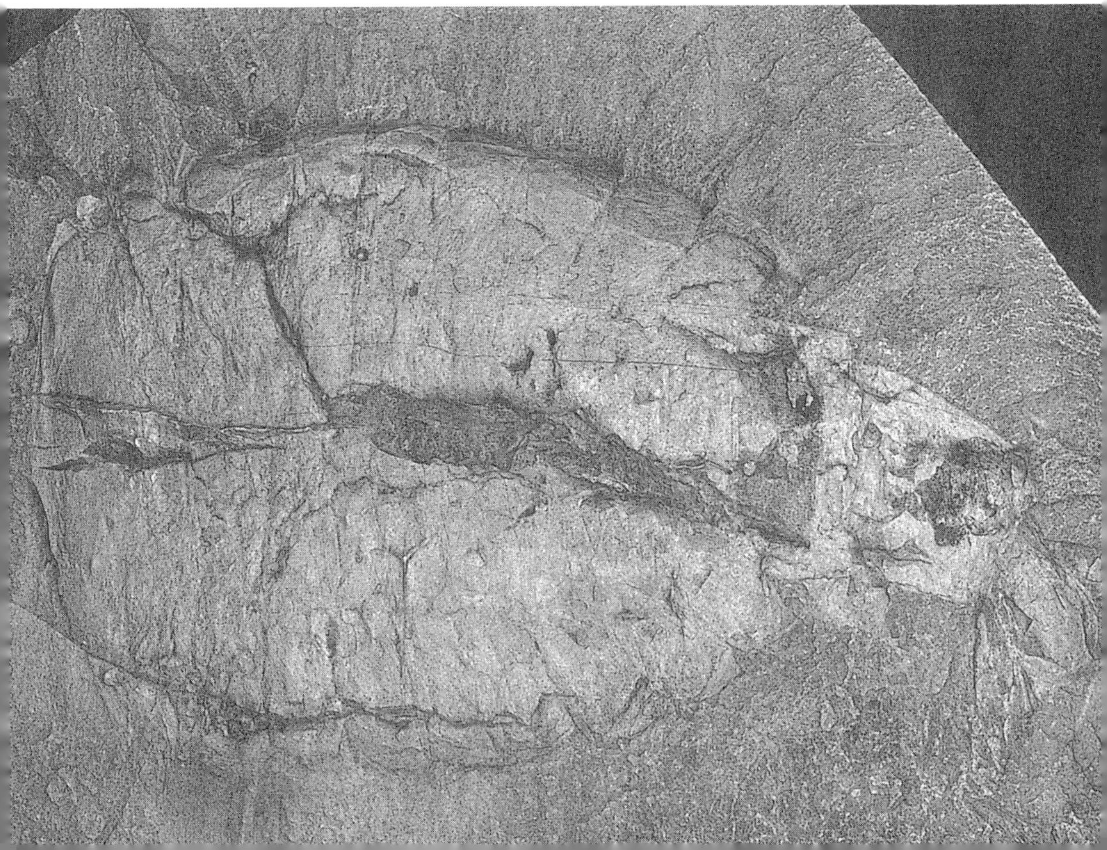

시드네이아 *Sidneyia*

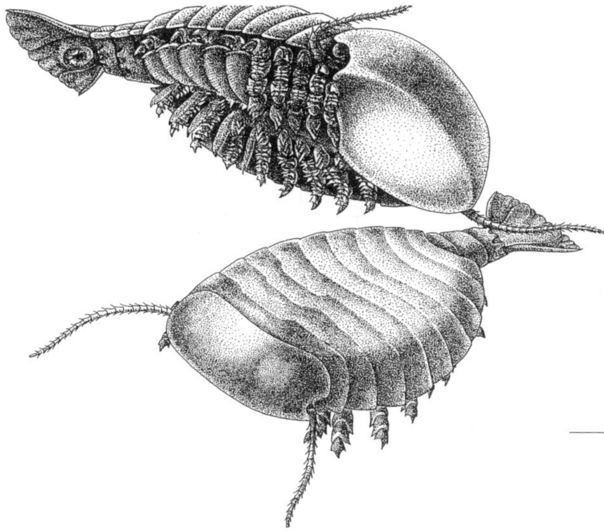

151

149 (×2)

시드네이아는 버제스 셰일에서 발견되는 가장 큰 절지동물들 중 하나로 찰스 왈콧에 의해 최초로 기재됐다. 왈콧은 최초로 표본을 발견한 그의 둘째 아들 시드니(Sidney)를 본떠 시드네이아라고 이름 지었다. 종 이름인 인엑스펙탄스(*inexpectans*)는 시드니가 그의 발견에 놀랐음을 의미한다. 사진의 두 표본은 길이가 짧고 머리는 넓으며, 머리 양쪽에 촉각이 있다. 흉부는 9개의 체절들로 이루어지며, 흉부 뒤에 오는 복부(*abdomen*)는 3개의 실린더모양의 체절로 이루어져 있다. 3번째 복부 체절 끝에는 꼬리마디가 달려있다. 사진의 두 표본들에서는 흉부의 다리들이 분명하게 관찰되지 않지만, 복원도에는 표현되어 있다. 앞쪽 4개의 흉부체절에 달린 부속지들은 오로지 하나의 커다란 걷는 다리로만 이루어져 있다.

150 (×1)

Sidneyia inexpectans Walcott, 1911a. USNM 57487, 57489. 크기: 5~13㎝. 복원도: Marianne Collins. 전체 버제스 셰일 화석군 중 개체 수 비율: 0.44%. 산출: 중부 캄브리아기 스티븐 층 버제스 셰일과 다른 산지들[Conway Morris(1989b) 참조]. 기재: Bruton(1981). 메모: 시드니 왈콧은 왈콧에서의 화석발견(1971)을 회상했다.

뒤쪽 5개의 흉부체절에 달린 부속지들은 플랩형태의 아가미도 지니고 있다. 내분지와 기절[29] 에 나있는 가시들은 시드네이아가 포식자이었음을 알려준다. 이러한 사실은 사진 149 표본의 장의 내용물로도 확인되는데, 내용물 중에는 하이올리쓰(*hyolithid*)의 껍질 파편들이 관찰된다. 다른 표본들의 내용물 중에는 또한 개형충(작은, 쌍각을 갖는 갑각류) 과 삼엽충이 포함되어 있다. 시드네이아는 버제스 셰일에서 산출되는 절지동물 중 소화관에서 조개껍질 파편이 산출되는 유일한 생물로, 시드네이아가 단단한 껍질을 갖는 생명체를 잡아먹을 수 있었음을 지시한다.

시드네이아는 협각류와 삼엽충을 포함하는 절지동물의 큰 집단인 삼엽충류 아문에 속한다.

---

29) 옮긴이 주 — 기절(基節, *coxa*) : 부속지는 여러 개의 지절(*segment*) 로 이루어지는데 몸 가까이 위치한 부속지의 지절을 기절이라 하며 부속지 끝에 있는 지절을 말초절이라고 한다.

152(×5)

Yohoia tenuis Walcott, 1912a. USNM 179012. 크기: 7~23㎜. 복원도: Marianne Collins. 전체 버제스 셰일 화석군 중 개체 수 비율: 0.96%. 산출: 중부 캄브리아기 스티븐 층 버제스 셰일. 기재: Whittington(1974).

요호이아 *Yohoia*

153

사진 152는 요호이아를 오른쪽 측면에서 관찰한 것이다. 두부 뒤에는 13개의 몸통 체절이 있다. 맨 앞의 10개 체절들은 각 측면 아래쪽의 삼각형돌기 또는 늑막(*pleura*)까지 뻗어 있다. 마지막 3개의 체절들은 완벽한 관(*tube*) 형태이다. 몸통 끝에는 1개의 편평한 노모양의 꼬리마디가 달려 있다. 요호이아의 가장 현저한 특징은 두부의 앞에 달린 1쌍의 거대한 부속지이다. 이 부속지들은 팔꿈치로 표현되는 곳에서 구부러지며, 끝에는 4개의 긴 가시들이 손가락처럼 달려있다. 두부에 달린 거대한 부속지 뒤에 오는 몸통의 부속지(*limb*)들은 명확히 관찰되지 않는다. 머리의 부속지들은 길고 분절되었으며, 아마도 기층(*substrate*)에서 자신을 지지하는 데 사용할 것이다. 몸통의 부속지들은 플랩모양이며 강모로 된 술(*fringe*)을 지닌다. 이것은 헤엄치거나 산소를 교환하기 위한 용도로 이용된다. 요호이아는 아마도 해저 근처에서 서식했으며, 해저 위에서 유영하면서 자신의 거대한 부속지들을 이용하여 먹이를 먹거나 사냥했을 것이다.

요호이아는 협각류와 삼엽충을 포함하는 절지동물의 큰 집단인 삼엽충류 아문에 속한다.

극피동물 문 *Phylum Echinodermata*

• 시스토이드 강 *CLASS CYSTOIDEA* (*Cystoids*) •

고기아? ?*Gogia*

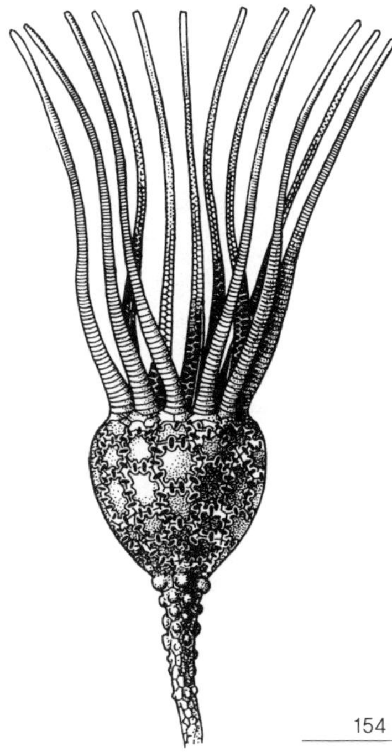

154

고기아는 가장 원시적인 병부를 갖는 극피동물 그룹들 중 하나로, 이전에는 원시바다나리 종류(*eocrinoids*)로 알려졌지만 현재는 시스토이드에 포함된다. 최초로 알려진 바다나리(*crinoid*)인 에크마토크리누스(*Echmatocrinus*)처럼, 고기아는 작은 판들로 덮여 있는 병부(*stalk*)를 해저에 부착하고 살았다. 다른 시스토이드처럼 고기아는 줄기(*stem*)가 없다. 병부의 윗부분에는 부풀고, 불규칙하게 덮인 둥근 악부[30]와 3~5개의 원시적인 보대[31]가 있다(사진 155의 표본에서는 부분적으로 숨겨져 있다). 그러나 고기아는 판(*plate*)들 사이의 경계(봉합선)를 따라서 구멍(*pore*)들이 존재하기 때문에 바다나리와는 구별된다. 이 봉합선들은 복원도에서는 판들 사이의 선으로 뚜렷이 나타난다. 또한 고기아는 보대를 따라서 길이가 짧은 분지[32]들을 갖는다는 점에서 바다나리와 구별된다. 그러므로 고기아는 부

30) 옮긴이 주 — 악부(顎部, *calyx*) : 오각형 또는 육각형의 판들이 대칭적으로 결합하여 만든 컵 또는 상자모양의 형태로 줄기의 끝에 달려있다. 악부의 중앙 위쪽에 입이 위치하며 그 옆에 항문이 있다.

31) 옮긴이 주 — 보대(步帶, *ambulacra*) : 극피동물은 5방사대칭을 이루는데, 극피동물에서 관찰되는 관족(*tube feet*)을 지닌 5개의 눈에 잘 띄는 띠를 보대라 하며, 보대와 보대 사이를 간보대(間步帶, *interambulacra*)라 한다.

32) 옮긴이 주 — 분지(分枝, *brachiole*) : 악부 위에 달린 팔 같은 구조로 먹이를 모으는 일을 한다.

착성 표생동물군(*epifauna*)이자, 고착성 여과섭식자(*suspension feeder*)이다. 고기아는 중기 캄브리아기에 북미 서부에 넓게 분포한 속이지만, 단지 몇 개의 단편적 표본들만이 버제스 셰일에서 발견된다. 사진 155의 표본은 버제스 셰일에서 발견되는 가장 좋은 표본들 중 하나이지만, 더 완벽한 다른 종 표본들이 북미 서부의 다른 지역에서 발견되는데, 가끔 대량으로도 발견된다.

진화적으로 볼 때 고기아는 매혹적인 고생대 극피동물과 함께 시스토이드가 폭발적으로 번성하는 초기 단계에 위치한다. 고기아에 속하는 서로 다른 종들로부터 3개의 뚜렷한 시스토이드 계통들이 유래되었음이 관찰되는데, 그 각각의 속은 서로 다른 형태적 특징들을 갖는다.

155 (×4)

?*Gogia radiata* Sprinkle, 1973. USNM 165399. 크기: 악부(*calyx*, 顎部)의 길이 16~29㎜. 복원도: Isham. 전체 버제스 셰일 화석군 중 개체 수 비율: 생매장된 것은 하나도 없다. 산출: 중부 캄브리아기 스티븐 층 버제스 셰일. 기재: Sprinkle(1973). 기타 주요 참고문헌: Paul and Smith(1984), Paul(1988). 메모: Smith(1984)는 원시 바다나리 종류(*eocrinoids*)가 시스토이드에 속함을 증명했다.

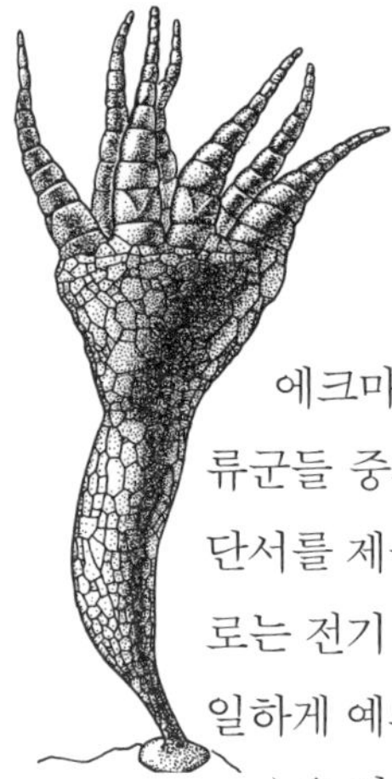

156

• 바다나리 강 *CLASS CRINOIDEA*, 바다나리 •

에크마토크리누스 *Echmatocrinus*

에크마토크리누스는 알려진 가장 원시적 바다나리로, 가장 다양한 분류군들 중의 하나인 고생대 바다나리 강의 조상들이 어떤 모습이었는지 단서를 제공한다. 발견된 5개의 표본들은 나중에 출현한, 즉 화석기록으로는 전기 오르도비스기에 출현하는 바다나리와 많은 면에서 다르다. 유일하게 예외적으로 잘 보존된 관족(*tube feet*)과 다른 구조들(특히 *uniserial arm*)은 이 동물이 바다나리 강에 속함을 보여준다. 그런데 실제로는 이들의 형태는 매우 특이해서 에크마토크리누스는 에크마토크리네아(*Echmatocrinea*) 강의 에크마토크리니대(*Echmatocrinidae*) 과에 속한다. 고기아와 함께, 에크마토크리누스는 후에 일어나는 자신이 속하는 강(*class*)의 역사에 대한 많은 실마리를 지닌 것처럼 보인다. 이상하게도, 왈콧은 에크마토크리누스 표본 5개 중 4개를 채집했지만(그는 그 화석을 학술적으로 발표하지 않았다), 가장 좋은 표본은 1967년 캐나다 지질조사소가 왈콧 화석산지를 다시 조사하면서 발견되었다. 이 표본은 왈콧의 최초 채석장의 하부 퇴적층에서 발견됐는데, 이곳에는 매우 멋지게 보존된 절지동물과 벌레, 다른 동물들을 많이 포함되어 있다.

에크마토크리누스의 악부는 후에 나타난 바다나리의 악부와 비교해 매우 원시적이며, 불규칙하게 배열된 많은 판들로 이루어졌다. 악부로부터 최소 8개의 팔(*arm*)들이 방사상으로 퍼진 것이 뚜렷하며, 부드러운 관족(*tube feet*)이 보존된 것처럼 보인다. 후에 출현한 바다나리는 일련의 원주(*columnal*)로 구성된 줄기를 갖는 반면, 에크마토크리누스의 악부는 많은 불규칙한 판들로 뒤덮여 있는 흡착기관(*holdfast*)으로 해저에 고착되어 있다. 표본들 중 하나는 새예동물인 셀키키아(*Selkirkia*)의 관(*tube*)에 부착되어 있다. 분리된 흡착기관 1개는 하이올리쓰 껍질에 부착되어 있다. 에크마토크리누스는 후에 출현한 바다나리들처럼 바닷물에서 먹이입자를 걸러내는 여과섭식자이다.

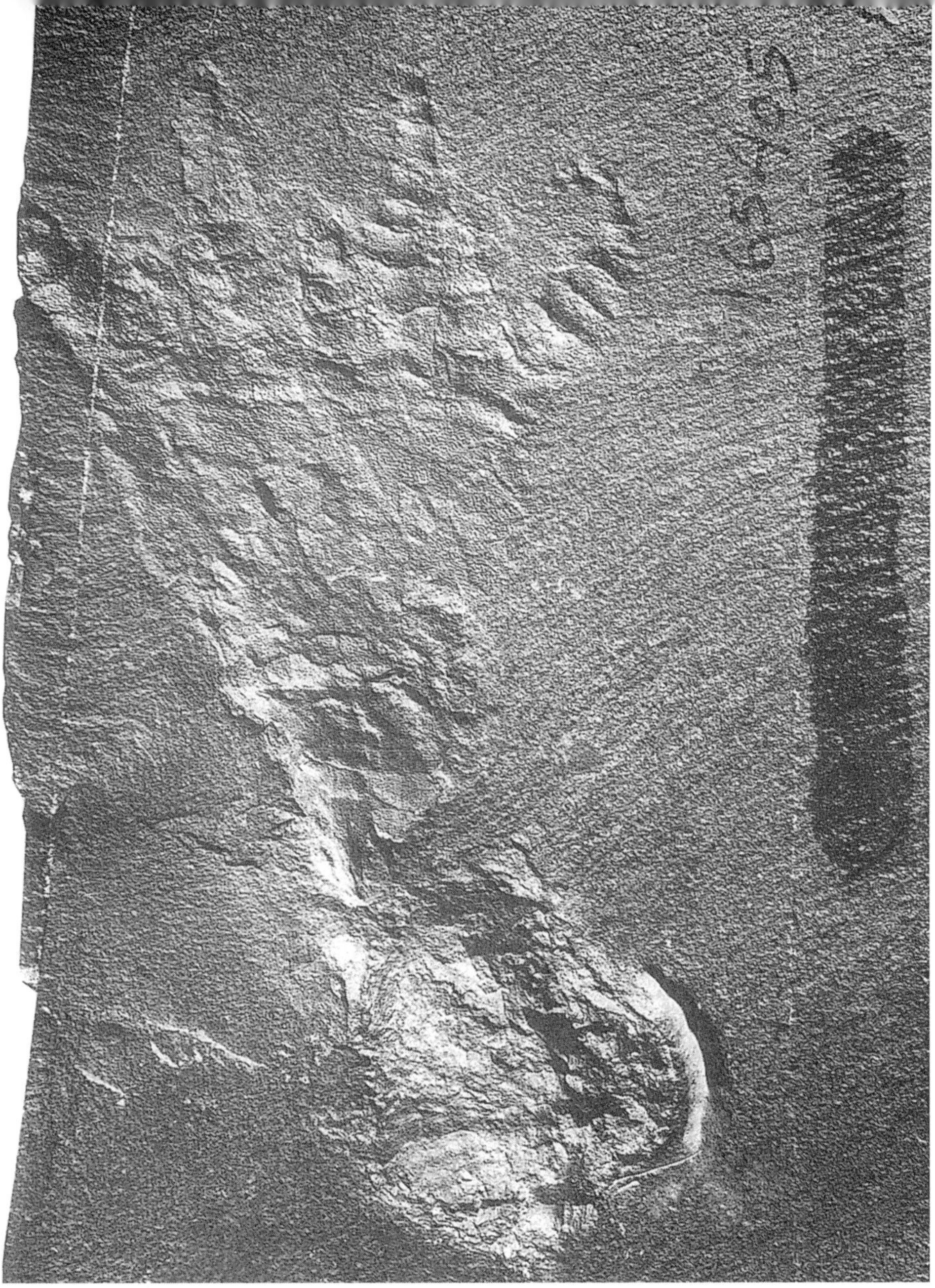

157 (×3)

Echmatocrinus brachiatus Sprinkle, 1973. USNM 165405. 크기: 최대 8㎝. 복원도: Isham. 전체 버제스 셰일 화석군 중 개체수 비율: <0.012%. 산출: 중부 캄브리아기 스티븐 층 버제스 셰일. 기재: Sprinkle(1973). 기타 주요 참고문헌: Sprinkle and Moore (1978), Paul and Smith (1984), Donovan(1988).

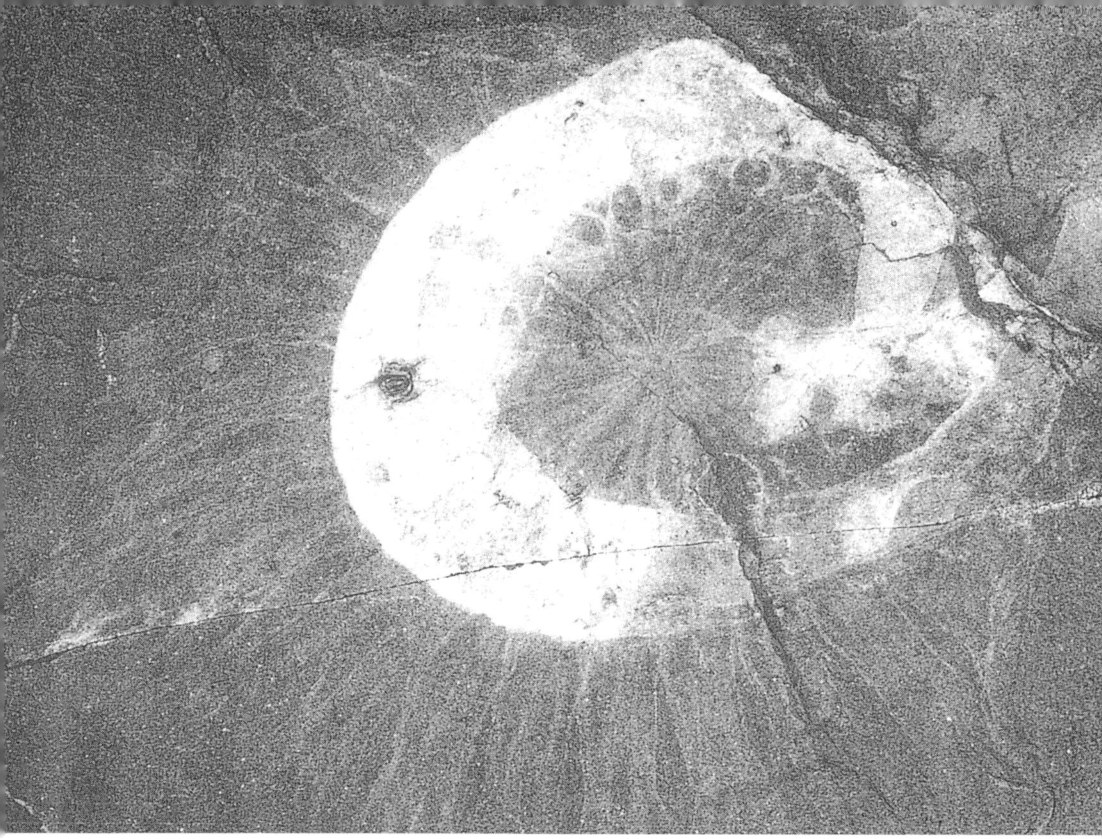

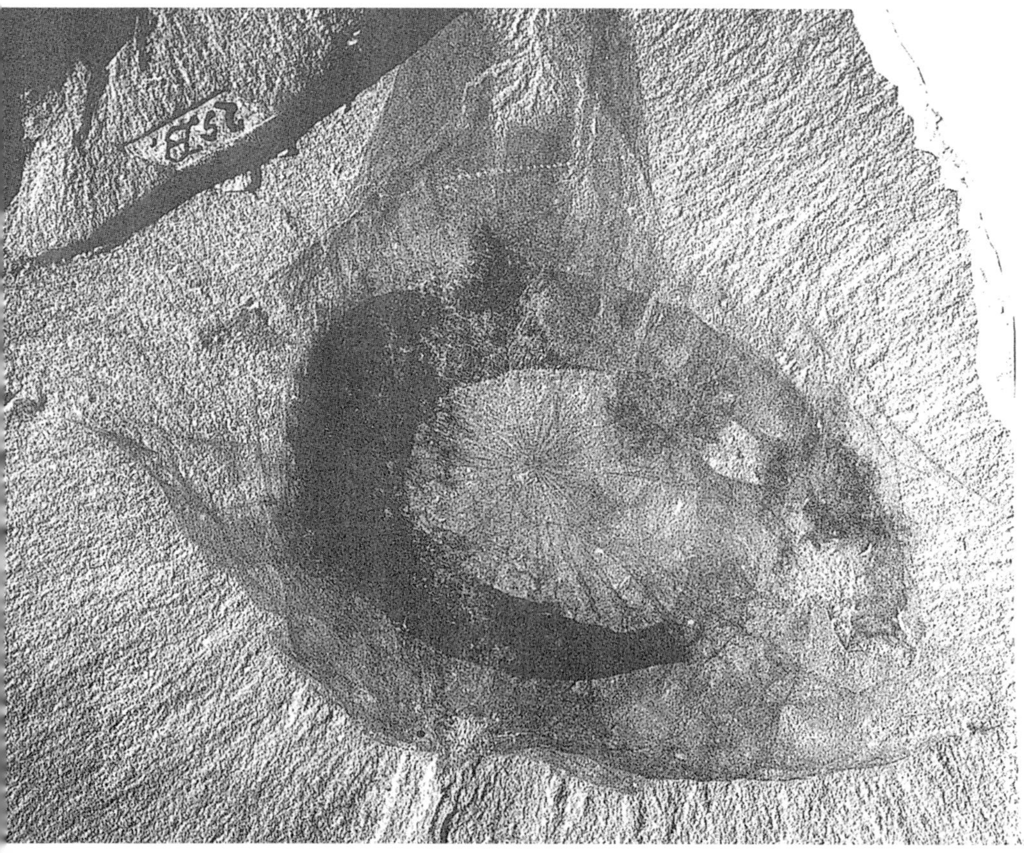

• 해삼 강 *CLASS HOLOTHUROIDEA* •

엘도니아 *Eldonia*

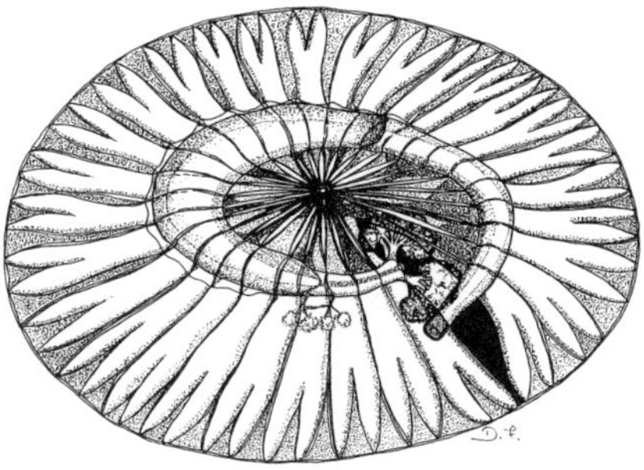

160

엘도니아는 표면상 1개의 커다란 평원반형 몸체와 감긴 장을 가진 해
158 (×2) 파리를 닮았다. 얇은 필라멘트실들이 이 동물의 중앙으로부터 방사상으
로 퍼져 있으며, 생물의 몸체를 지지한다. 입 부근은 포도 비슷한 송이들
로 구성되어 있으며 구강촉수이다. 생식선(*gonad*)으로 여겨지는 것이 소
화관의 맨 끝부분 아래에 놓여 있다.

1911년 왈콧이 엘도니아를 최초로 기재한 이후, 엘도니아의 생물학적 연관성은 논쟁의 중요한 주제가 되어왔다. 왈콧은 다른 많은 과학자들의 의견처럼 엘도니아가 원양 해삼(*Pelagic holothurian*)이라고 믿었다. 하지만 일부 고생물학자들은 엘도니아가 자포동물 문에 속하는 시포노포어(*Siphonophore*)라고 주장했다. 엘도니아에 관한 최근 예비 연구결과는 왈콧의 원래 결론이 옳았음을 보여준다.

159 (×0.5)

Eldonia ludwigi Walcott, 1911c. USNM 57540, 57537. 크기: 6.7에서 12^{+}㎝. 복원도: Duncan Friend. 전체 버제스 셰일 화석군 중 개체 수 비율: <2%. 산출: 중부 캄브리아기 스티븐 층 버제스 셰일. 기재: Friend(준비중). 메모: Madsen(1962)은 자포동물과의 동족관계를 논하였다.

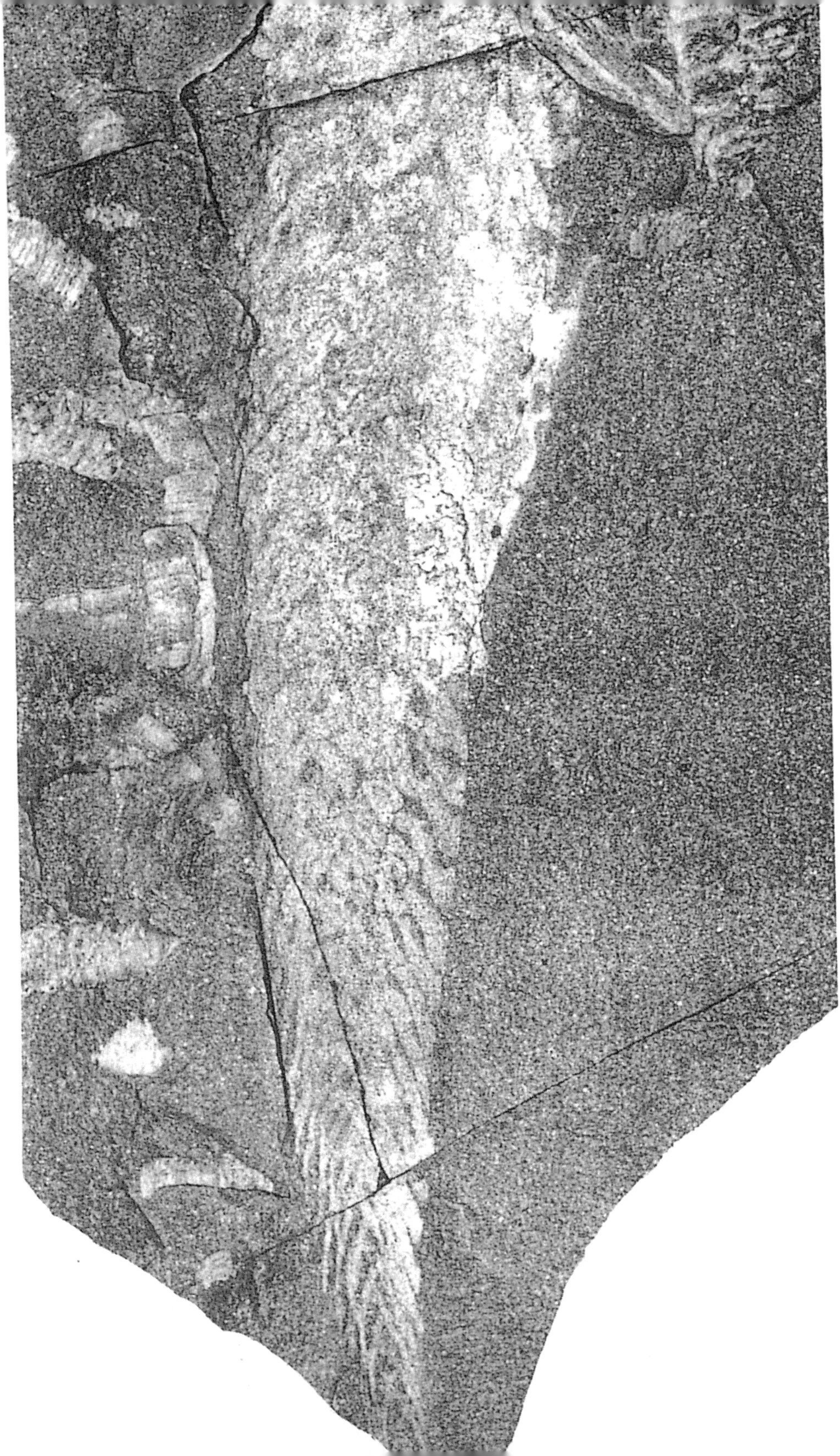

척색동물 문 *Phylum Chordata*

메타스프리기나 *Metaspriggina*

현재 메타스프리기나로 동정된 유일한 이 표본은 앞쪽으로 넓어지며 뒤쪽으로는 가늘어져서 아마도 끝은 뾰족했을 것이다. 두부는 발견되지 않았다. 몸통은 앞쪽으로 뾰족한 일련의 V자 구조들로 이루어진 것처럼 보이며, 몸의 맞은편에서 서로 맞놓인다. 표본 오른쪽의 빛나는 부분은 소화관을 나타낸다. 만약 그렇다면, 항문은 표본의 전체 길이의 중간쯤 되는 오른편에 위치한 것처럼 관찰된다. 평평한 몸통은 메타스프리기나가 활발히 헤엄치는 동물이었음을 의미한다. 이러한 사실은 메타스프리기나가 매우 드물게 산출된다는 사실로도 증명된다. 물속에 서식하는 동물은 해저에 서식하는 동물보다 이류(*mud flow*)에 의해 사로잡혀 이동될 가능성이 낮다.

시모네타와 인썸은 메타스프리기나 화석과 호주의 에디아카라 생물인 스프리기나가 분절된 벌레 형태로 서로 닮았다는 점에서 이 화석을 명명했다(Simonetta and Insom, 1993). 스프리기나는 몸의 부패와 한쪽으로 치우침(*offset*)에 의해 양쪽 측면에서 약간 오그라들었다. 선택적으로, V자 구조는 척추동물의 근육뭉치(*muscle block*)를 의미한다. 그 다음에 이 표본은 상대적으로 큰 척색동물의 뒤쪽 일부분으로 해석됐다. 이 경우, 메타스프리기나의 인척관계는 가장 완벽하게 알려진 버제스 셰일의 대표적인 척색동물인 피카이아에 더 가깝게 놓인다.

161 (×4)

Metaspriggina walcotti Simonetta and Insom, 1993. USNM 198611. 크기: 60㎜. 전체 버제스 셰일 화석군 중 개체 수 비율: <0.01%. 산출: 중부 캄브리아기 스티븐 층 버제스 셰일. 기재: Simonetta and Insom(1993). 기타 주요 참고문헌: *Briggs and Kear (in press)*

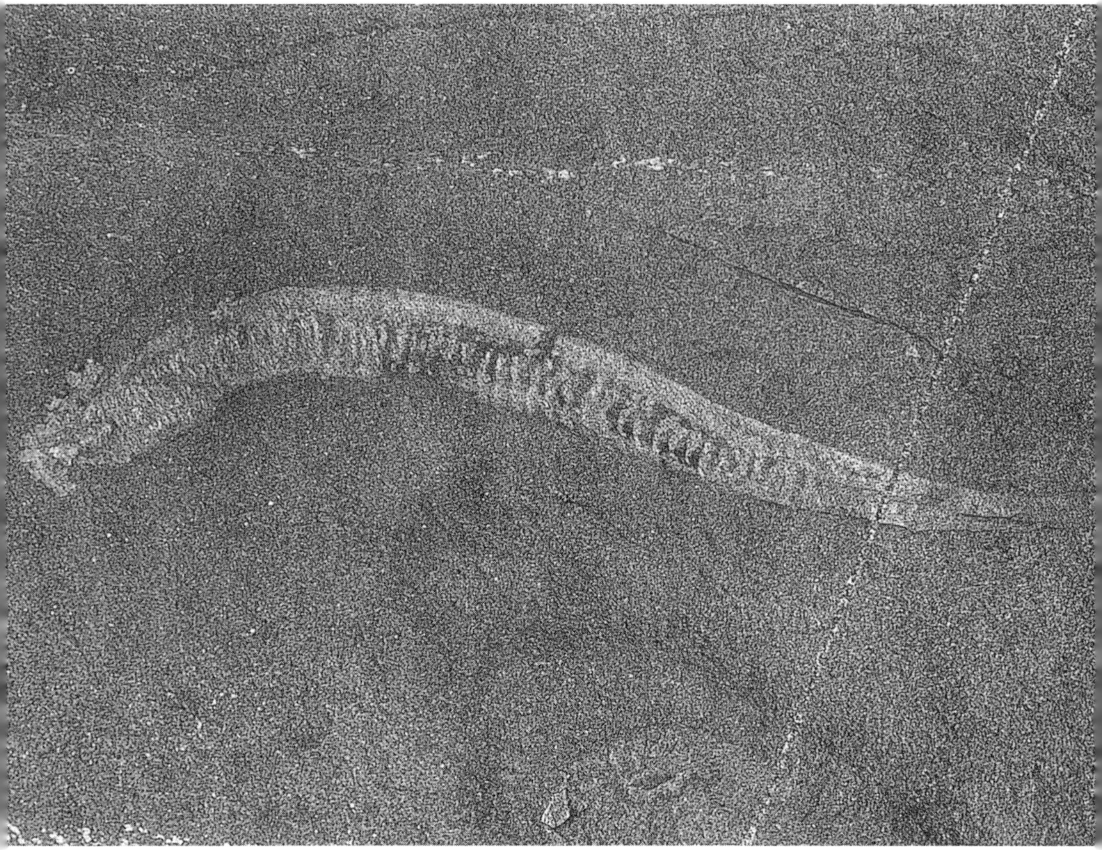

162 (×3.5)

Pikaia gracilens Walcott, 1911d. USNM 83940b. 크기: 평균 약 4㎝. 복원도: Marianne Collins. 전체 버제스 셰일 화석군 중 개체 수 비율: = 0.15%. 산출: 중부 캄브리아기 스티븐층 버제스 셰일: 기재: 재기재 되어야 함[Conwan Morris and Whittington(1979), Briggs and Kea(1994)]를 보시오.

피카이아 *Pikaia*

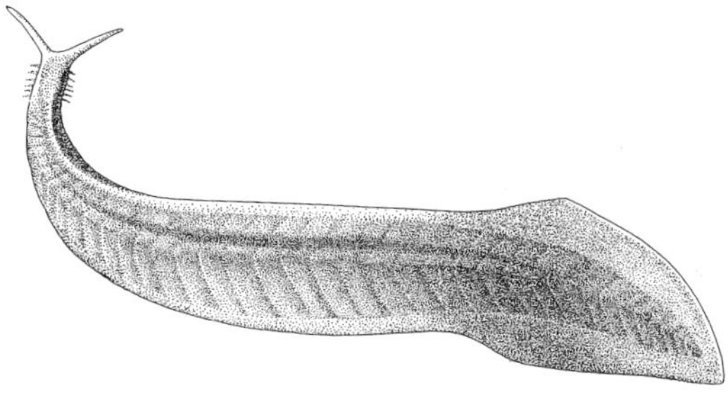

163

피카이아는 왈콧에 의해 다모류로 최초로 기재되었다. 그러나 오늘날 피카이아는 원시 척색동물로 인정되는데, 이것은 우리 인류가 속하는 문(생물분류단위) 중 가장 오랜 종류이다. 폭이 좁은 두부 끝에는 1쌍의 짧은 촉각이 달려 있는데, 사진에서는 관찰되지 않는다. 몸통에서는 굴곡진 S자형 근육덩어리들의 반사 흔적이 등 쪽 가장자리, 척색을 따라서 보존되어 있다. 꼬리는 발전하여 지느러미가 되었다. 피카이아는 아마도 해저 가까이에서 헤엄치며 살았을 것이다. 피카이아는 근육을 이용해 몸체를 굽이치게 하면서 움직였을 것이다. 피카이아는 아마도 물을 여과해 먹이를 먹었을지도 모르지만 이것은 확실치 않다.

피카이아는 척추동물이 아니지만, 일반적으로 이것은 창고기로 알려진 현생 두삭동물인 브란키오스토마(*Branchiostoma*)와 유사하다.

164(×0.5)

Anomalocaris canadensis Whiteaves, 1892. GSG75535, 일부와 짝을 이루는 일부분, 그리고 USNM 213483, 213484, 57538. 크기: 가장 큰 독립된 부속지(USNM213483)의 크기는 길이가 20㎝를 넘으며, 이것은 전체 몸길이가 최소한 사진의 2배라는 것을 의미한다. 복원도: Marianne Collins. 전체 버제스 셰일 화석군 중 개체 수 비율: < 0.1%. 산출: 이 속은 하부~중부 캄브리아기 화석산지에서 산출된다[Conway Morris(1989b) 참조]. 기재: Whittington and Briggs(1985). 기타 주요 참고문헌: Briggs(1979a).

중요 그룹에 속하지 않는 동물들
Animals Not Assigned to Major Groups

• 아노말로카리드 *ANOMALOCARIDS* •

아노말로카리스 *Anomalocaris*

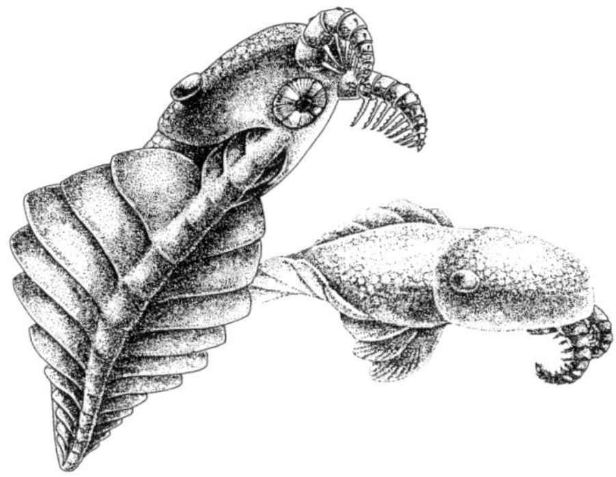
165

아노말로카리스는 버제스 셰일에서 발견된 동물들 중 가장 큰 동물로 길이가 0.5m에 이른다. 생물이 부패되면서 시체의 일부분들이 떨어져 나오기 때문에 완벽한 표본은 드물다. 게다가, 아노말로카리스는 일부분을 바탕으로 최초로 기재되었다. 1892년에 휘타브스(Whiteaves)는 스티븐 산의 오자이곱시스 셰일로부터 이 책에서 보여주는 것(사진 164)과 비슷한 독립된 다리들을 기재했다(그는 이 다리들이 새우를 닮은 절지동물의 몸으로 생각했다). 왈콧은 다른 종에 속하는 것으로 추정되는 두 번째 유형의 다리와 함께, 버제스 셰일에서 휘타브스가 발견한 것과 유사한 다리들을 발견했다. 또한 왈콧은 작은 원판들을 발견했는데, 그는 이것을 페이토이아(*Peytoia*)라고 명명하고 일종의 표류하는 해파리로 여겼다. 채집품들 중에서 완벽한 아노말로카리스 표본들이 발견됨으로써 마침내 다리들과 이른바 해파리는 한 종류의 동물을 이루는 부분인 것이 밝혀졌다(사진 165). 거대한 다리는 머리 앞에 달렸으며 먹이를 포획하는데 이용됐다. 원반형태의 "해파리"는 이빨을 지녔으며 턱에 해당된다. 사진 164는 발견된 아노말로카리스의 부속지 중 가장 큰 것으로 길이가

20㎝가 넘는다. 양쪽 다리들은 동일 개체에 속하지만, 몸통에서 분리됐다. 다리와 원형 턱의 표피는 다른 조직들보다 더 튼튼하고 부패에 더 강하기 때문에, 이 조직들이 더 일반적으로 보존되는 것을 설명해 준다. 사진 166에서 보여주는 독립된 턱은 판들의 안쪽 가장자리에서 이빨이 정렬되어 있음을 보여준다. 구멍은 원형이 아니라 직사각형이다. 구멍은 닫히지 않는다. 이빨들은 중앙에서 서로 맞닿지 않는다. 그러나 턱이 열려서 먹이를 들일 수 있으며, 그 다음에 판들은 먹이를 입안으로 끌어당기기 위해 서로 당겼다. 이로 인해 절지동물의 외골격이 갈라지거나 쪼개지는 효과가 발생했다.

게다가, 아노말로카리스가 턱을 이용해 삼엽충 외골격의 가장자리를 물어뜯었고 물어뜯은 자국이 치유된 삼엽충이 발견됐다. 몇몇 턱 표본들은 사진 166처럼 보존된 이빨 안쪽에 추가적으로 이빨이 있음을 보여주는데, 이 이빨들은 입의 내벽(*wall*)을 따라 줄지어 서 있으면서 먹이를 처리한다. 아노말로카리스의 몸에는 유영 때 사용하는 일련의 엽(조각)들이 측면에 달려있다. 전면에 있는 거대한 가시로 덮인 다리와 함께, 이 캄브리아기 거인은 무서운 포식자이었음이 틀림없다.

최근의 발견들로 인해 우리는 아노말로카리스가 가장 널리 분포한 버제스 셰일 동물들 중 하나라는 것을 알게 되었다. 이제 아노말로카리스는 북미뿐만 아니라, 중국, 호주 그리고 그린란드에서도 발견되었다. 게다가 데스몬드 콜린스(왕립온타리오박물관 소속)는 왈콧채석장 인근의 산지들로부터 다수의 새로운 아노말로카리스 표본들은 채집했는데, 이것은 이 부근에 아직도 많은 아노말로카리스 표본들이 묻혀있음을 보여준다.

166(×1.6)

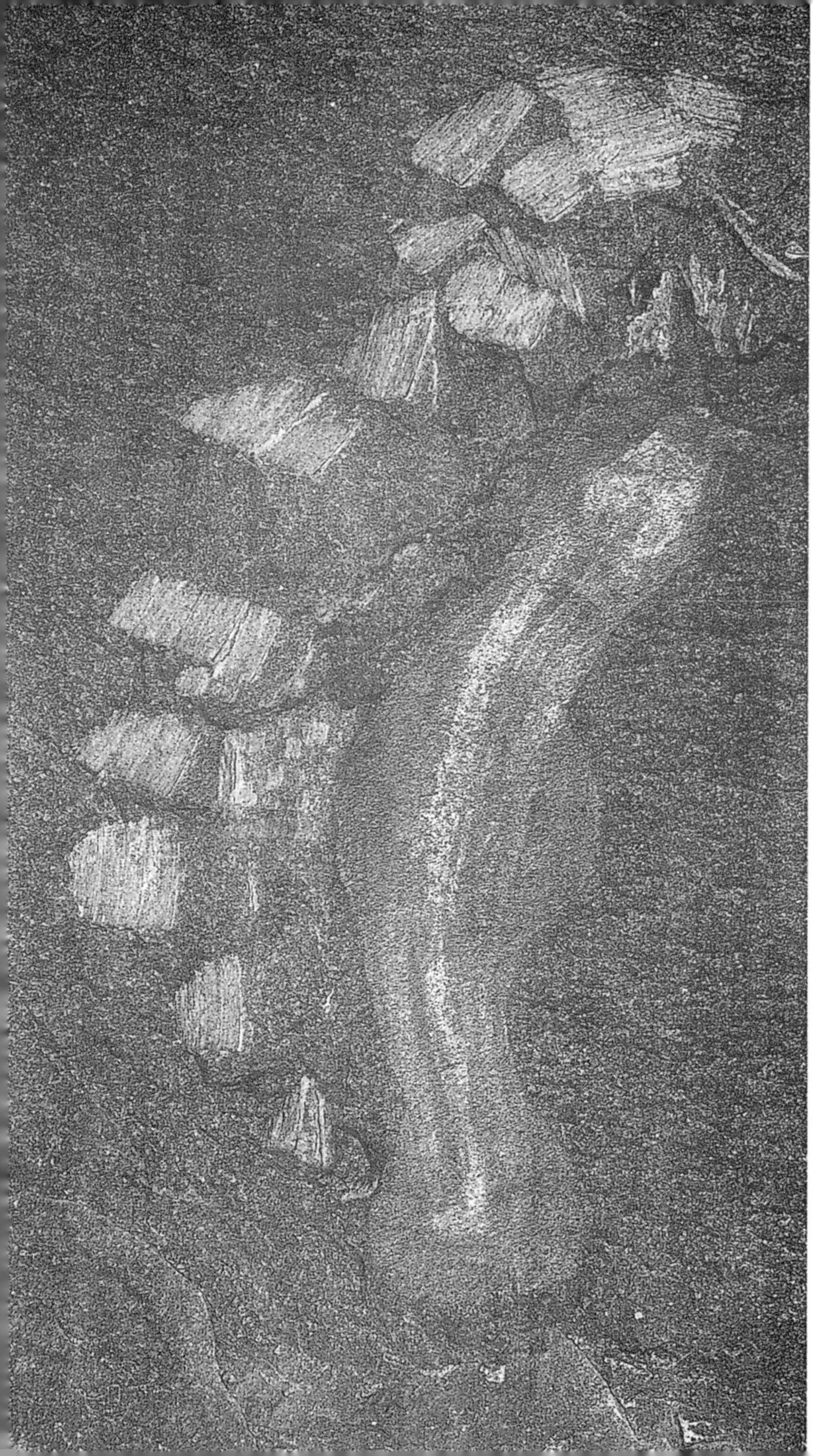

• 기타 *OTHERS* •

아미스키위아 *Amiskwia*

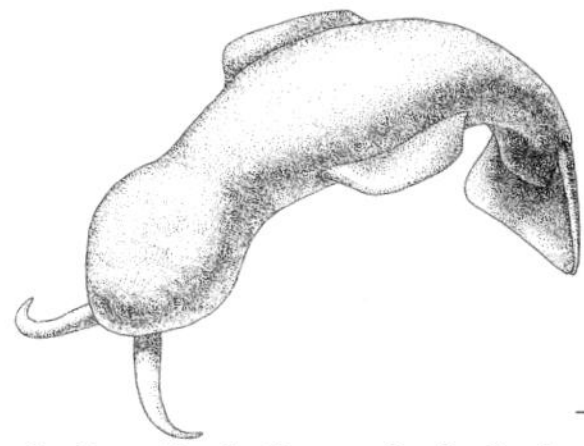

168

아미스키위아의 몸은 머리와 몸통으로 나눠지며, 위아래로 편평하다. 1쌍의 뚜렷한 촉각들이 머리에 달려 있다. 이 표본의 머리에는 뇌의 신경절 자국들이 포함된, 매우 빛나는 부분이 있다. 몸통은 분절되어 있지 않다. 몸통을 따라 세로로 뚜렷하게 뻗은 폭이 넓은 빛나는 부분은 소화관이다. 몸통에서 좁은 직선구조들은 혈관과 신경삭(*nerve cord*)의 흔적일지 모른다. 몸통 표피가 늘어나서 완만히 둥근 1쌍의 측면 지느러미들과 하나의 꼬리지느러미가 형성됐다. 편평한 몸과 돌출된 지느러미들은 아미스키위아가 활발히 헤엄치는 동물이었음을 알려준다. 이는 버제스 셰일에서 아미스키위아가 드물게 산출된다는 사실로도 입증된다. 헤엄치는 동물들은 퇴적물 위나 속에 사는 생물들보다 생물을 묻어버릴 수 있는 이류 때문에 휩쓸려 운반될 것 같지 않다.

왈콧은 아미스키위아를 모악동물(*chaetognath*)로 여겼다. 그러나 모악동물은 먹이를 포획하고 분쇄하기 위해 복잡하게 배열된 가시들과 이빨을 사용하는데, 이것이 아미스키위아 표본은 뚜렷하지 않다. 반대로, 먹이를 포획하는 데 사용하는 가시들이 스티븐 층에서 산출된, 아직 기재되지 않은 모악동물에 보존되어 있다. 아미스키위아 뒤쪽 몸통에 있는 항문 위치는 전형적 모악동물과 다르다. 모악동물의 경우 항문은 더 앞쪽에 위치하며 몸통은 가로로 발달한 격벽에 의해 꼬리와 구분한다. 또 아미스키위아는 유형동물(*nemertea*)과 비교되나, 주둥이의 부재, 특징적으로 위치한 생식기의 부재, 촉각의 부착, 곁주머니(게실) 없는 곧은 소화관, 항문의 위치 등 다수의 결정적 차이점이 있다. 드물게 산출되며, 버제스 셰일에서 산출되는 유영동물의 일원인 아미스키위아의 인척관계는 불명확하다.

167(×4.5)

Amiskwia sagittiformis Walcott, 1911d. USNM57644. 크기: 최소 11~23㎜. 복원도: Marianne Collins. 전체 버제스 셰일 화석군 중 개체 수 비율: < 0.01%. 산출: 중부 캄브리아기 스티븐 층 버제스 셰일. 기재: Conway Morris(1977c).

169 (×12)

Dinomischus isolatuss Conway Morris, 1977b. USNM198735. 크기: 악부의 밑 부분부터 포엽(*bract*)의 끝까지 길이가 10㎜. 복원도: Marianne Collins. 전체 버제스 셰일 화석군 중 개체 수 비율: < 0.01%. 산출: 중국 하부 캄브리아기 징강화석군; 중부 캄브리아기 스티븐 층 버제스 셰일; 기재: Conway Morris(1977c). 기타 주요 참고문헌: Chen et al.(1989).

디노미스쿠스 *Dinomischus*

170

디노미스쿠스는 버제스 셰일 동물들 중 가장 희귀하게 산출되는 것 중 하나이다. 몸은 가늘고 긴 줄기에 의해 지지되는 1개의 악부로 이루어진다. 악부는 원뿔 같은 모양이며, 포엽(*bract*)이라고 불리는 긴 판(*plate*) 모양의 구조들이 일렬로 위쪽 가장자리를 둘러싸고 있다. 사진 169의 표본에서 빛나는 부분은 U자형의 소화관이다. 중앙의 낭(*sac*) 같은 부분은 위로 해석된다. 디노미스쿠스는 빛나는 근육 가닥들에 의해 매달려 있었을 것처럼 보인다. 입과 항문은 악부의 위쪽 표면에 열려 있다. 사진 169 표본에서는 줄기의 끝부분은 보존되어 있지 않다. 그러나 더 완벽한 표본은 줄기가 구근처럼 불룩하게 끝나는 것을 보여준다. 아마 디노미스쿠스는 이것을 이용해 자신을 퇴적물에 고정시켰을 것이다. 디노미스쿠스는 해저 위에서 살았는데, 악부는 줄기에 의해 퇴적물로부터는 떨어져 있었을 것이다. 이 동물은 아마도 물속의 부유성 입자들을 걸러내서 먹었을 것이다. 먹이를 먹기 위해 표면이 증대된 것처럼 포엽이 위로 곧게 뻗는 것보다는 오히려 약간만 뻗어있는 것을 보여주는 다른 표본도 있다. 해저에 고착해서 살았던 생물이 왜 희귀하게 보존되어 있는지를 설명하기는 어렵다. 아마도 버제스 셰일 생물군이 살았던 곳에서 디노미스쿠스는 풍부하지 않았을지도 모른다. 디노미스쿠스 표본들은 또한 중국의 하부 캄브리아기 징강생물군에서도 발견됐다.

해면동물, 자포동물(*cnidarian*), 미색류(尾索類, *tunicate*), 극피동물, 외항동물(外肛動物, *ectoproct*), 그리고 내항동물(*entoproct*)을 포함하는 다양한 현대 생물 그룹들은 컵모양의 악부와 긴 줄기를 가진 디노미스쿠스의 형태와 유사한 모습을 갖는 종류들도 있다. 대부분의 경우 겉보기에 비슷하지만, 디노미스쿠스는 1개의 악부, 줄기, 그리고 U자형 소화관을 가지며, 총담(總擔)을 갖는 작고, 고착성의, 거의 완전히 해양동물인 소규모 문(*phylum*)이라는 많은 특징들을 공유한다. 그러나 디노미스쿠스는 진짜 촉각이 없고, 이 생물이 내항동물과 먼 친척일지도 모르지만, 디노미스쿠스의 인척관계는 해결되지 않았다.

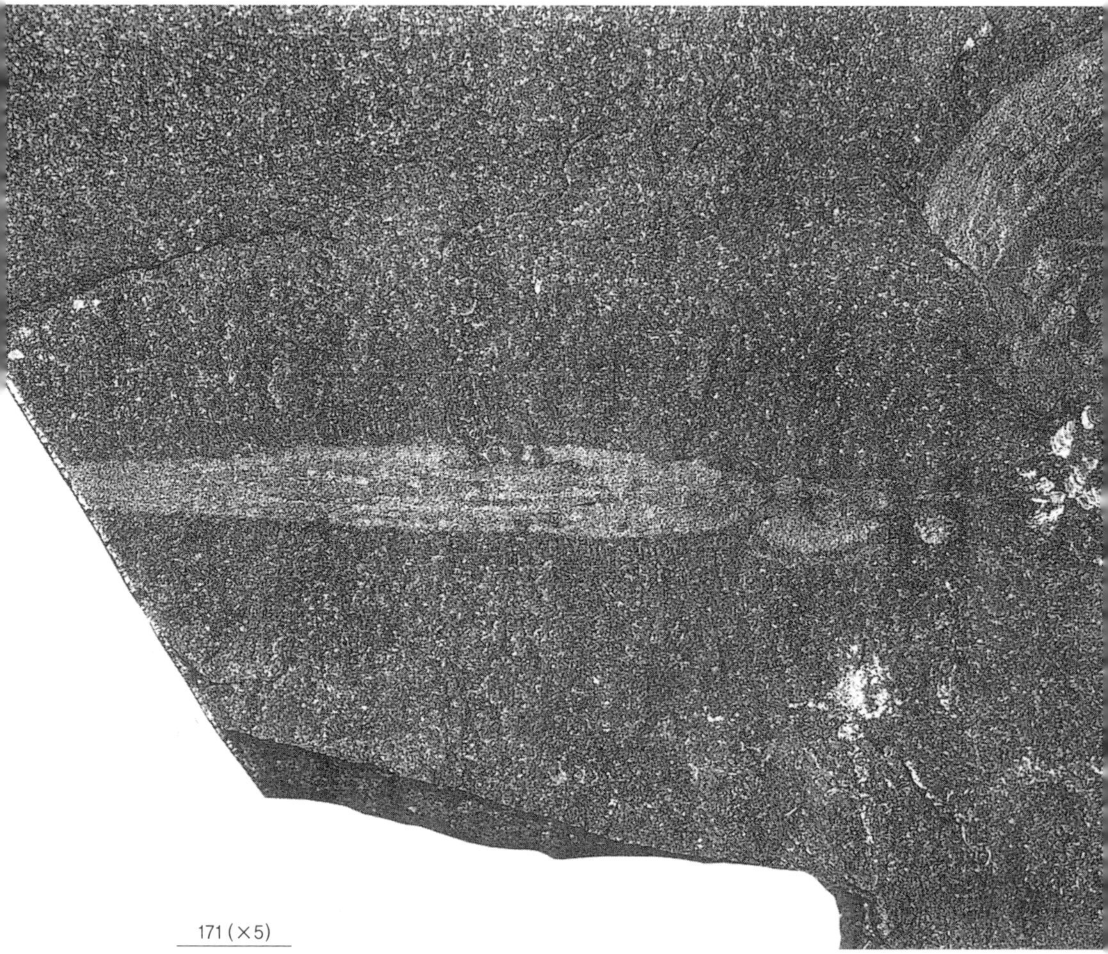

171 (×5)

Nectocaris pteryx Conway Morris, 1976b. USNM198667.
크기: 길이 약 2㎝. 복원도: Marianne Collins. 전체 버제스 셰일 화석군 중 개체 수 비율: < 0.01%. 산출: 중부 캄브리아기 스티븐 층 버제스 셰일.
기재: Conway Morris(1976b). 기타 주요 참고문헌: Simonetta(1988).

넥토카리스 *Nectocaris*

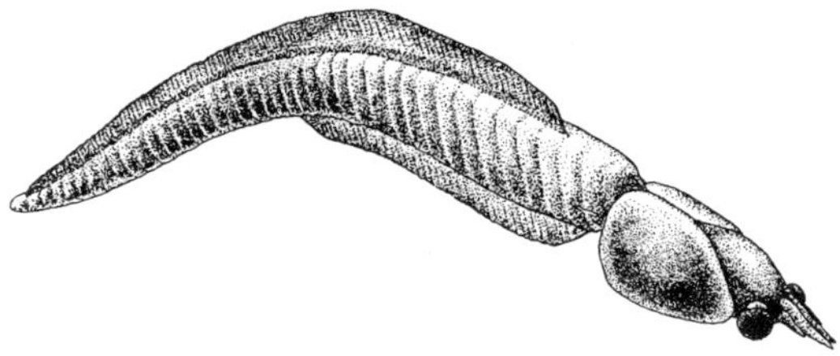

172

넥토카리스는 버제스 셰일 동물들 중 가장 희귀하게 발견되는 것 중 하나이다. 단 1개의 표본만이 알려져 있다. 머리 대부분은 타원형 껍질로 둘러싸여 있다. 머리 보호물 앞쪽에는 최소한 1쌍의 부속지가 돌출되어 있고, 보호물 아래에는 1개의 커다란 빛나는 눈을 관찰할 수 있다. 길고 분절된 몸통에는 아마도 지느러미들을 지지하는 일련의 등지느러미줄기와 배지느러미줄기가 있다. 등지느러미는 배지느러미보다 더 넓다. 몸통의 대부분을 관통하는 좁고, 가느다란, 빛나는 부분은 아마도 소화관일 것이다. 넥토카리스의 평편한 몸과 등지느러미와 배지느러미는 이 동물이 활발히 헤엄치는 동물임을 보여준다. 이것은 버제스 셰일에서 이 동물이 드물게 산출된다는 사실로도 증명된다. 유영하는 동물들은 퇴적물 위나 속에 사는 동물들보다 생물을 매몰시키는 이류 때문에 휩쓸려 운반될 가능성이 낮다. 커다란 눈은 넥토카리스가 적극적으로 먹이를 추적했을 것이라는 사실을 알려준다.

넥토카리스의 두부가 지니는 몇몇 특징들은 갑각류의 특징과 유사하다. 부속지, 눈, 그리고 등딱지와 유사한 보호물. 그러나 이 생물의 몸통은 다른 어느 절지동물의 몸통과 매우 다르다. 넥토카리스를 처음으로 기재한 콘웨이 모리스는 이 동물의 인척관계는 수수께끼 같다고 밝혔다. 그 후 시모네타는 이 동물을 척색동물로 생각했다. 이러한 견해는 이 동물을 절지동물로 여기는 것보다 분명 더 그럴듯하지만 넥토카리스의 어떤 특징들은 척색동물의 특징으로 여겨지지 않는다. 넥토카리스의 유연관계는 불확실하며 더 많은 표본들이 발견되어야 해결될 수 있을 것처럼 보인다.

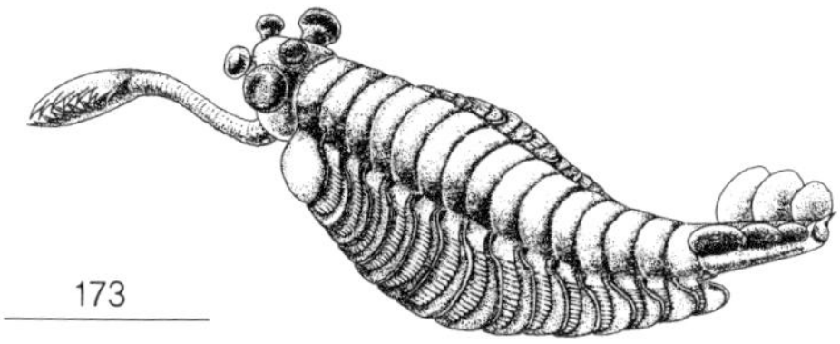

173

오파비니아 *Opabinia*

오파비니아는 머리의 앞쪽에 5개의 눈과 길고 유연한 주둥이(*proboscis*, 코끼리 코 같은 모양)가 있다. 주둥이의 끝은 무언가를 잡을 수 있게 가시들로 이루어져 있다. 사진 174의 표본에서 긴 주둥이는 앞부분 위로 돌출되어 있다. 반대로 사진 175에서는 머리 뒤쪽 아래로 구부러져 있다. 몸통은 15개의 체절로 나누어져 있고, 그 각각은 아래쪽으로 향하는 1쌍의 측면 엽(*lobes*)을 가지고 있다. 각각의 엽은 얇은 판 모양의 아가미가 덮는다. 위로 향하는 3쌍의 플랩들이 꼬리 부채(*fan*)를 이룬다. 오파비니아는 1960년대에 시작된 조사의 일부로써 재기술된 최초의 버제스 셰일 화석으로, 그 당시 오파비니아는 기존의 알려진 어떠한 동물군에도 속하지 않았다. 해리 휘팅턴이 1972년에 옥스퍼드에서 고생물학자들에게 그의 새로운 추측을 소개했을 때, 그는 큰 찬미를 받았다. 오파비니아는 해저의 부드러운 퇴적층에서 살았을 것으로 생각되었다. 이 생물은 측면의 엽들을 이용하여 수영해서 먹이를 추적했다. 꼬리는 안정장치 기능을 했다. 긴 주둥이는 아마도 먹이를 잡는 데 사용되었고, 머리 아래의 입으로 먹이를 운반하는 데 이용했을 것이다. 심지어 벌레들을 잡기 위해 은신처로 긴 코를 밀어 넣었을 것이다.

왈콧은 오파비니아를 세각류(*branchiopod*) 갑각동물로 간주했으나, 이 그룹에 속한다고 단정지을 수 있는 특징들이 부족했다. 그 이후 대부분의 학자들은 오파비니아를 삼엽충과 비교했다. 이러한 생각은 오파비니아의 엽을 아가미 지엽을 덮는 삼엽충의 흉막과 동등한 등껍질의 확장부분으로 오해했기 때문이다. 휘팅턴은 오파비니아를 환형동물과 절지동물의 공동조상 그룹에서 유래한 또 다른 후손으로 여겼다. 일련의 다른 학자들은 오파비니아를 아노말로카리스와 비교하기도 하며, 심지어는 일리노이 주 마존 크릭(Mazon Creek)에서 산출된 석탄기의 툴리몬스트럼(*Tullimonstrum*)과 비교하기도 하지만, 이 유사성이 상동관계인지 또는 단지 겉모습이 비슷한 것인지는 불명확하다.

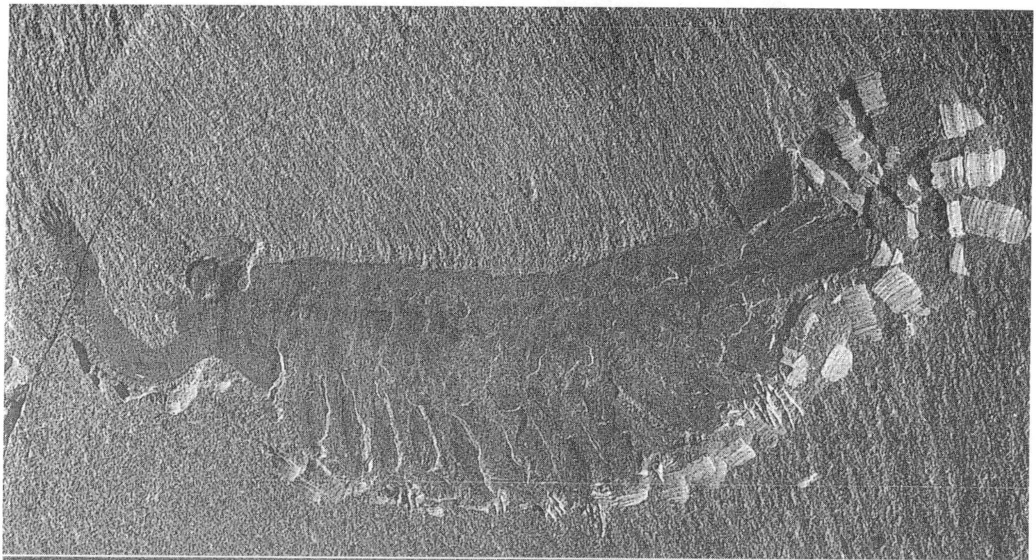

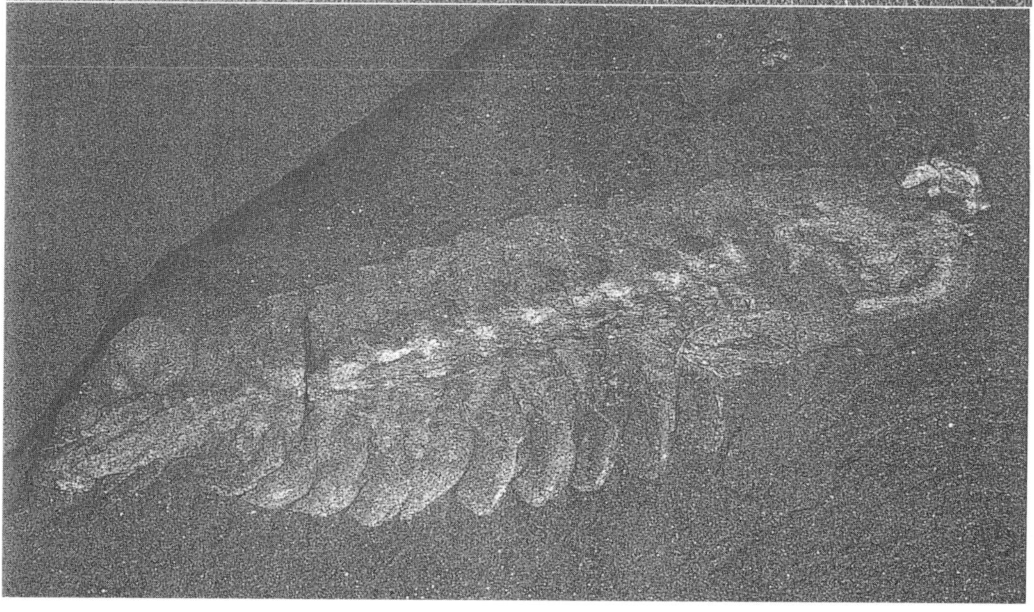

174 (×1.8)

175 (×2)

Opabinia regalis Walcott, 1912a. USNM57683, 155600. 크기: 주둥이를 제외한 길이 4.3~7.0㎝. 복원도: Marianne Collins. 전체 버제스 셰일 화석군 중 개체 수 비율: 0.07%. 산출: 중부 캄브리아기 스티븐 층 버제스 셰일. 기재: Whittington(1975a). 기타 주요 참고문헌: Bergström(1986, 1987), Briggs and Whittington(1987). 메모: Beall(1991)은 오파비니아와 툴리몬스트럼(*Tullimonstrum*)을 비교했다.

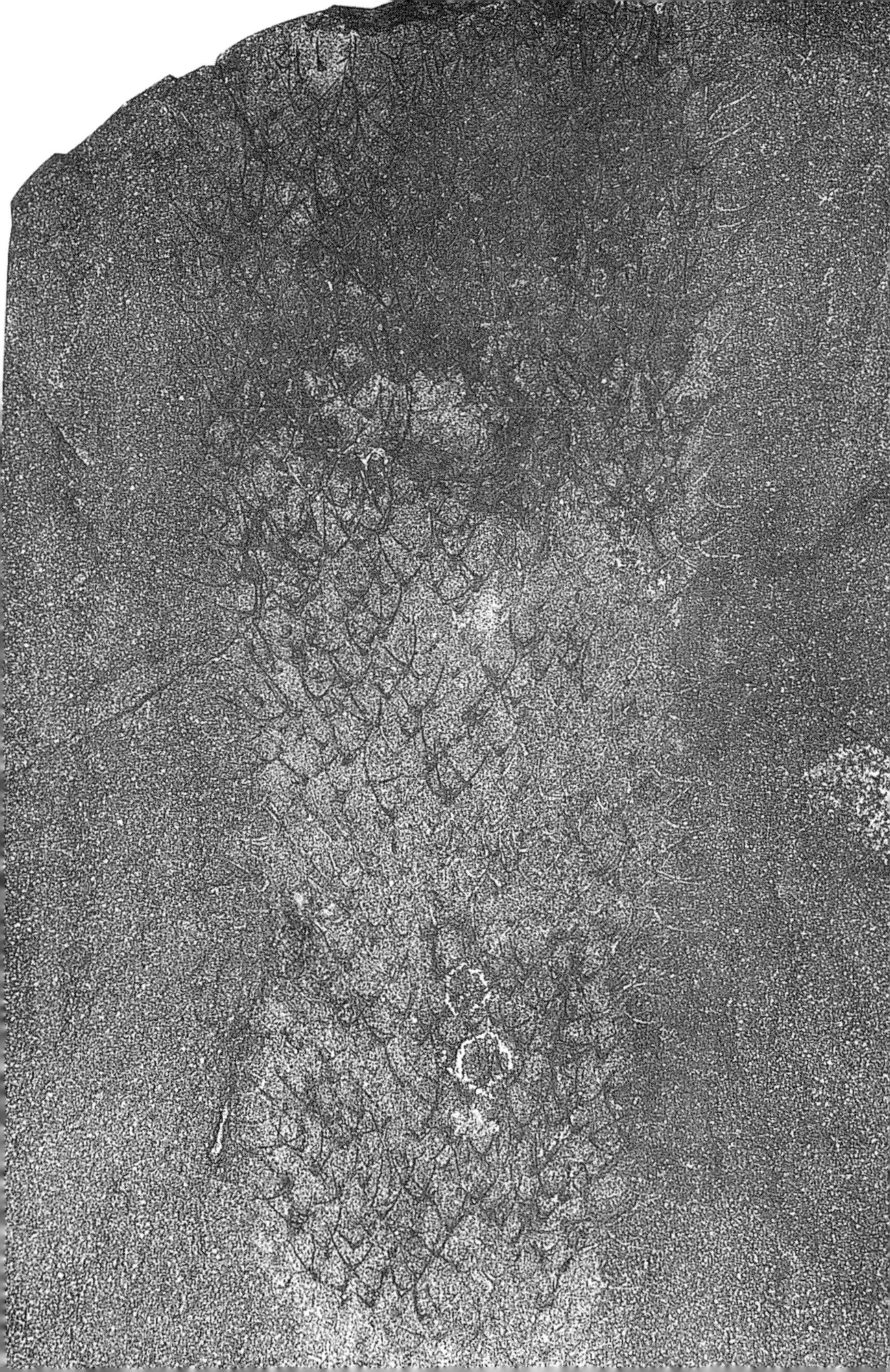

골편을 지니는 동물들 *Scleritome-bearing Animals*

찬셀로리아 *Chancelloria*

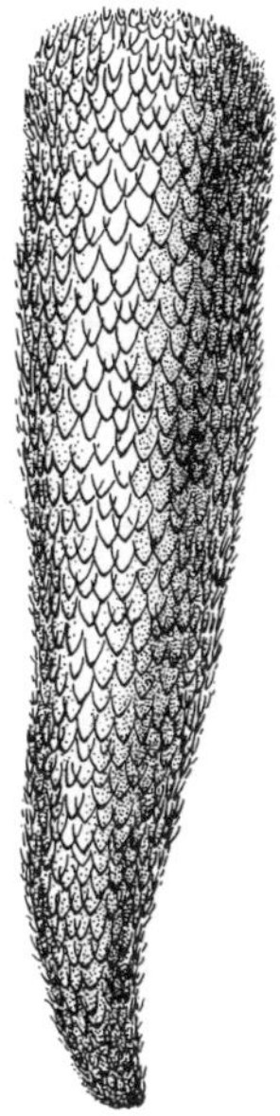

177

찬셀로리아 에로스(*Chancelloria eros*)는 길쭉한 낭(*sac*) 모양의 동물로 길이가 최대 10㎝에 이르며, 몸의 외벽에 석회질 골편들이 조밀하게 배열된 것이 특징이다. 골편들은 동일한 평면 안에 1개의 중앙 원반과 6개의 팔(*ray*)을 가지고 있다. 이것들은 서로 결합되어 1개의 융합된 골격을 만들지는 않는다. 찬셀로리아는 해저에서 고착성생물로 살았으며, 아마도 물을 여과시켜 먹이를 먹었을 것이다.

왈콧은 버제스 셰일에서 산출된 찬셀로리아 표본들에 근거하여 이 생물을 헤테락티넬리드(*heteractinellid*) 해면동물로 해석했다. 그 후 대부분의 학자들은 이 의견을 따랐는데, 1981년에 벵트손(Bengtson)과 미사제프스키(Missarzhevsky)는 이른바 찬셀로리아의 골편은 속이 빈 골편으로, 조직을 덮기보다는 오히려 해면동물의 골편처럼 안쪽에 숨겨져야만 한다는 것을 발견했다. 게다가 해면동물의 골편과는 다르게, 찬셀로리아의 골편은 외부에 있고 보호기능을 했던 것으로 보인다. 벵트손과 미사제프스키는 찬셀로리아 과(*Family Chancelloridae*)뿐만 아니라 위왁시아 과(*Family Wiwaxiidae*)와 다른 하부 캄브리아기의 골편을 지니는 동물인 시포고누키티대(*Siphogonuchitidae*)를 포함하기 위해 새로운 강(*class*)인 코엘로스레리토포라(*Coeloscleritophora*)를 제안했다. 표면을 덮는 골편을 지닌 이 동물들은 특히 하부 캄브리아기에서 중요하다. 이들은 초기 후생동물에서 진화했지만 나중에 멸종된 골격유형을 갖는다.

176(×12)

Chancelloria eros Walcott, 1920. USNM 66526. 크기: 88㎜. 복원도: Isham. 전체 버제스 셰일 화석군 중 개체 수 비율: < 1%. 산출: 중부 캄브리아기 스티븐 층 버제스 셰일 및 다른 산지들[Collins et al.(1983) 참조]. 기재: Walcott(1920). 기타 주요 참고문헌: Bengtson and Missarzhevsky(1981).

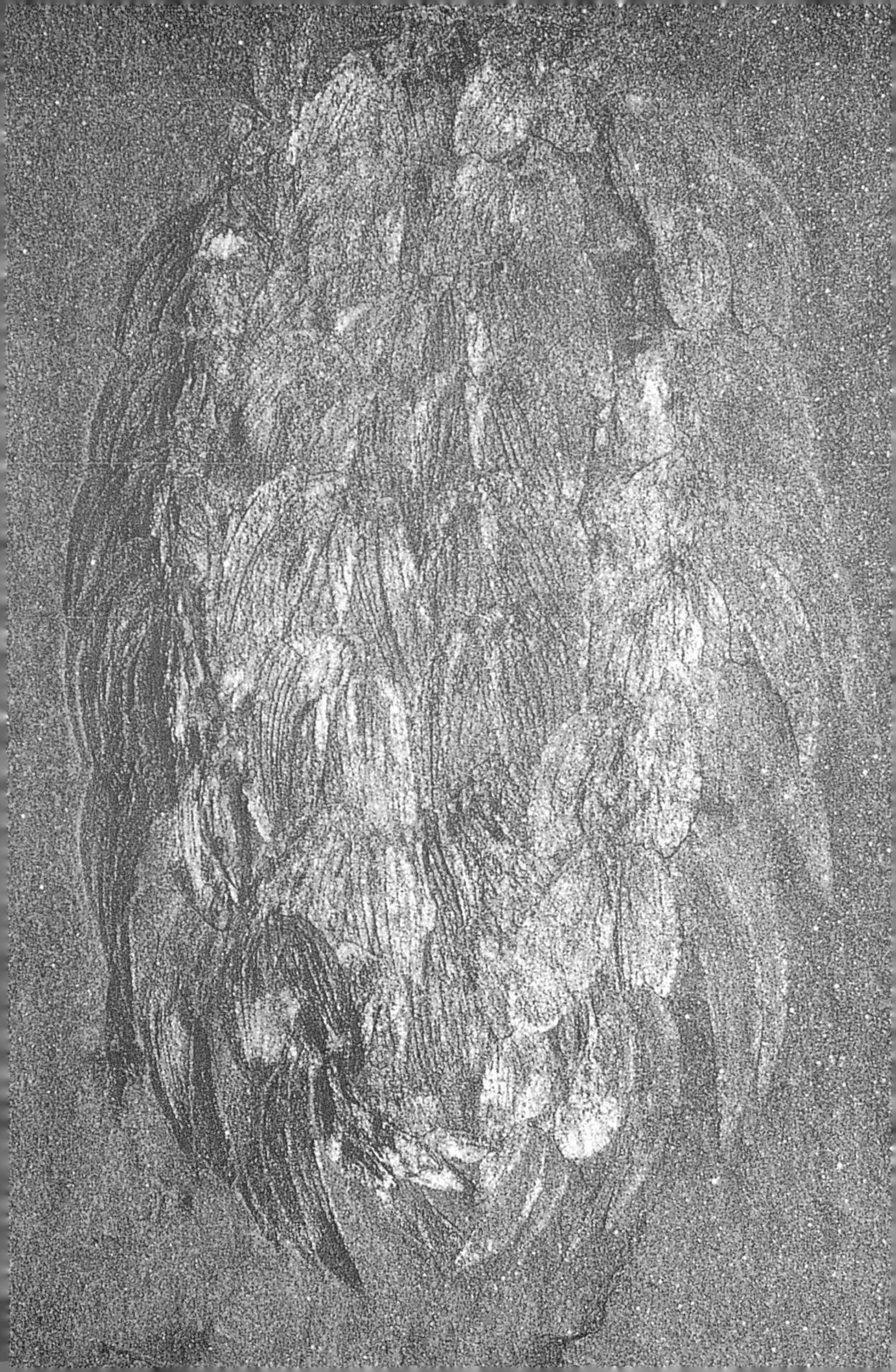

위왁시아 *Wiwaxia*

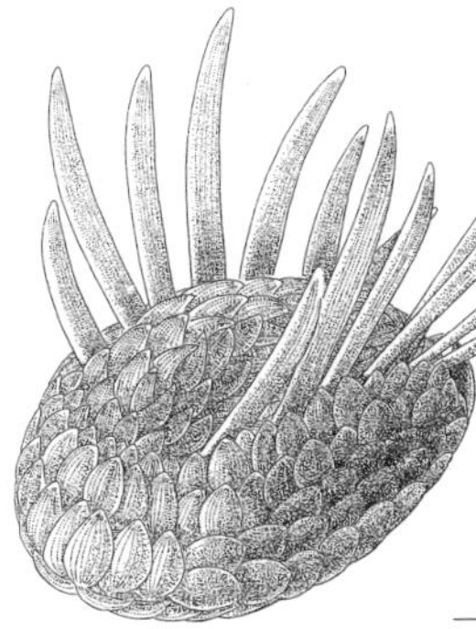

179

위왁시아는 스티븐 산에 분포하는 중기 캄브리아기 오자이곱시스 셰일에서 산출된 1개의 가시를 바탕으로 1899년 G. F. 매튜에 의해 최초로 기재됐다. 이 화석산지는 나중에 왈콧이 발견한 버제스 셰일이 분포하는 산마루로부터 킥킹 호스 강의 계곡을 가로질러 놓여있다. 버제스 셰일에서 산출된 완벽한 위왁시아 표본들은 매튜에 의해 기재된 것처럼 이 동물의 등이 평편한 비늘모양의 골편들과 가시들로 덮여 있음을 보여준다. 복부는 노출되어 있다. 골편으로 덮여 있기 때문에 내부구조의 세부적인 사항은 불분명하다. 턱은 이따금 앞 부근에서 뚜렷하게 관찰되는데, 이곳에서는 2열로 이빨이 나 있다. 골편은 위왁시아의 몸 부위에 따라 형태와 크기가 다르다. 긴 가시를 닮은 골편들이 두 줄로 위를 향해 뻗어 있어 포식자로부터 보호받게 해준다. 이들의 형태는 층리에 대한 표본 방향에 따라 변한다. 머리를 접근시키는 자세로 표본이 보존된 경우(사진 180), 두 줄의 가시들은 뚜렷하다. 표본이 등 쪽으로 편평해진 경우(사진 178), 두 줄의 가시들은 옆으로 돌출되거나 암석 속에 숨겨질 것이다. 아마도 포식자의 공격이 실패하여 일부 위왁시아 표본들은 부러진 가시들을 갖기도 한다. 몸은 짧고 편평하게 누운 골편들이 열지어 규칙적으로 배열됨으로써 보호되는데, 각각의 골편은 자신이 부착된 곳에 뿌리 같은 기부를 갖는다. 위왁시아는 골편의 허물을 벗으면서 성장한다. 위왁시아는 퇴적물 위에서 살았을 것으로 추정되며, 근육을 수축하여 퇴적물 표면을 기었을 것이다. 턱은 아마도 퇴적물 위의 유기물을 먹기 위해 사용했을 것이다. 비록 위왁시아가 민달팽

178 (×6) 이와 유사하지만, 골편으로 무장한 이 생물이 연체동물에 속하지 않음을 보여준다.

왈콧은 위왁시아를 강모를 지닌 벌레〔갯지렁이류 환형동물(*polychaete annelid*)〕로 여겼는데, 이 의견은 최근에 탈피의 증거를 고찰한 버터필드

에 의해 거듭 주장되었다. 반면, 콘웨이 모리스는 위왁시드 과의 골편 구조와 배열이 어떤 갯지렁이류와도 유사하지 않다는 것을 고찰하면서, 위왁시아를 골편을 지니는 다른 캄브리아기 동물집단으로 분류했다. 위왁시아의 유연관계는 논쟁거리로 남겨져 있다.

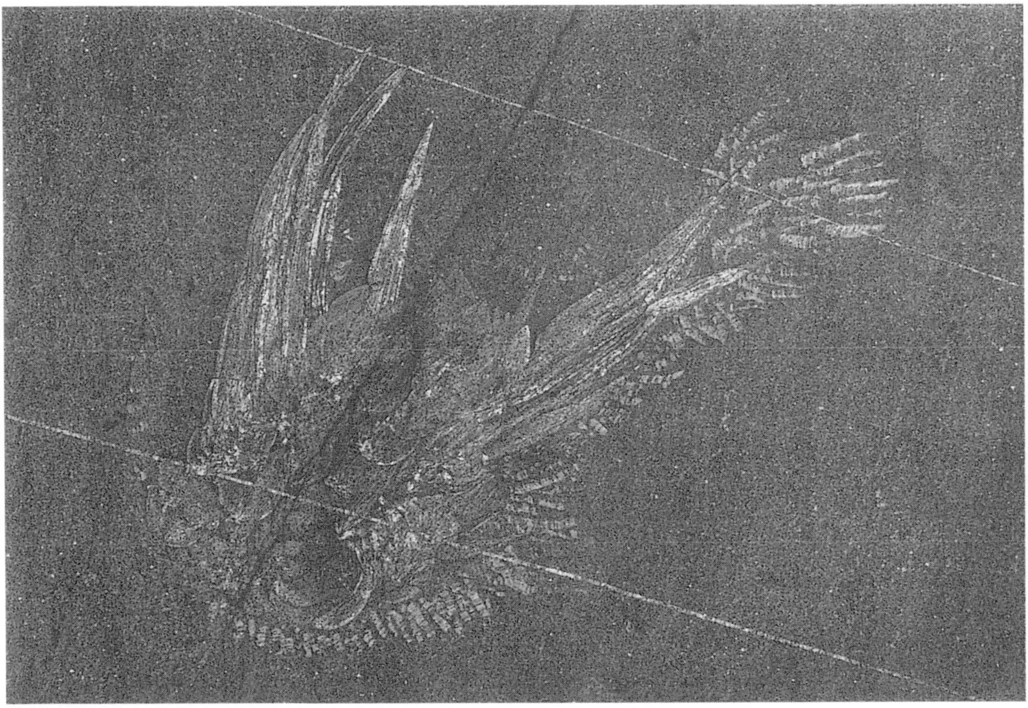

180 (×2.5)

Wiwaxia corrugata Matthew, 1899. USNM 57635, 83938, 198669. 크기: 길이 3.5~55㎜. 복원도: Marianne Collins. 전체 버제스 셰일 화석군 중 개체 수 비율: 0.34%. 산출: 유타주 중부 캄브리아기 스펜스 셰일; 스티븐 층 버제스 셰일; 오자이곱시스 셰일 〔Conway Morris(1989b) 참조〕. 기재: Conway Morris(1985a). 기타 주요 참고문헌: Butterfield (1990a), Conway Morris(1992).

이 목록은 버제스 셰일에 관한 출판물, 특히 휘팅턴(Whittington, 1985b)의 저서에서 인용된 자료를 근거로 하고 있다. 별표(*)가 표시된 종은 이 책에 기재되어 있다. 관례대로, 각각의 학명 뒤에 오는 명명자와 연도는 이 종을 최초로 기재한 명명자와 연도를 나타낸다. 만약 명명자와 연도가 괄호 쳐져 있다면, 이것은 이 종이 원래 소속된 속에서 이후에 새로운 또는 다른 속으로 이동됐음을 의미한다. 종명 맨 앞에 등호(=)가 있는 경우, 이것은 현재 이들은 동일한 종류로 여겨지며 오로지 첫 번째 종명만이 유효하다는 것을 보여준다. 종을 좀더 상위분류군으로 분류하는 것은 아직도 활발히 연구되는 주제 중의 하나이며 캄브리아기 적응방산의 본질을 이해하는 중요한 열쇠이다.

Cyanobacteria-Hormogonales
(Filamentous Cyanobacteria)

Marpolia spissa Walcott, 1919
Morania confluens Walcott, 1919
Morania elongata Walcott, 1919
Morania fragmenta Walcott, 1919
Morania? frondosa Walcott, 1919
Morania? globosa Walcott, 1919
Morania? parasitica Walcott, 1919
Morania? reticulata Walcott, 1919

Algae

CHLOROPHYTA (Green Algae)

**Margaretia dorus* Walcott, 1931

?CHLOROPHYTA (Green Algae)

**Yuknessia simplex* Walcott, 1919

RHODOPHYTA (Red Algae)

Bosworthia gyges Walcott, 1919

Bosworthia simulans Walcott, 1919

Dalyia nitens Walcott, 1919

**Dalyia racemata* Walcott, 1919

Wahpia mimica Walcott, 1919

Wahpia virgata Walcott, 1919

**Waputikia ramosa* Walcott, 1919

RHODOPHYTA (Calcareous Algae)

Sphaerocodium? cambria Walcott, 1919

Sphaerocodium? praecursor Walcott, 1919

Possible Algae

**Dictyophycus gracilis Ruedemann*, 1931

Phylum Porifera

CLASS DEMOSPONGIA (Demosponges)

**Capsospongia undulata* (Walcott, 1920)

**Choia carteri* Walcott, 1920

Choia ridleyi Walcott, 1920

**Crumillospongia biporosa* Rigby, 1986

Crumillospongia frondosa (Walcott, 1920)

Falospongia falata Rigby, 1986

Fieldospongia bellilineata (Walcott, 1920)

**Halichondrites elissa* Walcott, 1920

Hamptonia bowerbanki Walcott, 1920

**Hazelia conferta* Walcott, 1920

Hazelia crateria Rigby, 1986

**Hazelia delicatula* Walcott, 1920
Hazelia dignata (Walcott, 1920)
Hazelia grandis Walcott, 1920
Hazelia luteria Rigby, 1986
Hazelia nodulifera Walcott, 1920
Hazelia obscura Walcott, 1920
Hazelia palmata Walcott, 1920
**Leptomitus lineatus* (Walcott, 1920)
Moleculopina mammillata (Walcott, 1920)
**Pirania muricata* Walcott, 1920
Sentinelia draco Walcott, 1920
**Takakaawia lineata* Walcott, 1920
Vauxia bellula Walcott, 1920
Vauxia densa Walcott, 1920
**Vauxia gracilrnta* Walcott, 1920
Vauxia venata Walcott, 1920
**Wapkia grandis* Walcott, 1920
CLASS HEXACTINELLIDA (Glass Sponges)
**Diagoniella hindei* Walcott, 1920
**Protospongia hicksi* Hinde, 1887
Stephanospongia magnipora Rigby, 1986
CLASS CALCAREA (Calcareous Sponges)
Canistrumella alternata Rigby, 1986
**Eiffelia globosa* Walcott, 1920

Phylum Cnidaria
?CLASS ANTHOZOA
?Order Pennatulacea (Sea Pens and Sea Pansies)
**Thaumaptilon walcotti* Conway Morris, 1993
?Order Actiniaria (Sea Anemones)
**Mackenzia costalis* Walcott, 1911c
?CLASS HYDROZOA
?Suborder Chondrophorina (By-the-wind Sailors)

Gelenoptron tentaculatum Conway Morris, 1993

?Phylum Cnidaria

Cambrorhytium fragilis (Walcott, 1911d)

Cambrorhytium major (Walcott, 1908a)

Phylum Ctenophora (Comb Jellies)

**Fasciculus vesanus* Simonetta and Delle Cave, 1978a

?Superphylum Lophophorata

**Odontogriphus omalus* Conway Morris, 1976a

Superphylum Lophophorata

Phylum Brachiopoda (Lamp Shells)

CLASS INARTICULATA (Inarticulates)

**Acrothyra gregaria* Walcott, 1924a

**Lingulella waptaensis* Walcott, 1924a

**Micromitra burgessensis* Resser, 1938

**Paterina zenobia* (Walcott, 1924a)

CLASS ARTICULATA (Articulates)

**Diraphora bellicostata* (Walcott, 1924a)

**Nisusia burgessensis* Walcott, 1924a

?Phylum Mollusca (Molluscs)

CLASS HELCIONELLOIDA (Monoplacophora)

**Scenella amii* (Matthew, 1902)

Phylum Hyolitha (Hyoliths)

**Haplopbrenits carinatus* (Matthew, 1899)

Phylum Priapulida (Priapulids)

**Ancalagon minor* (Walcott, 1911d)

**Fieldia lanceolata* Walcott, 1911a

**Louisella pedunculata* Walcott, 1911d(=*Miskoia preciosa* Walcott, 1911d)
**Ottoia prolifuca* Walcott, 1911d(=*Miskoia placida* Walcott, 1931)
**Selkirkia columbia* Conway Morris, 1977d(=*S.major* Walcott, 1911d)

Probable Priapulids
Lecytbioscopa simplex(Walcott, 1931)
Scolecofurca rara Conway Morris, 1977d

Phylum Annelida
CLASS POLYCHAEA(Bristle Worms and their allies)
**Burgessocbaeta setigera*(Walcott, 1911d)
**Canadia spinosa* Walcott, 1911d(=C. regularis Walcott, 1911d and C. grandis Walcott, 1931)
**Insolicorypba psygma* Conway Morris, 1979a
**Peronocbaeta dubia*(Walcott, 1911d)
**Stepbenoscolex arguest* Conway Morris, 1979a

Phylum Onychophora(Velvet Worms)
**Aysbeaia pedunculata* Walcott, 1911d
**Halluacigenia sparsa*(Walcott , 1911d)

Phylum Arthropoda
Primitive
**Brancbiocaris pretiosa*(Resser, 1929)
**Marrella splendens* Walcott, 1912a
Subphylum Crustacea and Crustaceanomorphs (Crabs and their allies)
Canadaspis ovalis(Walcott, 1912a)
**Canadaspis perfecta*(Walcott, 1912a)
(=*Hymenocaris obliqua* Walcott, 1912a and *Canadaspis obesa* Simonetta and Delle Cave, 1975)
Carnarvonia venosa Walcott, 1912a
**Isoxys acutangulus*(Walcott, 1908a)
Isoxys longissimus Simonetta and Delle Cave, 1975

Odaraia alata Walcott, 1912a (=Eurysaces pielus Simonetta and Delle Cave, 1975)

Perspicaris dictynna (Simonetta and Delle Cave, 1975)

Perspicaris recondita Briggs, 1977

Plenocaris plena (Walcott, 1912a)

**Tuzoia burgessensis* Resser, 1929

Tuzoia canadensis Resser, 1929

Tuzoia? parva (Walcott, 1912a)

**Tuzoia praemosrsa* Resserm, 1929

Tuzoia retifera Walcott, 1912a

**Waptia freldensis* Walcott, 1912a

CLASS OSTRACODA (Ostracods)

Aluta? sp. indet

CLASS CIRRIPEDIA? (Barnacles)

Priscansermarinus barnetti Collins and Rudkin, 1981

Subphylum Arachnomorpha

CLASS TRILOBITA (Trilobites)

**Chancia palliseri* (Walcott, 1908b)

**Ehmaniella burgessensis* Rasetti, 1951

**Ehmaniella waptanensis* Rasetti, 1951

**Elrathia permulta* (Walcott, 1918b) cf. *Elrathina brevifrons* Rasetti, 1951

**Elrathina cordillerae* (Rominger, 1877)

Hanburia gloriosa Walcott, 1916b

**Kootenia burgessnsis* Resser, 1942

**Naraoia compacta* Walcott, 1912a (= N. pammon Simonetta and Delle Cave, 1975 and N. balia Simonetta and Delle Cave, 1975)

Naraoia spinifer Walcott, 1931

**Olenoides serratus* (Rominger, 1887)

(= *Natborstia transitans* Walcott, 1912a)

**Oryctocephalus burgessensis* Resser, 1938

**Oryctocephalu mattbewi* Rasetti, 1951

Oryctocephalu reynoldsi Reed, 1899

Oryctocephalu sp. indet.
**Pageita bootes* Walcott, 1916b
**Peronopsis montis* (Matthew, 1899)
**Ptychagnostus praecurrens* (Westergaard, 1936)
(= *Triplagnostus burgessensis* Rasetti, 1951)
Spencella sp. indet. 1 (Rasetti, 1951)
Spencella sp. indet. 2 (Rasetti, 1951)
Tegopelte gigas Simonetta and Delle Cave, 1975

CLASS CHELICERATA
(Chelicerates-Scorpions, Spiders, and their allies)
**Sanctacaris uncata* Briggs and Collins, 1988

OTHER ARTHROPODS
Actaeus armatus Simonetta, 1970
Alalcomenaeus cambricus Simonetta, 1970
**Burgessia bella* Walcott, 1912a (= Hymenocaris? circularis Walcott, 1912a)
**Emeraldella brocki* Walcott, 1912a (= Emeraldoides problematicus Simonetta, 1964)
Habelia? brevicauda Simonetta, 1964
**Habelia optata* Walcott, 1912a
**Habelia expansa* Walcott, 1918a
Houghtonites gracilis (Walcott, 1912a)
**Leanchoilia superlata* Walcott, 1912a (= *Bidentia diffrcilis* Walcott, 1912a; *Emeraldella micrura* Walcott, 1912a; *Leanchoilia major* Walcott, 1931; *Leanchoilia amphiction* Simonetta, 1970; *Leanchoilia persephone* Simonetta, 1970; *Leanchoilia protogonia* Simonetta, 1970)
**Molaraia spinifera* Walcott, 1912a
Mollisonia rara Walcott, 1912a (=Parababelia rara Dimonetta, 1964)
Mollisonia Symmetrica Walcott, 1912a
**Sarotrocercus oblita* Whittington, 1981b
**Sidenyia inexpectans* Walcottm, 1911a
Skania fragilis Walcott, 1931

Thelxiope palaeothallasia Simonetta and Delle Cave, 1975
**Yohoia tenuis* Walcott, 1912a

Phylum Echinodermata
CLASS CYSTOIDEA (Cystoids)
**?Gogia radiata* Sprinkle, 1973
CLASS CRINOIDEA (Sea Lilies)
**Echmatocrinus brachiatus* Sprinkle, 1973
CLASS EDRIOASTEROIDEA (Edrioasteroids)
Walcottidiscus magister Bassler, 1936
Walcottidiscus typiclis Bassler, 1935
CLASS EHOLOTHUROIDEA (Sea Cucumbers)
**Eldonia ludwigi* Walcott, 1911c

Phylum Hemichordata
CLASS ENTEROPNEUSTA? (Acorn Worms)
"*Ottoia*" *tenuis* Walcott, 1911d
CLASS GRAPTOLITHINA?
(Graptolites)
Cbaunograptus scandens Ruedemann, 1931

Phylum Chordata (Chordates)
**Metaspriggina walcotti* Simonetta and Insom, 1993
**Pikaia gracilens* Walcott, 1911d

Animals Not Assigned to Major Groups
ANOMALOCARIDS
Amiella ornata Walcott, 1911d
**Anomalocaris canadensis* Whiteaves, 1892
Anomalocaris nathorsti (Walcott, 1911a) (= *Laggania cambria* Walcott, 1911a and *Peytoia nathorsti* Walcott, 1911a)
Hurdia dentata Simonetta and Delle Cave, 1975
Hurdia triangulata Walcott, 1912a

Hurdia victoria Walcott, 1912a
Proboscicaris agnosta Rolfe, 1962
Proboscicaris ingens Rolfe, 1962
Proboscicaris obtusa Simonetta and Delle Cave, 1975

OTHERS
**Amiskwia sagittiformis* Walcott, 1911d
Banffia constricta Walcott, 1911d
**Dinomischus isolatus* Conway Morris, 1977b
**Nectocaris pteryx* Conway Morris, 1976b
Oesia disjuncta Walcott, 1911d
**Opabinia regalis* Walcott, 1912a
"*Platydendron ovale*" Simonetta and Delle cave, 1978a
Pollingeria grandis Walcott, 1911d
**Portalia mira* Walcott, 1918a
Worthenella cambria Walcott, 1911d

Scleritome-bearing Animals
**Chancelloria eros* Walcott, 1920
**Wiwaxia corrugata* (Matthew, 1899)

버제스 화석군의 의의

캐나다 뉴펀들랜드지역에 잘 보존되어있는 선캄브리아시대와 캄브리아기의 경계지점은 껍질을 가지는 생물(*small shelly fossil*)이 최초로 출현한 시점을 기준으로 나누어지는데, 현재는 5억 4천 2백만 년 전을 그 경계로 생각하고 있다. 몇 년 전만 하더라도 캄브리아기는 6억 년 전 혹은 5억 7천만 년 전에 시작되는 것으로 이해됐었다. 마찬가지로 캄브리아-오르도비스계의 경계는 부유성 필석화석이 첫 출현하는 층준의 직하부에서 산출되는 코노돈트화석군의 특징 중 하나를 선정하여 결정하자고 1985년 의결되었으며, 2001년에 이아페타그노스투스(*Iapetagnostus fluctivagus*)라는 코노돈트가 처음으로 출현하는 지점을 캄브리아-오르도비스계의 경계로 정할 것이 결정되었다. 국제적으로 캄브리아기와 오르도비스기의 경계부가 잘 보존된 지역은 캐나다 뉴펀들랜드지역이며, 이 지역의 캄브리아기와 오르도비스기의 경계지점에 대한 방사성원소 측정결과는 4억 9천만 년 전부터 오르도비스기가 시작됨을 보여준다. 예전에는 5억 5백만 년 전에 오르도비스기가 시작된다고 생각했었다.

오늘날 과학자들은 생물이 골격을 가질 수 있는 대기중의 산소 함량은 현재 수준의 10% 이상으로 생각하고 있다. 즉, 5억 4천 2백만 년 전 이후부터 대기중의 산소 함량은 현재 수준의 약 10%에 달했다고 알려져 있으며, 이와 같은 산소 함량의 증가가 생물의 진화를 촉진시켜 지구상의 생명들은 골격을 지닐 수 있는 환경을 갖게 된 것으로 여겨진다. 또한 선캄브리아시대 말에 빙하기가 끝나면서 해수면이 상승하였고 이로 인해 얕은 바다가 넓게 펼쳐져 생물이 살기에 적합한 환경이 만들어져 부분적으로 생물의 진화를 촉진시켰다고 여겨진다.

다세포 동물〔동물에서는 다세포를 가진 종류를 후생동물(後生動物, *metazoan*) 이라고 한다〕은 약 5억 7천만 년 전의 암석인 호주 남부의 에디아카라 언덕에서 1946년에 최초로 발견됐는데, 흔히 에디아카라 생물군으로 불린다. 에디아카라 생물군은 골격을 지니지 않는 기묘한 모양의 생물들로 오늘날의 극피동물, 절지동물, 해파리, 바다조름, 강장동물 등과 관계가 있을 것으로 여겨진다. 에디아카라 생물군과 비슷한 화석들은 호주, 영국, 중국, 러시아, 스칸디나비아 등지에서 발견되고 있다. 이 생물들은 5억 4천 2백만 년 전 캄브리아기가 시작하기 직전에 갑작스럽게 멸종했다.

5억 4천 2백만 년 전부터는 생명들도 육안으로 관찰이 가능한 생물들이 출현했기 때문에 흔히 '눈에 보이는 생명'을 의미하는 현생이언(*Phanerozoic*) 으로 불린다. 현생이언에 들어서면서 생물의 양은 폭발적으로 증가했으며, 다양한 진화과정이 시험되었다. 징강 화석군과 버제스 셰일 화석군은 캄브리아기에 생명이 폭발적으로 증가하였음을 보여주는 대표적인 화석군이다.

1984년 호우(Hou Xianguang) 교수는 중국 남서부 운남성의 징강에서 캄브리아기 초에 살았던 예외적으로 매우 잘 보존된 연체동물 화석군을 발견했다. 이 화석군의 발견은 징강이라는 조그만 마을을 전 세계적으로 알린 계기가 되었다. 징강 화석군으로 명명된 이 화석군은 다양한 형태의 기묘한 생김새를 가진 생물들로 5억 1천 5백만 년 전에서 5억 2천만 년 전의 기간 동안 살았던 생물들이다. 중국의 징강 화석군은 캐나다에서 발견된 버제스 셰일 화석군보다 1천만 년 또는 1천 5백만 년 먼저 살았던 생물이다. 징강 화석군의 생물들은 예외적으로 보존이 잘되어 있기 때문에 초기 생물의 기원, 진화 그리고 생태연구에 대한 단서를 제공해 줄 것으로 여겨진다.

1909년 미국의 고생물학자인 왈콧(C. Walcott)은 캐나다 브리티시컬럼비아주 요호국립공원 중앙에 위치한 버제스 산에서 기묘하고 독특한 화석들을 최초로 발견했다. '버제스 셰일 화석군'으로 불리는 이 화석들은 그 후 왈콧에 의해 수만 점이 채집되어 당시 그가 관장으로 있던 미국 스미소니언박물관으로 옮겨졌으며, 1960년대에 이르러 본격적으로 연구되기 시작했다. 버제스 셰일 화석군은 주로 삼엽충 같은 절지동물과 환형동물로 이루어져 있었지만, 다른 생물과의 연관관계를 파악할 수 없는 생물들도 많이 있었다. 마치 진화의 실험장 같았다. 5개의 눈을 지닌 오파비니아, 볼록한 머리와 등에 한 줄의 가시를 지닌 할루시게니아, 비늘로 덮인 등에 짝을 이루는 가시를 지닌 위왁시아 등이 바로 그 주인공이다. 이들이 잘 보존된 이유는 무엇일까? 그것은 진흙제방에 모여 살던 이 생물들이 갑작스런 사태에 의해 순식간에 매몰되었기 때문이다.

버제스 셰일에서 발견되는 화석군 중 가장 흥미로운 것은 아노말로카리스다. 아노말로카리스는 '이상한 새우'란 뜻을 가진 생물로, 지구상에 출현한 최초의 포식자이다. 아노말로카리스는 1886년 캐나다 로키산맥의 스티븐산(Mt. Stephen)에서 발견된 뒤 1892년 휘타브스(Whiteaves)가 이름을 붙였다. 발견 초기에는 완전한 형태로 발견된 것이 없어서, 부분적으로 발견된 아노말로카리스의 입은 해파리화석으로, 아노말로카리스의 집게발은 새우의 몸체로 여겨졌다. 휘타브스가 최초로 발견한 것도 아노말로카리스의 집게발이었으며 따라서 '새우의 배와 꼬리'로 생각하여 이름을 '이상한 새우'로 지었던 것이다.

해파리 모양의 화석은 마치 파인애플을 잘라 놓은 듯한 모습에, 가운데에 둥근 구멍이 뚫려 있고, 그곳에 이빨과 비슷한 돌출부를 지니고 있어서 해파리가 먹이를 잡을 때 먹이 위에 올라가서 잡았다고 추측하게 되었다. 새우모양의 화석은 형태는 새우의 꼬리와 비슷했지만, 머리에 해당되는 부분이 전혀 발견되지 않았고, 또 새우의 꼬리부분이라면 당연히 존재해야 할 소화기관이 발견되지 않아 조심스럽게 절지동물의 다리일지도 모른다고 추측하게 되었다.

1981년 휘팅턴(Harry Whittington)과 브릭(Derek Briggs)은 왈콧이 버제스 셰일에서 채집한 표본들을 조사하고 세심히 손질하는 과정중에, 둥근 해파리 모양의 화석과 이제껏 새우라고 믿었던 화석이 서로 연결되어 있는 것을 최초로 발견했다. 이로써 이전까지 별개의 다른 화석으로 여겨졌던 화석은 하나의 화석임이 확인되었으며, 완전한 모습은 아니었지만 처음으로 아노말로카리스의 모습을 확인하게 되었다. 즉, 둥근 해파리 모양은 아노말로카리스의 입으로 그리고 머리 없는 새우 모양은 아노말로카리스의 집게발로 확인된 것이다. 나아가 휘팅턴과 브릭은 아노말로카리스에 대한 자세한 연구를 통해 아노말로카리스는 크기가 60cm 정도인 포식자로 캄브리아기에 살았던 동물 중 가장 거대했는데, 두 눈은 옆으로 튀어나와 있으며, 둥근 입은 머리 아랫부분에 달렸으며, 입 앞에 달린 2개의 집게발은 먹이를 입으로 옮겨주는 역할을 하고, 지느러미는 헤엄치기 위한 것이라고 추정했다.

최근 연구결과에 의하면 아노말로카리스는 총 14쌍의 지느러미를 지니고 있는데 각 지느러미들은 서로 파도타기를 하는 것처럼 리듬을 가지고 연속적으로 움직이며, 지느러미를 이용해 전진하거나 후진할 수 있었던 것으로 추정된다. 또한 아노말로카리스의 입은 매우 특이해서 오늘날의 어떤 동물의 입과도 비교할 만한 대상이 없다. 아노말로카리스의 입 부위에 대한 CT 촬영으로 입 속의 또 다른 구조가 밝혀졌다. 입안에는 3개의 톱니 판이 있는데, 입이 열리면 안쪽에 있는 3개의 톱니 판은 닫히고 바깥의 입이 닫히면 톱니 판들은 벌어져서 한 번 잡은 먹이는 놓치지 않았다.

아노말로카리스는 턱과 집게발로 먹이를 잡아 누르면서 입에 달린 날카로운 이빨로 바닷속 동물들을 잡아먹었는데, 이 이빨에 의한 상처가 다른 화석 표본에서 발견된다. 삼엽충 화석 중에 W자로 물린 자국을 지닌 표본이 발견되기도 하는데 이 삼엽충 화석을 물었던 주인공은 아노말로카리스로 추정된다. 아노말로카리스 모형을 만들어 삼엽충을 물려 보았을 때 똑같은 W자 모양의 물린 자국이 생성됨을 확인할 수 있었다.

캄브리아기의 바다에 아노말로카리스와 같은 포식자가 존재함으로써 다른 생물들은 자신들을 보호하기 위해 다양한 방향으로 진화한 것으로 보인다. 오파비니아는 5개의 눈을 발달시켜 포식자로부터 보다 빨리 도망가는 길을 택했으며, 할루시게니아와 위왁시아는 몸에 가시를 발달시켰다. 삼엽충의 경우 딱딱한 껍질을 발달시켰으며, 그 외에도 많은 생물들이 다양한 방식으로 진화를 거듭하여 자신을 보호하고 자손을 남기기 위해 노력했다.

현재 아노말로카리스는 캐나다의 버제스 셰일, 미국의 로키산맥, 중국의 징강 화석군, 호주의 에뮤 베이 셰일층에서 발견되고 있는데, 아마도 캄브리아기 바다의 지배자였던 것으로 여겨진다. 미국 유타 주에서 버제스 셰일보다 천만 년 이후에 퇴적된 지층에서 아노말로카리스가 발견된 것을 마지막으로 더 이상 젊은 지층에서 아노말로카리스는 발견되지 않고 있다. 그 당시는 특별한 환경적 변화가 없었고 먹이 또한 풍부했는데, 캄브리아기의 바다의 포식자였던 아노말로카리스가 멸종한 이유는 아직도 수수께끼로 남아있다.

이 책은 버제스 셰일에서 산출된 중요 화석군을 사진, 복원도 그리고 간략한 특징을 이용해 설명하고 있다. 버제스 셰일에서 발견된 125속 중 대표적인 85속을 다루었는데, 이것은 전문적인 연구보고서 이외의 출판물 중 가장 광범위하게 버제스 셰일 생물들을 다룬 것이다. 캄브리아기의 생명 대폭발 동안 다양한 동물의 형태가 실험되었다. 이 중 어떤 형태는 현재까지 살아남았지만, 거의 대부분의 동물들은 사라져갔다. 생명의 대폭발 기간에 탄생한 피카이아는 빠르게 헤엄치는 데 이용할 수 있는 척색을 갖고 있었으며, 오랜 세월 동안 다양한 진화의 과정을 거쳐 인간으로 진화할 수 있었다. 캄브리아기의 다양한 진화실험이 일어나지 않았다면 인간은 오늘날 지구상에 존재하지 않을지도 모른다.

1. 버제스 셰일 이외 내용의 참고문헌

아래 목록은 버제스 셰일에 관한 논문 이외의 논문에 관한 참고문헌이다. 버제스 셰일에 관한 저작은 뒤에 오는 버제스 셰일에 관한 참고문헌에 포함되어 있다.

Aldridge, R. J., D. E. G. Briggs, E. N. K. Clarkson, and M. P. Smith. 1986. The affinities of conodonts: New evidence from the Carboniferous of Edinburgh, Scotland. *Lethaia* 19: 279~291.

Aldridge, R. J., D. E. G. Briggs, M. P. Smith, E. N. K. Clarkson, and N. D. L. Clark. 1933. The anatomy of conodonts. *Philosophical Transactions of the Royal Society of London Series B* 340:405~421

Allison, P. A., and D. E. G. Briggs. 1993a. Exceptional fossil record: Distribution of soft-tissue preservation thorough the Phanerozoic. *Geology* 21: 527~530.

Ballard, J. W. O., G. J. Olsen. D. P. Faith, W. A. Odgers, D. M. Rowell, and P. W. Atkinson. 1992. Evidence from 12s ribosomal RNA sequences that onycophorans are modified arthropods. *Science* 258: 1345~1348.

Bengtson, S. and V. V. Misarzhevsky. 1981. Coeloscleritophora: A major group of enigmatic Cambrian metazoans, pp. 19~21. In M. E.

Taylor (ed.), *Short papers for the second international symposium on the Cambrian System.* U.S. Geological Survey Open-file Report: 81~743.

Bowring, S.A., J.P. Grotzinger, C.E. Isachsen, A.H. Knoll, S.M. Pelechaty, and P.Kolosov. 1993. Calibrating rates of Early Cambrian evolution. *Science* 261: 1293~1298.

Briggs. D.E.G., E.N.K. Clarkson, and R.J. Aldridge. 1983. The conodont animal. *Lethaia* 16: 1~14.

Conway Morris, S. 1993. The fossil record and the early evolution of the Metazoa. *Nature* 361:219~225.

Elliott, D.K., and D.L. Martin. 1987. A new trace fossil from the Cambrian Bright Angel Shale, Grand Canyo, Arizona. *Journal of Paleontology* 61: 641~648.

Erwin, D.H. 1991. Metazoan phylogeny and the Cambrian radiation. *Trends in Ecology and Evolution* 6: 131~134.

Foote, M., and S.J. Gould. 1992. Cambrian and Recent morphologic disparity. *Science* 258: 1816.

Glaessner, G.F. 1984. *The Dawn of Animal Life.* Cambridge: Cambridge University Press.

Hou, X.-G., L. Ramskold, and J. Bergstrom. 1991. Composition and preservation of the Chengjiang fauna-a Lower Cambrian soft-bodied biota. *Zoologica Scripta* 20: 395~411.

Knight, J.B. 1941. *Paleozoic Gastropod Genotypes.* Geological Society of America Special paper No. 32.

Knoll, A.H. 1992. Latest Proterozoic stratigraphy and earth history. *Nature* 356: 673~678

Lipps, J.B. and P.W. Signor (eds.). 1882. *Origin and Early Evolution of the Metazoa.* New York: Plenum Press.

McMenamin, M.A.S., and D.L. SchuteMcMenamin. 1990. *The Emergence of Animals.* New York: Columbia University Press.

Marek ,L., and E.L. Yochelson. 1976. Aspects of the biology of the Hyolitha (Mollusca). *Lethaia* 9: 65~82.

Paul, C.R.C. 1988. The phylogeny of the cystoids, pp. 199~213. In C.R.C. Paul and A.B. Smith (eds.), *Echinoderm Phylogeny and*

Evolutionary Biology. Oxford: Clarendon Press.

Peel, J. s. 1991. The Classes Tergomya and Helcionelloida, and early molluscan evolution. *Bulletin Gronlands Geologiske Undersokelse* 161: 11~65.

Qian Yi and S. Bengtson. 1989. Paleontology and biostratigraphy of the Early Cambrian Meichucunian Stage in Yunnan Provience, South China. *Fossils and Strata* 24: 156.

Runnegar, B. 1980. Hyolitha: status of the phylum. *Lethaia* 13: 21~25.

Schopf, J. W., and C. Klein(eds.). 1992. *The Proterozoic Biosphere.* Cambridge: Cambridge University Press.

Seilacher, A. 1992. Vendobionta and Psammocorralia: Lost constructions of Precambrian evolution. *Journal of the Geological society of London* 149: 607~613.

Simonetta, A. M., and S. Conway Morris(eds.). 1991. *The Early Evolution of Metazoa and the Significance of Problematic Taxa.* Cambridge: Cambridge University Press.

Valentine, J. W., S. M. Awramik, P. W. Signor, and P. M. Sadler, 1991. The biological explosion and the Precambrian-Cambrian boundary. In M. K. Hecht, B. Wallace, and R. J. MacIntyre(eds.), *Evolutionary Biology* 25: 279~356.

Valentine, J. W., and D. H. Erwin. 1987. Interpreting great developmental experiments: The fossil record, pp. 71~107. In R. A. Raff and E. C. Raff(eds.), *Development as an Evolutionary Process.* New York: Liss.

Yochelson, E. L., and M. D. Gil Cid. 1984. Reevaluation of the systematic of Scenella. *Lethaia* 17: 331~340.

Zhang W. T., and X. G. Hou, 1985. Preliminary notes on the occurrence of the unusual trilobite Naraoia in Asia. *Acta Palaeontologica Sinica* 24: 591~595.

2. 버제스 셰일에 관한 참고문헌

아래 목록은 버제스 셰일의 화석, 퇴적 그리고 층서에 관한 주요 출판물들이다. 초록은 제외됐다.

Aitken, J.D., and W.H. Fritz, 1968. Burgess Shale Project, British Columbia〔82H/8(West Half)〕. *Canadian Geological Survey Paper* 68-1A: 190~192.

Aitken, J.D., W.H. Fritz, and H.B. Whittington. 1967. Stratigraphy, palaeontology, and palaeoecology of the Burgess Shale. *Canadian Geological Survey Paper* 67-1A: 52.

Aitken, J.D., and I.A. MCIlreath. 1984. The Cathedral Reef escarpment a Cambrian Great wall with humble origins. *Geos: Energy Mines and Resources, Canada* 13(1): 17~19.

______. 1990. Comment on "The Burgess Shale: Not in the Shadow of the Cathedral Escarpment". *Geoscience Canada* 17: 111~116.

Allison, P.A., and D.E.G. Briggs. 1991a. The taphonomy of soft-bodied animal, pp.120~140. In S.K. Donovan(3d.), *Fossilization: The Process of Taphonomy*. London: Belhaven Press.

______. 1991b. *Taphonomy: Releasing the Data Locked in the Fossil Record*. New York: Plenum Press.

______. 1993b. Burgess Shale-type biotas burrowed away? *Lethaia* 26: 184~185.

Aronson, R.B. 1992. Decline of the Burgess Shale fauna: Ecologic or taphonomic restriction. *Lethaia* 25: 225~229.

______. 1993. Burgess Shale-type biotas were not just burrowed away: Reply. *Lethaia* 26: 185.

Babcock,, L.E., and R.A. Robison. 1988. Taxonomy and paleobiology of some Middle Cambrian *Scenella*(Cnidaria) and hyolithids(Mollusca) from western North America. *University of kansas Paleontological Contributions* 121.

Baird, D.M. 1962. Yoho National Park: The mountains, the rocks, the scenery. *Geological Survey of Canada Miscellaneous Report* 4: 1~107.

Banta, W.C., and M.E. Rice. 1970. A restudy of the Middle Cambrian

Burgess Shale fossil worm *Ottoia prolifica.* In M. E. Rice (ed.), *Proceedings of the International Symposium on the Biology of the Sipuncula and Echiura.* Vol. 2: 79~90. Belgrade, Yugoslavia

Bassler, R. S. 1935. The classification of Edrioasteroidea. *Smithsonian Miscellaneous Collections* 95: 1~11.

______. 1936. New species of American Edrioasteroidea. *Smithsonian Miscellaneous Collections* 95: 1~33.

Beall, B. S. 1991. The Tully Monster and a new approach to analyzing problematica, pp. 271~285. In A. M. Simonetta and S. Conway Morris (eds.), *The Early Evolution of Metazoa and the Significance of Problematic taxa.* Cambridge: Cambridge University Press.

Beherensmeyer, A. K. 1984. Taphonomy and the fossil record. *American Scientist* 72: 558~566

Bengtson, S, and S, Conway Morris. 1984. A comparative study of Lower Cambrian Halkieria and Middle Cambrian Wiwaxia. *Lethaia* 17: 307~329.

______. 1986. Fjalliga djur fran det kambriska havet. *Fauna och Flora* 81: 27~34.

Bergstrom, J. 1986. Opabinia and Anomalocaris, unique Cambrian 'arthropods'. *Lethaia* 19: 242~246.

______. 1987. The Cambrian *Opabinia* and *Anomalocaris. Lethaia* 20: 187~188.

______. 1992. The oldest arthropods and the origin of the Crustacea. *Acta Zoologica* (Stockholm) 73: 287~291.

Briggs, D. E. G. 1976. The arthropod Brancbiocaris n. gen., Middle Cambrian, Burgess Shale, British Columbia. *Geological Survey of Canada Bulletin* 264: 1~29.

______. 1977. Bivalved arthropods from the Cambrian Burgess Shale of British Columbia. *Palaeontology* 20: 595~621.

______. 1978. The morphology, mode of life, and affinities of Canadaspis perfecta (Crustacea: Phyllocarida), Middle Cambrian, Burgess Shale, British Columbia. *Philosophical Transactions of the Royal Society of London Series B* 281: 429~487.

______. 1979a. Anomalocaris, the largest known Cambrian arthropod.

Palaeontology 22: 631~664.

______. 1979b. Crustacea. pp. 144~146. *McGrawHill Yearbook of Science and Technology.*

______. 1981a. The arthropod *Odaraia alata* Walcott, Middle Cambrian, Burgess Shale, British Columbia. *Philosophical Transactions of the Royal Society of London Series B* 291: 541~585.

______. 1981b. The Burgess Shale project. pp. 34~37. In M. E. Taylor (ed.), *Short papers for the Second International Symposium on the Cambrian System.* U. S. Geological Survey Open-file Report: 81~743.

______. 1983. Affinities and early evolution of the Crustacea: The evidence of the Cambrian fossils, pp. 1~22. In F. R. Schram (ed.), *Crustacean Phylogeny.* Rotterdam: Balkema.

______. 1985. Les premiers arthropodes. *La Recherche* 16 (164): 340~349.

______. 1990a. Flattening, pp. 244~247. In D. E. G. Briggs and P. R. Crowther (eds.), *Palaeobiology: A Synthesis.* Oxford: Blackwell Scientific Publications.

______. 1990b. Early arthropods: Dampening the Cambrian explosion. *Short Courses in Paleontology* 3: 24~43. Paleontological Society.

______. 1991. Extraordinary fossils. *American Scientist* 79: 130~141.

______. 1992. Phylogenetic significance of the Burgess Shale crustacean *Canadaspis. Acta Zoologica* (Stockholm) 73: 293~300.

Briggs, D. E. G., and D. Collins. 1988. A Middle Cambrian chelicerate from Mount Stephen, British Columbia. *Palaeontology* 31: 779~798.

Briggs, D. E. G., and S. Conway Morris. 1986. Problematica from the Middle Cambrian Burgess Shale of British Columbia, pp. 167~183. In A. Hoffman and M. H. Nitecki (eds.), *Problematic Fossil Taxa.* New York: Oxford University Press.

Briggs, D. E. G., and R. A. Fortey. 1989. The early radiation and relationships of the major arthropod groups. *Science* 246: 241~243.

Briggs, D. E. G., R. A. Fortey, and M. A. Wills. 1992a. Morphologic disparity in the Cambrian. *Science* 256: 1670~1673.

______. 1992b. Reply to Foote and Gould, and Lee. *Science* 258: 1817~1818.

______. 1993. How big was the Cambrian explosion? A taxonomic and morphological comparison of Cambrian and Recent arthropods, pp. 33~44. In D. Edwards and D. Lees(eds.), *Evolutionary Patterns and Processes.* Linnean Society Symposium Series No. 14. London: Academic Press.

Briggs, D. E. G., and A. J. Kear. 1994. Decay of the lancelet Branchiostoma lanceolatum(Cephalochordata): Implications for the interpretation of softtissue preservation in conodonts and other primitive chordates. *Lethaia* 26: 275~287.

Briggs, D. E. G., and J. D. Mount. 1982. The Occurrence of the giant arthropod Anomalocaris in the Lower Cambrian of Southern California and the overall distribution of the genus. *Journal of Paleontology* 56(5): 1112~1118.

Briggs, D. E. G., and R. A. Robison. 1984. Exceptionally preserved nontrilobite arthropods and Anomalocaris from the Middle Cambrian of Utah. *University of Kansas Paleontological Contributions* 111.

Briggs, D. E. G., and H. B. Whittington. 1981. Relationships of arthropods from the Burgess Shale and other Cambrian sequences, pp. 38~41. In M. E. Taylor(ed.), *Short Papers for the Second International Symposium on the Cambrian System.* U. S. Geological Survey Open-file Report: 81~743.

______. 1985a. Modes of life of arthropods from the Burgess Shale, British Columbia. *Transactions of the Royal Society of Edinburgh* 76: 149~160.

______. 1985b. Terror of the trilobites. *Natural History* 1985/12: 34~39.

______. 1987. The affinities of the Cambrian animals *Anomalocaris* and Opabinia. *Lethaia* 20: 185~186.

Briggs, D. E. G., and S. H. Williams. 1981. The restoration of flattened fossils. *Lethaia* 14: 157~164.

Bruton, D. L. 1981. The arthropod Sidneyia inexpectans, Middle Cambrian, Burgess Shale, British Columbia. *Philisophical Transactions of the Royal Society of London Series B* 295: 619~656.

Bruton, D. L., and H. B. Whittington. 1983. Emeraldella and Leanchoilia, two arthropods from the Burgess Shale, British Columbia. *Philisophical Transactions of the Royal Society of London Series B*

300: 553~585.

Burling, L. D. 1915. Shallow water deposition in the Cambrian of the Canadian Cordillera. *The Ottawa Naturalist* 29, November 1915: 87~88.

Butterfield, N. J. 1990a. Organic preservation of non-mineralizing organisms and the taphonomy of the Burgess Shale. *Paleobiology* 16(3): 272~286.

______. 1990b. A reassessment of the enigmatic Burgess Shale Fossil Wiwaxia corrugata(Matthew) and its relationship to the polychaete Canadia spinosa Walcott. *Paleobiology* 16(3): 287~303.

Calman, W. T. 1919. Dr. Walcott's researches on the appendages of trilobites. *Geological Magazine*, n. s. 6: 359~363.

Chen, J.-Y., X.-G. Hou, and H.-Z. Lu, 1989. Early Cambrian hock glass-like rare animal Dinomischus and its ecological features. *Acta Palaeontologica Sinica* 28: 58~71.

Clark, A. H. 1912. Restoration of the genus Eldonia, a genus of free-swimming Holothurians from the middle Cambrian. *Sonderabdruck aus dem Zoologischen Anzeiger* 39: 723~725.

______. 1913. Cambrian holothurians. *American Naturalist* 48: 488~507.

______. 1915. The present distribution of the Onychophora, a group of terrestral invertebrates. *Smithsonian Miscellaneous Collectons* 65: 1~25.

Clark, H. L. 1912. Fossil holothurians. *Science*, n. s. 35(894): 274~278.

Collier, F. J. 1983. The Burgess Shale, an incredible window on the Cambran period. *Rocks and Minerals* 58(6): 257~264.

Collins, D. H. 1978. A palaeontologist's paradise. *Rotunda*(Royal Ontario Museum) 11(4): 12~19.

______. 1986a. Paradise revisited. *Rotunda*(Royal Ontario Museum) 19(1): 30~39.

______. 1986b. The great *Anomalocaris* mystery. How a shrimp became the world's first monster. *Rotunda*(Royal Ontario Museum) 19(3): 51~57.

______. 1987. Life in the Cambrian seas. *Nature* 326: 127.

______. 1993. *Geology and Paleontology of the Mt. Stephen trilobite beds and the Burgess Shale in the Stephen Formation, Yoho National Park, British Columbia.* SEPM(Society of Economic Paleontologists and Mineralogists) Annual Meeting Field Trip Guidebook, Tripno. 22.

Collins, D. H., D. E. G. Briggs, and S. Conway Morris. 1983. New Burgess Shale fossil sites reveal Middle Cambrian faunal complex. *Science* 222: 163~167.

Collins, D., D. M. Rudkin. 1981. *Priscansermarinus barnetti*, a probable lepadomorph barnacle from the Middle Cambrian Burgess Shale of British Columbia. *Journal of Paleontology* 55: 1006~1015.

Collins, D., and W. D. Stewart. 1991. The Burgess Shale and its environmental settng, Fossil Ridge, Yoho National Park, pp. 105~118. In P. L. Smith(ed.), *A Field Guide to Paleontology of Southwestern Canada.* Victoria: University of British Columbia.

Conway Morris, S. 1976a. A new Cambrian lophophorate from the Burgess Shale of British Columbia. *Palaeontology* 19: 199~222.

______. 1976b. Nectocaris pteryx, a new organism from the Middle Cambrian Burgess Shale of British Columbia. *Neues Jahrbuch für Geologie und Palaontologie, Monatshefte* 12: 705~713.

______. 1977a. A new metazoan from the Cambrian Burgess Shale, British Columbia. *Palaeontology* 20: 623~640.

______. 1977b. A new entoproct-like organism from the Burgess Shale of Brtish Columbia. *Palaeontology* 20: 833~845.

______. 1977c. A redescription of the Middle Cambrian worm *Amiskwia sagittiformis* Walcott from the Burgess Shale of British Columbia. *Palaontologische Zeitschrift* 51: 271~287.

______. 1977d. Fossil priapulid worms. *Special Papers in Palaeontology* 20.

______. 1978. Laggania cambria Walcott: A composite fossil. *Journal of Paleontology* 52: 126~131.

______. 1979a. Middle Cambrian polychaetes from the Burgess Shale of British Columbia. *Philosophical Transactions of the Royal Society of London Series B* 285: 227~274.

______. 1979b. The Burgess Shale(Middle Cambrian) fauna. *Annual Review of Ecology and Systematics* 10: 327~349.

______. 1979c. Burgess Shale. pp. 153~160. In R. W. Fairbridge and D.

Jablonski(eds.), *Encyclopedia of Paleontology.* Stroudsburg, Pennsylvania: Dowden, Hutchinson, and Ross.

______. 1981a. The Burgess Shale fauna as a mid-Cambrian community, pp. 47~49. In M. E. Taylor(ed.), *Short Papers for the Second International Symposium on the Cambrian System.* U. S. Geological Survey Open-file Report: 81~743.

______. 1981b. Parasitesand the fossil record. *Parasitology* 82: 489~509.

______. 1982a. Wiwaxia corrugata(Matthew). A problematical Middle Cambrian animal from the Burgess Shale of British Columbia, pp. 9 3~98. In B. Mamet and M. J. Copeland(eds.), *Proceedings of the Third North American Paleontological Convention, Montreal,* vol. I.

______. 1982b. Burgess Shale. *McGraw-Hill Encyclopedia of Science and Technology,* 5th ed. 2: 488~489.

______. 1985a. The Middle Cambrian metazoan Wiwaxia corrugata (Matthew) from the Burgess Shale and Ogygopsis Shale, British Columbia, Canada. *Philosophical Transactions of the Royal Society of London Series B* 307: 507~582.

______. 1985b. Cambrian Lagerstatten: Their distribution and significance. *Philosophical Transactions of the Royal Society of London Series B* 311: 49~65.

______. 1986. The community structure of the Middle Cambrian phyllopod bed(Burgess Shale). *Palaeontology* 29: 423~467.

______. 1989a. Burgess Shale faunas and the Cambrian explosion. *Science* 246: 339~346.

______. 1989b. The persistence of Burgess Shale-type faunas: Implications for the evolution of deep-water faunas. *Transactions of the Royal Society of Edinburgh* 80: 271~283.

______. 1989c. Early metazoans. *Science Progress*(Oxford) 73: 81~99.

______. 1990a. Late Precambrian and Cambrian soft-bodied faunas. *Annual Review of Earth and Planetary Sciences* 18: 101~122.

______. 1990b. Burgess Shale, pp. 270~274. In D. E. G. Briggs and P. R. Crowther(eds.), *Palaeobiology-A Synthesis.* Oxford: Blackwell Scientific Publications.

______. 1990c. Palaeontology's hidden agenda. *New Scientist,* pp. 38~42.

______. 1992. Burgess Shale-type faunas in the context of the 'Cambrian explosion': A review. *Journal of the Geological Society, London* 149: 631~636.

______. 1993. Ediacaran-like fossils in Cambrian Burgess Shale-type faunas of North America. *Palaeontology* 36(3): 539~635.

Conway Morris, S., and D.L. Bruton. 1981. Fossiler fra Burgess skiferen-innblick I en kambrisk dyreverden. *Naturen* 1981(2): 51~55.

Conway Morris, S., and D.W.T. Crompton. 1982. The origin and evolution of the Acanthocephala. *Biological Review* 56: 85~115.

Conway Morris, S., and J.S. Peel. 1990. Articulated halkieriids from the Lower Cambrian of north Greenland. *Nature* 345: 802~805.

Conway Morris, S., J.S. Peel, A.K. Higgins, N.J. Soper, and N.C. Davis. 1987. A Burgess Shale-like fauna from Lower Cambrian of north Greenland. *Nature* 326: 181~183.

Conway Morris, S., and R.A. Robison. 1982. The enigmatic medusoid *Peytoia* and a comparison of some Cambrian biotas. *Journal of Paleontology* 56: 116~122.

______. 1986. Middle Cambrian priapulids and other soft-bodied fossils from Utah and Spain. *University of Kansas Paleontological Contributions* 117.

______. 1988. More soft-bodied animals and algae from the Middle Cambrian of Utah and British Columbia. *University of Kansas Paleontological Contributions* 122.

Conway Morris, S., and H.B. Whittngton. 1979. The animals of the Burgess Shale. *Scientific American* 241: 122~133.

______. 1985. Fossils of the Burgess Shale. A national treasure in Yoho National Park, British Columbia. *Geological Survey of Canada, Miscellaneous Reports* 43: 1~31.

______. 1986. The Burgess Shale-A world heritage site in Canada's Rockies yields the richest Cambrian fossil record. *Geos* 1986/I: 6~9.

Conway Morris, S., H.B. Whittington, D.E.G. Briggs, C.P. Hughes, and D.L. Bruton. 1982. *Atlas of the Burgess Shale.* London:

Palaeontological Association.

Dahl, E. 1983. Phylogenetic systematics and the Crustacea Malacostraca-A problem of prerequsites. *Verhandlungen des naturwissenschaftlichen Vereins in Hamburg* 26: 355~371.

______. 1984. The subclass Phyllocarida (Crustacea) and the status of some early fossils: A neontologist's view. *Videnskabelige Meddelelser fra Dansk naturhistorisk Forening* 145: 61~76.

Deiss, C. 1939. Cambrian formations of southwestern Alberta and southeastern British Columbia. *Bulletin of the Geological Society of America* 50: 951~1026.

______. 1940. Lower and Middle Cambrian stratigraphy of southwestern Alberta and southeastern British Columbia. *Bulletin of the Geological Society of America* 51: 731~794.

de Laubenfels, M.W. 1955. Porifera, pp. E21~E112. In R.C. Moore (ed.), *Treatise on Invertebrate Paleontology, Part E. Archaeocyatha and Porifera.* Lawrence, Kansas: Geological Society of America and University of Kansas Press.

Delle Cave, L., and A.M. Simonetta. 1975. Notes on the morphology and taxonomic position of Aysheaia (Onychophora?) and of Skania (undetermined phylum). *Monitore Zoologico Italiano,* n. s. 9: 67~81.

______. 1991. Early Paleozoic arthropods and problems of arthropod phylogeny: With notes on taxa of doubtful affinities, pp. 189~244. In A.M. Simonetta and S. Conway Morris (eds.), *The Early Evolution of Metazoa and the Significance of Problematic Taxa.* Cambridge: Cambridge University Press.

Donovan, S.K. 1988. The early evolution of the Crinoidea, pp. 235~244. In C.R.C. Paul and A.B. Smith (eds.), *Echinoderm Phylogeny and Evolutionary Biology.* Oxford: Clarendon Press.

Durham, J.W. 1974. Systematic position of Eldonia ludwigi Walcott. *Journal of Paleontology* 48: 750~755.

Fedotov, D. 1925. On the relations between the Crustacea, Trilobita, Merostomata and Arachnida. *Bulletin de l'Academie des Sciences de Russie,* pp. 383~408.

Fortey, R.A. 1983. The Burgess Shale. Strange animals from the

Cambrian seas. *Nature* 302: 570.

Fritz, W. H. 1968. Middle Cambrian trilobite studies near Field, British Columbia. *Canadian Geological Survey Paper* 68~IA: 102.

______. 1971. Geological setting of the Burgess Shale, pp. 1155~1170. In *Proceedings of the North American Paleontological Convention, Chicago*, 1969, vol. I. Lawrence, Kansas: Allen Press.

______. 1990. In defense of the escarpment near the Burgess Shale fossil locality. *Geoscience Canada* 17: 106~110.

Gore, R. 1993. Explosion of life: The Cambrian Period. *National Geographic* 184: 120~136.

Gould, S. J. 1985. Treasures in a taxonomic wastebasket. *Natural History* 1985/12: 22~33.

______. 1986a. A short way to big ends. *Natural History* 1986/1: 18~28.

______. 1986b. Play it again, life. *Natural History* 1986/2: 18~26.

______. 1988. A web of tales. *Natural History* 1988/10: 16~23.

______. 1989. *Wonderful Life: The Burgess Shale and the Nature of History.* New York: W. W. Norton & Co.

______. 1990. In touch with Walcott. *Natural History* 1990/7: 10~19.

______. 1991a. The disparity of the Burgess Shale arthropod fauna and the limits of cladistic analysis: Why we must strve to quantify morphospace. *Paleobiology* 17: 411~423.

______. 1991b. Origines de l'homme. L'animal qui change tout. Un entretien avec le Pr. Stephen Jay Gould. *L'Express* July 1991, pp. 52~60.

Gunther, L. F., and V. G. Gunther. 1981. Some Middle Cambrian fossils of Utah. *Brigham Young University Geology Studies* 28: 1~87.

Henriksen, K. L. 1928. Critical notes upon some Cambrian arthropods described by Charles D. Walcott. *Videnskabelige Meddelelser fra Dansk Naturhistorisk Forening: Khobenhavn* 86: 1~20.

Hinde, G. J. 1887. A monograph of the British fossil sponges, Part I, pp. 1~92. *Palaeontographical Society Monographs.* London.

Hou, X.-G. 1987. Early Cambrian large bivalved arthropods from Chengjiang, eastern Yunnan. *Acta Palaeontologica Sinica* 26: 286~298.

Hou, X.-G., and W.-G. Sun. 1988. Discovery of Chengjiang fauna at

Meichucun, Jinning, Yunnan. *Acta Palaeontologica Sinica* 27: 1~12.

Hughes, C. P. 1975. Redescription of Burgessia bella from the Middle Cambrian Burgess Shale, Britsh Columbia. *Fossil and Strata* 4: 415~436.

Hutchinson, G. E. 1931. Restudy of some Burgess Shale fossils. *Proceedings of the United States National Museum* 78(11): 1~24.

______. 1969. Aysheaia and the general morphology of the Onychophora. *American Journal of Science* 267: 1062~1066.

Knight, C. R. 1942. Parade of life through the ages. *National Geographic Magazine* 81: 141~184.

Lessem, D. 1993. 'Weird wonders' fuel a battle over evolution's path. *Smithsonian* (January): 107~115.

Lohmann, H. 1921. Oesia dsjuncta Walcott, eine Apdendicularie aus dem Kambrium. *Mitteilungen aus dem Zoologischen Staatsinstitut und Zoologischen Museum in Hamburg, Beiheft zum Jahrbuch der Hamburgischen Wissenschaftlichen Anstalten* 38: 69~75.

Ludvigsen, R. 1989. The Burgess Shale: Not in the shadow of the Cathedral escarpment. *Geoscience Canada* 16(2): 51~59.

______. 1990. Reply to comments by Fritz and Aitken and McIlreath. *Geoscience Canada* 17: 116~118.

McIlreath, I. A. 1977. Accumulation of a Middle Cambrian, deep-water limestone debris apron adjacent to a vertical, submarine carbonate escarpment, southern Rocky Mountains, Canada. *Society of Economic Paleontologists and Mineralogists, Special Publication* 25: 113~124.

Madsen, F. J. 1956. *Eldonia* a Cambrian siphonophore-formerly interpreted as a holothurian. *Meddelelser Dansk Naturhistorisk Forening* 118: 7~14.

______. 1957. On Walcott's supposed Cambrian holothurians. *Journal of Paleontology* 31: 281~282.

______. 1962. The systematic position of the Middle Cambrian fossil *Eldonia. Meddelelser Dansk Geologisk Forening* 15: 87~89.

Massa, W. R., Jr. 1984, Guide to the Charles D. Walcott Collection, 1851~1940. *Guide to Collections.* Archives and Special Collections of the Smithsonian Institution, Washington.

Matthew, G. F. 1899. Studies on Cambrian faunas, no. 3: Upper Cambrian faunaof Mt. Stephen, British Columbia. *Transactions of the Royal Society of Canada,* Series 2, 5: 39~66.

______. 1902. Notes on Cambrian faunas. *Transactions of the Royal Society of Canada* 8(4): 93~112.

Montastersky, R. 1993. Mysteries of the Orient. *Discover* 14(April): 38~48.

Owre, H. B., and F. M. Bayer. 1962. The systematic position of the Middle Cambrian fossil Amskwia Walcott. *Paleontological Notes* 36(6): 1361~1393.

Paul, C. R. C., and A. B. Smith. 1984. The early radiation and phylogeny of echinoderms. *Biological Review* 59: 443~481.

Piper, D. J. W. 1972. Sediments of the Middle Cambrian Burgess Shale, Canada. *Lethaia* 5: 169~175.

Pringle, H. 1989. Stone bestiary. *Equinox* (May/June): 47~57.

Ramskold, L. 1992. The second leg row of Hallucigenia discovered. *Lethaia* 25: 221~224.

______. 1992. Homologies in Cambrian Onychophora. *Lethaia* 25: 443~460.

Ramskold, L., and X.-G. Hou. 1991. New early Cambrian animal and onychophoran affinities of enigmatic metazoans. *Nature* 351: 225~228.

Rasetti, F. 1951. Middle Cambrian stratigraphy and faunas of the Canadian Rocky Mountans. *Smithsonian Miscellaneous Collections* 116: 1~277.

______. 1954. Internal shell structures in the Middle Cambrian gastropod *Scenella* and the problematic genus *Stenothecoides. Journal of Paleontology* 28: 59~66.

______. 1963. Middle Cambrian ptychoparioid trilobites from the conglomerates of Quebec. *Journal of Paleontology* 37: 575~594.

Raymond, P. E. 1913. Chapter on Trilobites(revised by Dr. Percy E. Raymond), pp. 691~730. In K. A. von Zittel, *Paleontology*〔translation by C. R. Eastman(ed.)〕. London: MacMillan.

______. 1920a. The appendages, anatomy and relationships of trilobites. *Memoirs of the Connecticut Academy of Arts and Sciences* 7: 1~169.

______ . 1920b. Phylogeny of the Arthropoda with especial reference to the trilobites. *American Naturalist* 54: 398~413.

______. 1931. Notes on invertebrate fossils, with descriptions of new species. *Bulletin of the Museum of Comparative Zoology, Harvard University* 55(6): 165~213.

______. 1935. Leanchoilia and other Mid-Cambrian Arthropoda. *Bulletin of the Museum of Comparative Zoology, Harvard University* 76(6): 205~230.

Raymond, P.E., and B. Willard. 1931. A structure section across the Canadian Rockies. *Journal of geology* 39(2): 97~116.

Reed, F.R.C. 1899. A new trilobite from Mount Stephen, Field, B.C. *Geological Magazine,* n.s., dec. 46: 358~361.

Resser, C.E. 1929. New Lower and Middle Cambrian Crustacea. *Proceedings of the United States National Museum* 76: 1~18.

______. 1935. Nomenclature of some Cambrian trilobites. *Smithsonian Miscellaneous Collections* 93(5): 1~46.

______. 1936. Second contribution to nomenclature of Cambrian fossils. *Smithsonian Miscellaneous Collection* 95(4): 1~29.

______. 1937. Third contribution to nomenclature of Cambrian fossils. *Smithsonian Miscellaneous Collection* 95(22): 1~29.

______. 1938, Fourth contribution to nomenclature of Cambrian fossils. *Smithsonian Miscellaneous Collection* 97(10): 1~43.

______. 1942, Fifth contribution to nomenclature of Cambrian fossils. *Smithsonian Miscellaneous Collection* 101(15): 1~58.

Rigby, J.K. 1986. Sponges of the Burgess Shale(Middle Cambrian) British Columbia. *Paleontographica Cabada* 2: 1~105.

Robison, R.A. 1984. New occurrences of the unusual trilobite *Naraoia* from the Cambrian of Idaho and Utah, pp.1~8. *University of Kansas Paleontological Contributions* 112.

______. 1985. Affinities of *Aysheaia* (Onychophora) with description of a new Cambrian species. *Journal of Paleontology* 59: 226~235.

Rolfe, W.D.I. 1962. Two new arthropod carapaces from the Burgess Shale(Middle Cambrian) of Canada. *Breviora(Museum of Comparative Zoology, Harvard University)* 160: 1~9.

Rominger, C. 1887. Description of primordial fossils from Mt. Stephens, N. W. Territory of Canada. *Proceedings of the Academy of natural Sciences of Philadelphia* 1887: 12~19.

Ruedemann, R. 1931. Some new Middle Cambrian fossils from British Columbia. *Proceedings of the United States National Museum* 79: 1~18.

Satterthwait, D. F. 1976. Paleobiology and paleoecology of Middle Cambrian algae from western North America. Ph. D. dissertation, University of California, Los Angeles.

Schuchert, C. 1927. Charles Doolittle Walcott, paleontologist, 1850~1927. *Science* 65: 455~458.

______. 1928. Charles Doolittle Walcott(1850~1927). *Proceedings of the American Academy of Arts and Sciences* 62: 276~285.

Simonetta, A. M. 1962. note sugli artropodi non trilobiti della Burgess Shale, cambriano medio della Columbia Britannica(Canada). *Monitore Zoologico Italiano* 69: 172~185.

______. 1963. Osservazioni sugli artropodi non trilobiti della 'Burgess Shale'(Cambriano medio). *Monitore Zoologico Italiano* 70~71: 99~108.

______. 1964. Osservazioni sugli artropodi non trilobiti della 'Burgess Shale'(Cambriano medio). III contributo. *Monitore Zoologico Italiano* 72: 215~231.

______. 1970. Studies on non-trilobite arthropods of the Burgess Shale(Middle Cambrian). *Palaeontographica Italica* 66(n. s. 36): 35~45.

______. 1976. Remarks on the origin of the Arthropoda. *Atti della Societa Toscana di Scienze Naturali, Memorie*(1975), B 82: 112~134.

______. 1988. Is *Nectocaris pteryx* a chordate? *Bollettino di Zoologia* 55: 63~68.

Simonetta, A. M., and L. Delle cave. 1975. The cambrian non-trilobite arthropods from the Burgess Shale of British Columbia. A study of their comparative morphology, taxinomy (sic) and evolutionary significance. *Palaeontographica Italica* 69(n. s. 39): 1~37.

______. 1978a. Notes on new and strange Burgess Shale fossils(Middle

Cambrian of British Columbia). *Atti della Societa Toscana di Scienze Naturali, Memorie,* A 85: 45～49.

______. 1978b. Una possibile interpretazioni filogenetica degli artropodi paleozoici. *Bollettino di Zoologia* 45: 87～90.

______. 1980. The phylogeny of the Palaeozoic arthropods. *Bollettino di Zoologia* 47(supplement): 1～19.

______. 1981. An essay in the comparative and evolutionary morphology of Paleozoic arthropods. *Atti dei Convegni Lincei, Roma* 49: 389～439.

______. 1982. New fossil animals from the Middle Cambrian. *Bollettino di Zoologia* 49: 107～114.

Simonetta, A. M., and E. Insom. 1993. New animals from the Burgess Shale(Middle Cambrian) and their possible significance for the understanding of the Bilateria. *Bollettino di Zoologia* 60: 97～107.

Smith, A. B. 1984. Classification of the Echinodermata. *palaeontology* 27: 431～459.

Smith, G. O. 1928. Charles Doolittle Walcott. *Smithsonian Report for 1927,* pp. 555～561.

Sprinkle, J. 1973. Morphology and evolution of blastozoan echinoderms. *Museum of Comparative Zoology, Harvard University, Special Publication.*

Sprinkle, J., and R. C. Moore. 1978. Echmatocrinea, pp. 405～407. In R. C. Moore and C. Teichert(eds.), *Treatise on Invertebrate Paleontology, Part T, Echinodermata* 2, Lawrence, Kansas: Geological Society of America and University of kansas Press.

Stewart, W. D. 1991. Stratigraphy and sedimentology of the lower and middle Chandellor "Group", Rocky Mountain Ranges, southeastern British Columbia. Ph. D. dissertation, University of Ottawa, ottawa, Ontario.

Stewart, W. D., O. A. Dixon, and B. R. Rust. 1993. Middle Cambrian Canadian Rocky Mountains. *Geology* 21: 687～690.

Stolzenburg, W. 1990. Back when life got hard. *Science News* 138(8): 120～123.

Stormer, L. 1939. Studies on trilobite morphology. Part I. The thoracic appendages and their phylogenetic significance. *Norsk Geologisk Tidsskrift* 19: 143~273.

Stormer, L. 1944. On the relationships and phylogeny of fossil and recent Arachnomorpha. *Skrifter Utgitt av det Norske Videnskaps-Akademi I Oslo, I: Matenatisk-naturvidenskapelig Klasse* 5: 1~158.

Taft, W.H., J.C. merriam, J.S. Anes, G.O. Smith, and C.G. Abott. 1928. Charles Doolittle Walcott: Memorial meeting, January 24, 1928. *Smithsonian Miscellaneous Collections* 80(12): 1~37.

Walcott, C.D. 1908a. Mount Stephen rocks and fossils. *Canadian Alpine Journal* I(2): 232~248.

______. 1908b. Cambrian trilobites. Cambrian Geology and Paleontology. *Smithsonian Miscellaneous Collections* (part of vol. LIII): 13~52.

______. 1910. Abrupt appearance of the Cambrian fauna on the North American continent. Cambrian Geology Paleontology II. *Smithsonian Miscellaneous Collections* 57: 1~16.

______. 1911a. Middle Cambrian Merostomata. Cambrian Geology Paleontology II. *Smithsonian Miscellaneous Collections* 57: 17~40.

______. 1911b. A geologist's paradise. *National Geographic Magazine* 22: 509~521.

______. 1911c. Middle Cambrian Holothurians and Medusae. Cambrian Geology and Paleontology Ⅱ. *Smithsonian Miscellaneous Collections* 57: 41~68.

______. 1911d. Middle Cambrian annelids. Cambrian Geology and Paleontology Ⅱ. *Smithsonian Miscellaneous Collections* 57: 109~144.

______. 1912a. Middle Cambrian Branchiopoda, Malacostraca, Trilobita and Merostomata. Cambrian Geology and Paleontology Ⅱ. *Smithsonian Miscellaneous Collections* 57: 145~228.

______. 1912b. Cambrian of the kicking Horse Valley, British Columbia. *Summary Report Geological Survey Branch, Department of Mines, Canada, 1911, Sessional Paper* 26: 188~191.

______. 1912c. Studies in Cambrian geology and paleontology in the Canadian Rockies. In Expeditions organized or participated in by the Smithsonian Institution in 1910 and 1911. *Smithsonian Miscellaneous Collections* 59: 39~45.

______. 1912d. Cambrian Brachiopoda. *United States Geological Survey Monograph* 51: pt. I, 1~872; pt. 2, 1~363.

______. 1913. Geological exploration in the Canadian Rockies. In Explorations and fieldwork of the Smithsonian institution in 1912. *Smithsonian Miscellaneous Collections* 60: 24~31.

______. 1914. Geological explorations in the Canadian Rockies. In Explorations and fieldwork of the Smithsonian institution in 1913. *Smithsonian Miscellaneous Collections* 63: 2~12.

______. 1916a. Evidence of primitive life. *Annual Report of the Smithsonian Institution for 1915*, pp. 235~255.

______. 1916b. Cambrian trilobites. Cambrian Geology and Paleontology III. *Smithsonian Miscellaneous Collections* 64: 303~456.

______. 1918a. Geological explorations in the Canadian Rockies. In Explorations and fieldwork of the Smithsonian institution in 1917. *Smithsonian Miscellaneous Collections* 68: 4~20.

______. 1918b. Appendages of trilobites. Cambrian Geology and Paleontology IV. *Smithsonian Miscellaneous Collections* 67: 115~216.

______. 1919. Middle Cambrian Algae. Cambrian Geology and Paleontology IV. *Smithsonian Miscellaneous Collections* 67: 217~260.

______. 1920. Middle Cambrian Spongiae. Cambrian Geology and Paleontology IV. *Smithsonian Miscellaneous Collections* 67: 261~364.

______. 1921. Notes on structure of *Neolenus*. Cambrian Geology and Paleontology IV. *Smithsonian Miscellaneous Collections* 67: 365~456.

______. 1922. Geological explorations in the Canadian Rockies. Explorations and Field-Work of the Smithsonian institution in 1921. *Smithsonian Miscellaneous Collections* 72: 1~22.

______. 1923a. Nomenclature of some Post Cambrian and Cambrian Cordilleran formations(2). Cambrian Geology and Paleontology IV. *Smithsonian Miscellaneous Collections* 67: 457~476.

______. 1923b. Geological explorations in the Canadian Rockies. Explorations and Field-Work of the Smithsonian institution in 1922. *Smithsonian Miscellaneous Collections* 74: 1~24.

______. 1924a. Cambrian and Ozarkian Brachiopoda. Cambrian Geology and Paleontology Ⅳ. *Smithsonian Miscellaneous Collections* 67: 477 ~554.

______. 1924b. Geological explorations in the Canadian Rockies. Explorations and Field-Work of the Smithsonian institution in 1923. *Smithsonian Miscellaneous Collections* 76: 1~8.

______. 1925. Geological explorations in the Canadian Rockies. Explorations and Field-Work of the Smithsonian institution in 1924. *Smithsonian Miscellaneous Collections* 77: 1~14.

______. 1926. Geological explorations in the Canadian Rockies. Explorations and Field-Work of the Smithsonian institution in 1925. *Smithsonian Miscellaneous Collections* 78: 1~9.

______. 1928. Pre-Devonian paleozoic formations of the Cordilleran provinces of Canada. Cambrian Geology and Paleontology V. *Smithsonian Miscellaneous Collections* 75: 175~368.

______. 1931. Addenda to descriptions of Burgess Shale fossils. *Smithsonian Miscellaneous Collections* 85: 1~46 (with explanatory notes by Charles E. Resser).

Walcott, S. S. 1971. How I found my own fossils. *Smithsonian* I (12): 28 ~29.

Walton, J. 1923. On the structure of a Middle Cambrian alga from British Columbia (Marpolia spissa Walcott). *Proceedings of the Cambridge Philosophical Society, Biological Sciences* I: 59~62.

Westergaard, A. H. 1936. paradoxides oelandicus beds of Ooland, with an account of diamond boring through the Cambrian at Mossberga. *Sveriges Geologiska Undersokning Arsbok Series C*, no. 394, 30 (1936), no. 1.

Whiteaves, J. F. 1892. Description of a new genus and species of phyllocarid crustacea from the Middle Cambrian of Mount Stephen, B. C. *Canadian Record of Science* 5: 205~208.

Whittington, H. B. 1971a. The Burgess Shale: History of research and preservation of fossils, pp. 1170~1201. In *Proceedings of the North American Paleontological Convention, Chicago*, 1969, vol. I. Lawrence, Kansas: Allen Press.

______. 1971b. Redescription of *Marrella splendens* (Trilobitoidea) from the

Burgess Shale, Middle Cambrian, British Columbia. *Geological Survey of Canada Bulletin* 209: 1~24.

______. 1974. *Yohoia* Walcott and *Plenocaris* n. gen., arthropods from the Burgess Shale, Middle Cambrian, British Columbia. *Geological Survey of Canada Bulletin* 231: 1~21 (figs. 1~6 of plate X should be interchanged with figs. 1~5 of plate XII).

______. 1975a. The enigmatic animal Opabinia regalis, Middle Cambrian, Burgess Shale, British Columbia. *Philosophical Transactions of the Royal Society of London Series B* 271: 1~43.

______. 1975b. Trilobites with appendages from the Middle Cambrian, Burgess Shale, British Columbia. *Fossils and Strata* 4: 97~136.

______. 1977. The Middle Cambrian trilobite *Naraoia*, Burgess Shale, British Columbia. *Philosophical Transactions of the Royal Society of London Series B* 280: 409~443.

______. 1978. The lobopod animal *Aysheaia pedunculata* Walcott, Middle Cambrian, Burgess Shale, British Columbia. *Philosophical Transactions of the Royal Society of London Series B* 284: 165~197.

______. 1979. Early arthropods, their appendages and relationships, pp. 253~268. in M. R. House (ed.), *The origin of major invertebrate Groups.* Systematics Associations, Special Volume 12. London: Academic Press.

______. 1980a. Exoskeleton, moult stage, appendage morphology and habits of the Middle Cambrian trilobite *Olenoides serratus. Palaeontology* 23: 171~204.

______. 1980b. The significance of the fauna of the Burgess Shale, Middle Cambrian, British Columbia. *Proceedings of the Geologists' Association* 91: 127~148.

______. 1981a. Cambrian animals: Their ancestors and descendants. *Proceedings of the Linnean Society, New South Wales* 105: 79~87.

______. 1981b. Rare arthropods from the Burgess Shale, Middle Cambrian, British Columbia. *Philosophical Transactions of the Royal Society of London Series B* 292: 329~357.

______. 1982. The Burgess Shale fauna and the early evolution of metazoan animals, pp. 11~24. In E. M. Gallitelli (ed.), *Paleontology, Essentials of Historical Geology.* Modena: STEM Mucchi.

______. 1985a. Tegopelte gigas, a second soft-bodied trilobite from the Burgess Shale, Middle Cambrian, British Columbia. *Journal of Paleontology* 59: 1251~1274.

______. 1985b. *The Burgess Shale.* New Haven: Yale University Press.

Whittington, H. B., and D. E. G. Briggs (eds.). 1982. A new conundrum from the Middle Cambrian Burgess Shale, pp. 573~575. In B. Mamet and M. J. Copeland (eds.), *Proceedings of the Third North American Paleontological Convention, Montreal,* vol. 2. Department of Geology, University of Montreal, Montreal, and Geological Survey of Canada, Ottawa.

______. 1985. The largest Cambrian animal, Anomalocaris, Burgess Shale, British Columbia. *Philosophical Transactions of the Royal Society of London Series B* 309: 569~609.

Whittington, H. B., and S. Conway Morris (eds.). 1985. Extraordinary fossils biotas: Their ecological and evolutionary significance. London: Royal Society. (Published originally in *Philosophical Transactions of the Royal Society of London Series B* 311: 1~192)

Yochelson, E. L. 1961. The operculum and mode of life of Hyolithes. *Journal of Paleontology* 35: 152~161.

______. 1967. Charles Doolittle Walcott, 1850~1927. *Biographical Memoirs, National Academy of Sciences of the United States* 39: 471~540.

______. 1987. Walcott in Albany, New York: James Hall's "special assistant". *Earth Science History* 6(1): 86~94.

______. 1988. The Bulletin of the Geological Society of America and Charles Doolittle Walcott. *Geological Society of America Bulletin* 100: 3~11.

찾아보기

ㄱ · ㄴ

ㄷ · ㄹ

ㅁ

ㅂ

ㅅ

ㅇ

ㅈ·ㅊ

데릭 브릭스 (Derek E. G. Briggs)

현재 예일대학 피바디 자연사박물관(Peabody Museum of Natural History)의 관장 겸 지질·지구물리학과 교수이다. 예외적으로 잘 보존된 암석에서 산출되는 연한 세포조직의 화석화 방법, 보존 방법 및 진화적 중요성 등에 대해 연구하고 있다. 또한 초기 속성작용과 보존방식에 대한 연구를 통해 부패와 화석화 작용을 조절하는 요인에 대한 실험연구를 수행하고 있다.

더글라스 어윈 (Douglas H. Erwin)

현재 미국 스미소니언 자연사박물관의 큐레이터이다. 주 관심사는 진화적 변이와 진화혁명이다. 생물이 새로운 형질을 발생시키는 데 있어 발전적 발명의 중요성과 새롭게 발생된 형질을 존속시키기 위해 어떻게 새로운 생활영역이 개척되는지에 대해 연구하고 있다. 또한 5억 4천만 년 전에 일어난 동물들의 초기 적응방산에도 관심을 집중하고 있다.

프레데릭 콜리어 (Frederick J. Collier)

미국 국립자연사박물관에서 근무하면서 버제스 셰일 화석 수집담당자로 일하였으며, 현재 하버드대학 비교동물학 박물관에서 준 큐레이터로 있다.

김동희

충북대학교 과학교육학과를 졸업하고, 서울대학교 지질과학과에서 화석연구로 이학박사학위를 받았으며, 미국 오클라호마대학 자연사박물관과 서울대학교 지구환경과학부에서 박사후과정을 마쳤다. 현재 국립중앙과학관 자연사연구실 연구사이다. 주요 저술로는 《공룡 화석은 왜 우리나라에서 많이 발견될까요?》 등의 어린이과학책과 《지구시스템의 이해》, 《지구》 등의 역서가 있다.